21世纪全国高职高专土建物管类规划教材

建筑装饰工程施工组织与管理

陆 俊 主 编

阚春燕 周 平 副主编

内 容 简 介

本书根据高职高专教育人才培养目标、建筑装饰和建筑施工行业最新发展、国家新规范和新法规编写而成。全书共 11 章，主要包括建筑装饰工程施工组织概论、流水施工原理、工程网络计划技术、单位装饰工程施工组织设计、建筑装饰工程招标与投标、建筑装饰工程合同管理、建筑装饰工程施工进度管理、建筑装饰工程质量管理、建筑装饰工程施工成本管理、建筑装饰工程施工现场安全管理和建筑装饰工程施工现场技术与资料管理。全书内容简明实用，较为全面地阐述了建筑装饰工程施工组织与管理的理论、方法并附相关的工程实例。

本书主要适用于高职高专或应用型本科建筑装饰和建筑施工类专业的课程教学，可以作为建筑装饰工程和建筑工程类培训班的教材，还可以作为建筑装饰施工企业工程技术人员的参考用书及建筑工程施工与管理专业课程的教学参考用书。

图书在版编目（CIP）数据

建筑装饰工程施工组织与管理/陆俊主编．—北京：北京大学出版社，2008.12
（21 世纪全国高职高专土建物管类规划教材）
ISBN 978-7-301-14572-2

Ⅰ．建… Ⅱ．陆… Ⅲ．①建筑装饰－建筑工程－施工组织②建筑装饰－建筑工程－施工管理 Ⅳ．TU721 TU767

中国版本图书馆 CIP 数据核字（2009）第 012473 号

书　　　　名：	建筑装饰工程施工组织与管理
著作责任者：	陆　俊　主　编
责 任 编 辑：	桂　春
标 准 书 号：	ISBN 978-7-301-14572-2/TU・0062
出　版　者：	北京大学出版社
地　　　　址：	北京市海淀区成府路 205 号　100871
电　　　　话：	邮购部 62752015　发行部 62750672　编辑部 62765126　出版部 62754962
网　　　　址：	http://www.pup.cn
电 子 信 箱：	xxjs@pup.pku.edu.cn
印　刷　者：	北京虎彩文化传播有限公司
发　行　者：	北京大学出版社
经　销　者：	新华书店
	787 毫米×980 毫米　16 开本　23.25 印张　50.0 千字
	2008 年 12 月第 1 版　2019 年 8 月第 10 次印刷
定　　　　价：	35.00 元

未经许可，不得以任何方式复制或抄袭本书之部分或全部内容。
版权所有，侵权必究
举报电话：010－62752024；电子信箱：fd@pup.pku.edu.cn

前　言

为适应21世纪高职高专建筑装饰类专业教学和人才培养的需要，按照培养应用型和强调理论与实践相结合人才的要求，本书紧紧围绕建筑装饰工程现场施工组织与管理、建筑装饰行业最新发展、国家新规范和新法规，详细阐述了建筑装饰工程施工组织的基本理论、基本方法；介绍了在建筑装饰工程施工管理过程中常见的招投标、合同、成本、进度、质量、安全和现场技术资料管理实务等方面的理论和方法。本书在编写过程中特别加强了招投标、合同管理、进度管理、施工现场的成本管理及现场技术和资料管理等方面的内容。

本书具有应用性知识突出、可操作性强、内容新颖等特点。通过对本书内容的系统学习，可以掌握施工组织与管理的基本原理、主要内容、主要方法，从而提高装饰施工企业的组织能力和管理水平。

本书共11章。全书由南通职业大学陆俊担任主编，南通职业大学阚春燕、周平担任副主编。本书第1、2、3、7章由陆俊编写，第8、9、10章由阚春燕编写，第4.1、4.5、4.7节和第11章由周平编写，第5、6章由南通纺织职业技术学院尹兰编写，4.2、4.3、4.4、4.6节由安徽芜湖职业技术学院潘骏编写。

本书在编写过程中得到了南通职业大学杨红玉、南京交通职业技术学院于惠中等老师的大力支持和帮助，同时也吸收和借鉴了国内众多专家、学者的研究成果，在此一并表示衷心的感谢。

当前建筑装饰工程管理正处于发展时期，加之编者水平有限，书中难免有不当和错误之处，恳请读者批评指正。

编　者
2008年10月

目 录

第1章 建筑装饰工程施工组织概论 ... 1
1.1 建筑装饰工程施工组织的有关概念 ... 1
1.1.1 建筑装饰工程的含义 ... 1
1.1.2 建筑装饰工程的分类 ... 1
1.1.3 建筑装饰工程的特点 ... 1
1.2 建筑装饰工程施工程序 ... 3
1.3 建筑装饰工程施工组织设计的作用、分类 ... 5
1.3.1 建筑装饰工程施工组织设计的性质和作用 ... 5
1.3.2 建筑装饰工程施工组织设计的分类 ... 6
1.4 建筑装饰工程施工准备工作 ... 8
1.4.1 建筑装饰工程施工准备工作的意义和任务 ... 8
1.4.2 建筑装饰工程施工准备工作的要求 ... 8
1.4.3 建筑装饰工程施工准备工作的分类 ... 9
1.4.4 建筑装饰工程施工准备工作的内容 ... 9
1.5 复习思考题 ... 9

第2章 流水施工原理 ... 10
2.1 流水施工的基本概念 ... 10
2.1.1 组织施工的方式 ... 10
2.1.2 流水施工的技术经济效果 ... 15
2.1.3 组织流水施工的原则、条件及考虑的因素 ... 16
2.1.4 流水施工的分级 ... 17
2.1.5 流水施工的表达方式 ... 18
2.2 流水施工参数 ... 19
2.2.1 工艺参数 ... 20
2.2.2 空间参数 ... 21
2.2.3 时间参数 ... 24
2.3 流水施工的组织方式 ... 27
2.3.1 有节拍流水 ... 27
2.3.2 无节拍流水 ... 33

2.4　流水施工的应用 37
  2.5　复习思考题 44
第3章　**工程网络计划技术** 45
  3.1　概述 45
    3.1.1　网络计划技术的发展进程 45
    3.1.2　网络计划技术的基本原理 45
    3.1.3　网络计划的主要特点 46
    3.1.4　网络计划的分类 47
  3.2　双代号网络图 49
    3.2.1　双代号网络图的构成 49
    3.2.2　双代号网络图的绘制 52
    3.2.3　双代号网络图时间参数的计算 61
  3.3　单代号网络图 72
    3.3.1　单代号网络图的组成 72
    3.3.2　单代号网络图的绘制 73
    3.3.3　单代号网络计划时间参数的计算 74
  3.4　双代号时标网络计划 80
    3.4.1　双代号时标网络计划的概念与特点 80
    3.4.2　双代号时标网络计划的绘制 81
    3.4.3　时标网络计划关键线路与时间参数的判定 84
  3.5　网络计划的优化 85
    3.5.1　工期优化 86
    3.5.2　费用优化 89
    3.5.3　资源优化 96
  3.6　复习思考题 98
第4章　**单位装饰工程施工组织设计** 99
  4.1　单位工程装饰工程施工组织设计编制的依据和程序 99
    4.1.1　单位装饰工程施工组织设计的编制依据 99
    4.1.2　单位装饰工程施工组织设计的编制程序 100
    4.1.3　单位装饰工程施工组织设计的主要内容 101
    4.1.4　单位装饰工程施工组织设计的编制原则 101
  4.2　工程概况及施工特点分析 102
  4.3　施工方案的选择 102
    4.3.1　施工方案选择的基本原则 103
    4.3.2　施工方案选择的程序 104

4.4 建筑装饰工程施工进度计划 111
4.4.1 施工进度计划的作用及分类 111
4.4.2 施工进度计划编制的依据和程序 112
4.4.3 施工进度计划的表示方法 113
4.4.4 施工进度计划编制的步骤 113
4.5 施工准备工作计划及各项资源需用量计划 119
4.5.1 施工准备工作计划 119
4.5.2 资源需要量计划 122
4.6 施工平面图设计 124
4.6.1 施工平面图的设计内容 124
4.6.2 施工平面图的设计依据 124
4.6.3 施工平面图的设计原则 125
4.6.4 施工平面图的设计步骤 125
4.7 主要技术组织措施及技术经济分析指标 133
4.7.1 技术与组织措施的制定 133
4.7.2 技术经济指标分析 137
4.8 复习思考题 140

第 5 章 建筑装饰工程招标与投标 141
5.1 概述 141
5.1.1 建筑装饰工程招标与投标的基本概念 141
5.1.2 建筑装饰工程招标与投标的性质 141
5.1.3 建筑装饰工程招标与投标的范围和标准 142
5.1.4 建筑装饰工程招标与投标的基本原则 142
5.1.5 建筑装饰工程招标与投标的作用 142
5.2 建筑装饰工程招标 143
5.2.1 建筑装饰工程招标的类型 143
5.2.2 建筑装饰工程招标的方式 143
5.2.3 建筑装饰工程招标的程序 144
5.2.4 招标项目应具备的条件 146
5.2.5 建筑装饰工程招标的主要工作 146
5.3 建筑装饰工程投标 153
5.3.1 建筑装饰工程投标人 153
5.3.2 建筑装饰工程投标的程序 154
5.3.3 建筑装饰工程投标人在投标阶段的主要工作 155
5.3.4 投标技巧 163

            5.3.5 建筑装饰工程投标文件的编制 166
    5.4 建筑装饰工程开标、评标和定标 170
            5.4.1 建筑装饰工程开标 170
            5.4.2 建筑装饰工程评标 172
            5.4.3 建筑装饰工程定标 180
    5.5 复习思考题 181
第 6 章 建筑装饰工程合同管理 183
    6.1 概述 183
            6.1.1 建设工程合同的概念与分类 183
            6.1.2 建筑装饰工程合同的特点 184
            6.1.3 建筑装饰合同订立应遵循的基本原则 185
    6.2 建筑装饰工程合同类型 185
            6.2.1 建筑装饰工程设计合同 186
            6.2.2 建筑装饰工程施工合同 187
            6.2.3 家庭居室装饰装修工程施工合同 189
    6.3 建筑装饰工程施工合同的谈判、签订与履行 190
            6.3.1 建筑装饰工程施工合同形成的基本条件 190
            6.3.2 合同谈判 191
            6.3.3 合同签订 197
            6.3.4 合同的履行 198
    6.4 建筑装饰工程施工索赔 200
            6.4.1 建筑装饰工程施工索赔概念 200
            6.4.2 建筑装饰工程施工索赔分类 200
            6.4.3 索赔的起因 202
            6.4.4 索赔程序 204
            6.4.5 施工索赔的关键与技巧 207
            6.4.6 索赔的计算 210
    6.5 复习思考题 213
第 7 章 建筑装饰工程施工进度管理 214
    7.1 概述 214
            7.1.1 建筑装饰工程施工进度管理与控制的含义 214
            7.1.2 影响建筑装饰工程施工进度的主要因素 214
            7.1.3 建筑装饰施工项目进度控制的主要任务和程序 216
            7.1.4 建筑装饰施工项目进度控制原理 216
            7.1.5 工程项目进度管理的方法和措施 218

- 7.2 建筑装饰工程施工进度管理的程序和方法 218
  - 7.2.1 施工进度计划的实际进度动态检查与调整 218
  - 7.2.2 监测工程实际进度的方法 221
- 7.3 工程实际施工进度动态调整 233
  - 7.3.1 实际施工进度计划动态调整的思路 233
  - 7.3.2 实际施工进度计划的调整方法 234
  - 7.3.3 施工进度报告和进度工作总结 236
- 7.4 工程延期 237
- 7.5 复习思考题 239

第 8 章 建筑装饰工程质量管理 240
- 8.1 工程质量和工程质量管理概述 240
  - 8.1.1 质量与工程质量的含义 240
  - 8.1.2 建设工程质量的特点和形成过程 240
  - 8.1.3 影响工程质量的因素 241
  - 8.1.4 质量管理与质量控制 242
  - 8.1.5 工程质量管理的原理和控制的基本方法 244
- 8.2 建筑装饰工程施工阶段的质量控制 247
  - 8.2.1 建筑装饰工程施工阶段 247
  - 8.2.2 建筑装饰施工阶段质量控制系统 247
  - 8.2.3 建筑装饰施工阶段工程质量控制的工作流程 248
- 8.3 工程质量统计方法 249
  - 8.3.1 统计调查表法 249
  - 8.3.2 数据分层法 250
  - 8.3.3 排列图法 250
  - 8.3.4 因果分析图法 252
  - 8.3.5 直方图法 254
  - 8.3.6 控制图法 259
  - 8.3.7 相关分析图法 262
- 8.4 建筑装饰工程质量验收与评定 263
  - 8.4.1 质量验收 264
  - 8.4.2 建筑装饰工程质量评定 270
  - 8.4.3 工程质量不符合要求时的处理原则 275
  - 8.4.4 建筑装饰工程项目竣工验收 275
- 8.5 工程质量事故及处理 279
  - 8.5.1 工程质量事故的含义及分类 279

		8.5.2　事故原因分析 ... 280
		8.5.3　事故处理程序 ... 281
		8.5.4　事故处理方案的确定 ... 281
		8.5.5　事故处理的鉴定验收 ... 282
	8.6　复习思考题 ... 283
第9章　建筑装饰工程施工成本管理 ... 284
	9.1　概述 ... 284
		9.1.1　建筑装饰工程施工项目成本的基本概念 ... 284
		9.1.2　建筑装饰工程施工项目成本管理的原则 ... 286
		9.1.3　建筑装饰工程施工项目成本管理的内容 ... 288
		9.1.4　建筑装饰工程施工项目成本管理的程序与流程 ... 289
		9.1.5　影响建筑工程施工项目成本管理的因素 ... 291
		9.1.6　建筑装饰工程施工项目成本管理的基础工作 ... 292
	9.2　施工成本管理的主要工作 ... 293
		9.2.1　施工成本预测 ... 293
		9.2.2　施工成本计划 ... 295
		9.2.3　施工成本控制 ... 302
		9.2.4　施工成本核算 ... 309
		9.2.5　施工成本分析 ... 312
		9.2.6　施工成本考核 ... 317
	9.3　降低装饰工程施工项目成本的途径 ... 317
		9.3.1　降低项目成本的目的 ... 317
		9.3.2　降低施工成本的途径 ... 318
	9.4　复习思考题 ... 320
第10章　建筑装饰工程施工现场安全管理 ... 321
	10.1　概述 ... 321
		10.1.1　安全管理的基本原则 ... 321
		10.1.2　安全生产必须处理好的5种关系 ... 322
		10.1.3　安全生产管理制度 ... 323
		10.1.4　施工安全管理的内容 ... 324
	10.2　施工安全技术措施 ... 324
		10.2.1　安全技术措施的含义及优选顺序 ... 324
		10.2.2　编制施工安全技术措施的意义 ... 325
		10.2.3　施工安全技术措施编制的基本要求 ... 326
		10.2.4　施工安全技术措施编制的步骤 ... 326

  10.2.5 施工安全技术措施的主要内容 ... 326
 10.3 施工安全管理措施 ... 327
 10.4 建筑装饰工程施工现场安全隐患和事故处理 ... 331
  10.4.1 安全隐患及处理 ... 331
  10.4.2 安全事故的分级及处理原则 ... 332
 10.5 复习思考题 ... 336

第 11 章 建筑装饰工程现场技术与资料管理 ... 337
 11.1 建筑装饰工程施工现场技术管理概述 ... 337
  11.1.1 技术管理的概念 ... 337
  11.1.2 技术管理的任务和要求 ... 337
  11.1.3 技术管理的内容 ... 338
  11.1.4 技术管理制度 ... 340
 11.2 建筑装饰施工现场技术管理实务 ... 341
  11.2.1 技术交底 ... 341
  11.2.2 图纸审查 ... 343
  11.2.3 设计变更 ... 345
  11.2.4 洽商记录 ... 346
  11.2.5 现场签证 ... 347
  11.2.6 施工日志与施工记录 ... 349
 11.3 建筑工程资料管理基本规定 ... 350
  11.3.1 建筑工程资料与档案的含义 ... 350
  11.3.2 建筑工程资料管理的基本要求 ... 351
  11.3.3 施工单位工程资料管理的职责 ... 351
  11.3.4 建筑文件归档的质量要求 ... 352
  11.3.5 归档工程文件的立卷要求 ... 352
  11.3.6 建筑工程档案的验收与移交 ... 355
 11.4 复习思考题 ... 356

参考文献 ... 357

第 1 章　建筑装饰工程施工组织概论

1.1　建筑装饰工程施工组织的有关概念

1.1.1　建筑装饰工程的含义

在建筑学中，建筑装饰是指为了满足视觉要求对建筑物进行的艺术加工，建筑装修是指为了满足建筑物使用功能的要求，在主体结构工程以外进行的装潢和修饰。目前，人们通常将装饰和装修统称为装饰工程，这是为了保护建筑物的主体结构，完善建筑的使用功能和美化建筑物，用装饰装修材料或饰物，对建筑物的内外表面及空间进行的各种处理过程的统称。

建筑装饰施工的任务是通过装饰施工人员的劳动，实现设计师的设计意图。装饰施工是根据设计图纸所表达的意图，采用不同的装饰，通过实施一定的工艺、机具设备等手段使设计意图得以实现的过程。由于设计图纸是产生于装饰施工之前，对最终的装饰效果缺乏实感，必须通过施工来检验设计的科学性、合理性。因此，对装饰施工人员不只是"照图施工"的问题，还必须具备良好的艺术修养和熟练的操作技能，积极主动地配合设计师完善设计意图。

1.1.2　建筑装饰工程的分类

（1）建筑装饰工程按用途可分为保护装饰（防止结构物遭受大气侵蚀和人为的污染）、功能装饰（保温、隔声、防火、防潮、防腐）、饰面装饰（美化建筑、改善人类活动环境）。

（2）按工程部位可分为外墙装饰、内墙装饰、顶棚装饰和地面装饰。

（3）根据施工工艺和建筑部位的不同，建筑装饰工程可分为抹灰工程、饰面工程、裱糊工程、涂料工程、吊顶工程、隔墙与隔断工程、门窗工程、玻璃工程、地面工程等。

（4）按所用材料可分为水泥、石灰、石膏类，石碴类，陶瓷类，石材类，玻璃类，涂料类，塑料类，木材类，金属类等饰面层；施工工艺有抹、刷、铺、贴、钉、喷、滚、弹、涂以及结构与装饰合一的工艺等。

1.1.3　建筑装饰工程的特点

建筑装饰工程研究的对象是建筑装饰产品，研究的过程是建筑装饰施工，所以其特点体现在建筑装饰产品和建筑装饰施工两个方面。

1. 建筑装饰产品的特点

（1）建筑装饰产品的固定性。建筑装饰工程产品根据建设单位（建筑工程产品的需要者）的要求，在满足城市规划的前提下，在指定地点进行建造。建筑装饰工程产品基本上是单个"定做"而非"批量"生产。这就要求装饰产品及其生产活动需要在该产品固定的地点进行生产，形成了装饰产品在空间上的固定性。

（2）建筑装饰产品的庞大性。建筑工程装饰产品同一般工业产品比较，其体形庞大，建造时耗用的人工、材料、机械设备等资源众多。

（3）建筑装饰产品的单件性。由于使用功能的不同，产品所处地点、环境条件的不同，形成了产品的单件性。

（4）建筑产品的多样性。建筑装饰产品在功能、风格、结构等方面的不同，形成了建筑装饰产品的多样性。

（5）建筑产品的综合性。使用功能、艺术风格、结构、装饰做法等方面组合在一起，形成一种复杂的建筑产品，同时其又与供水、供电、空调通风、卫生设备等联系在一起，这样就形成多种多样的建筑产品，形成建筑产品的综合性。

2. 建筑装饰施工的特点

建筑装饰施工具有一般建筑工程的特点，即产品的固定性、生产的流动性、产品的多样性、生产的单件性、复杂性、生产过程的连续性和协作性。除此之外，建筑装饰施工还具有其自身的特点。

（1）建筑装饰施工的附着性。建筑装饰是与建筑物密不可分的统一整体，它不是脱离建筑物而单独存在的。建筑装饰施工是围绕建筑物的墙面、地面、顶棚、梁柱、门窗等表面附着装饰层的空间环境来进行的，它是建筑功能的延伸、补充和完善，因此具有附着性。

（2）建筑装饰施工的规范性。建筑装饰工程是对建筑及其环境美的艺术加工与创造，但它并不是一种表面的美化处理，而是一项工程建设项目，一种必须依靠合格的材料与构配件等通过规范的构造做法，并由建筑主体结构予以稳固支承的建设工程。一切工艺操作及工序处理，均应遵循国家颁发的有关施工和验收规范；工程质量的检查验收应贯穿装饰施工过程的始终，包括每一道工序及每一个专业项目；所采用的各种材料和所有构配件，均应符合相应的国家标准或行业标准。

（3）建筑装饰施工的严肃性。建筑装饰工程施工的很多项目都与使用者的生活、工作及日常活动直接相联系，要求按规程完善无误地实施其操作工艺，有的工艺则应达到较高的专业水准并精心施工。建筑装饰工程施工大多是以饰面为最终效果，许多操作工序处于隐蔽部位而对工程质量起着关键作用，很容易被忽略，或是其质量弊病很容易被表面的美化修饰所掩盖。这就要求从业人员应该是经过专业技术培训并接受过职业道德教育的持证上岗人员，具有很高的专业技能和及时发现问题、解决问题的能力，具有严格执行国家政策和法规的强烈意识，能切实保障建筑装饰工程施工的质量和安全。

（4）高级装饰工程做样板间的指导性。实物样板是装饰施工中保证装饰效果的重要手段。实物样板，是指在大面积装饰施工前所完成的实物样品，或称为样板间和标准间。这种方法在高档装饰工程中被普遍采用。通过做实物样品，一是可以检验设计效果，从中发现设计中的问题，从而对原设计进行补充、修改和完善；二是可以根据材料、装饰做法、机具等具体问题，通过试做来确定各部位的节点大样和具体构造做法。这样，一方面可以将设计中一些未明确的构造问题加以确认，从而解决目前装饰设计图纸表达深度不一的问题；另一方面，又可以起到统一操作规程，作为施工质量依据和工程验收标准，指导下一阶段大面积施工的作用。因此，《建筑装饰装修工程质量验收规范》（GB 50210—2001）中明确规定："装饰工程施工前，应对主要材料（房间）提供做样板（样板间），并经有关单位认可后，方可进行。"

（5）建筑装饰施工组织管理的严密性。建筑装饰施工一般都是在有限的空间进行，其作业场地狭小，施工工期紧。对于新建工程项目而言，装饰施工是最后一道工序，为了尽快投入使用，发挥投资效益，一般都需要抢工期。对于那些扩建、改建工程，常常是边使用边施工。由于建筑装饰施工工序繁多，施工操作人员的工种也十分复杂，工序之间需要平行、交叉、轮流作业，机具频繁搬动等造成施工现场拥挤滞塞的局面，因此就增加了施工组织管理的难度。要做到施工现场有条不紊，工序与工序之间衔接紧凑，保证施工质量并提高工效，就必须依靠具备专门知识和经验的组织管理人员，并以施工组织规划作为指导性文件和切实可行的科学管理方案，对材料的进场顺序、堆放位置、施工顺序、施工操作方式、工艺检验和质量标准等进行严格控制，随时指挥调度，使建筑装饰施工严密、有组织、按计划地进行。

（6）建筑装饰工程施工的技术经济性。建筑装饰工程的使用功能及其艺术性的体现与发挥，所反映的是时代感和科学技术水平，特别是工程造价，在很大程度上均受到装饰材料及现代声、光、电及其控制系统等设备的制约。在建筑主体、安装工程和装饰工程的费用中，其比例一般为：结构∶安装∶装饰=3∶3∶4，而国家重点工程、高级宾馆及涉外或外资工程等高级建筑装饰装修工程费用要占总投资的一半以上。随着科学技术的进步，新材料、新工艺和新设备的不断发展，建筑装饰工程的造价还会继续提高。

1.2 建筑装饰工程施工程序

建筑装饰工程施工程序是指拟建装饰工程项目在整个装饰施工阶段必须遵循的先后顺序。这个顺序反映整个施工阶段必须遵循的客观规律，它一般包括以下几个阶段：

1. 承接施工任务

施工任务是施工单位施工的前提,没有施工任务,施工单位就没有生命的源泉。通常,装饰工程承接施工任务的方式主要是按照《招标投标法》和《合同法》的有关规定进行。

2. 签订施工合同

无论采取何种方式承接施工任务后,我们必须按照《合同法》、《建筑法》和《招标投标法》的有关规定签订施工合同。施工合同应规定承包的内容、要求、工期、质量、造价及材料供应等,明确合同双方应当全面履行合同约定的义务。不按照合同约定履行义务的,依法承担违约责任。

3. 施工准备,适时提出开工申请

施工准备是施工的前提,施工准备对保证以后正常施工起到至关重要的作用。施工准备的主要工作有:现场资料的准备、组织准备、物资准备、人员准备、现场准备,等等。

《建筑法》明确规定:施工单位不提出开工报告,或未经业主或总监理工程师的批准,不许施工。因此,开工报告是施工单位进行施工的前提。因为开工报告的提出或批准将直接影响到工期的计算时点,每个单位都应该慎重对待开工报告,以免引起工期和费用的索赔。

4. 组织装饰施工

装饰施工阶段是将设计意图转化为现实的重要阶段,是施工程序中的重要环节。施工企业应按施工组织设计进行管理,精心组织施工,加强各单位、各部门的配合与协作,协调各方面的问题,使建筑工程能在保证质量的前提下,低成本,高效率地完成。

在全面施工阶段,应主要抓好下列几项工作:

(1)做好单位工程的图纸会审和技术交底;(2)编制各主要分部工程的施工组织计划;(3)搞好各工种之间的协调;(4)制定切实可行的质量安全措施;(5)搞好物资供应;(6)做好各项技术资料的整理工作;(7)做好各分部工程验收的准备。

5. 装饰工程竣工验收,交付使用

工程结束,施工单位在确保按合同要求保质保量完成任务的情况下,可向建设单位提出竣工验收申请。经验收合格后,即可交付使用。如验收不符合有关规定标准,必须采取措施进行整改。只有达到所规定标准,才能交付使用。

竣工验收一般按下列步骤进行:

(1)施工企业在竣工验收前应先在内部进行自检,检查各分部分项工程的施工质量,整理各分项交工验收的技术资料,在自检合格的前提下才可以提请竣工验收。

(2)监理单位组织对工程质量的预验收工作,并出具质量评估报告。

（3）发包人在施工单位自检和监理单位预验收都符合合同规定要求的前提下组织监理、设计、施工等有关部门进行竣工验收。验收合格后，在规定期限内办理工程移交手续，并交付使用。

大中型建设项目的建筑装饰工程的施工程序可按图1-1进行，小型建设项目的施工程序可简单些。

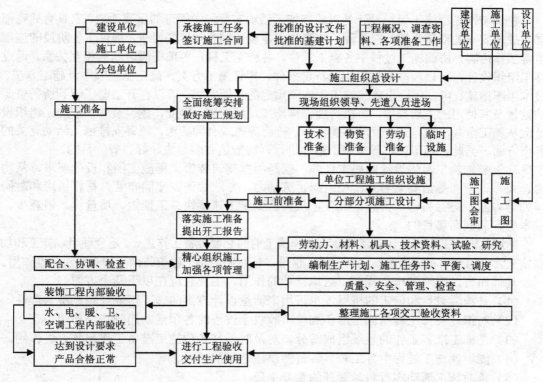

图1-1 建筑装饰装修工程施工程序简图

1.3 建筑装饰工程施工组织设计的作用、分类

1.3.1 建筑装饰工程施工组织设计的性质和作用

1. 建筑装饰工程施工组织设计性质

建筑装饰工程施工组织设计是规划和指导整个建筑装饰工程投标、签订承包合同、施

工准备到竣工验收全过程的一个综合性的技术经济文件。它是根据建筑装饰工程的设计和功能要求，既要符合建筑装饰施工的客观规律，又要统筹规划，科学组织施工，并采用先进成熟的施工技术和工艺，以最短的工期，最少的劳力、物力，并取得最佳的经济效果为目的来进行编制的技术经济文件。

2. 建筑装饰施工组织设计作用

建筑装饰工程施工组织设计是对装饰施工活动实行科学管理的重要手段，它具有战略部署和战术安排的双重作用。它体现了实现基本建设计划和设计的要求，提供了各阶段的施工准备工作内容，协调施工过程中各施工单位，各施工工种，各项资源之间的相互关系。通过施工组织设计，可以根据具体工程的特定条件、拟订施工方案、确定施工顺序、施工方法、技术组织措施，可以保证拟建装饰工程按照预定的工期完成，可以在开工前了解到所需资源的数量及其使用的先后顺序，可以合理安排施工现场布置。因此，建筑装饰工程施工组织设计应从施工全局出发，充分反映客观实际，符合国家或合同要求，统筹安排施工活动有关的各个方面。据此，施工就可以有条不紊地进行，将能达到多、快、好、省的目的。

建筑装饰施工组织设计的根本任务，就是根据建筑装饰工程施工图和设计要求，从物力、人力、空间等诸要素着手，在组织、劳动力、专业协调、空间布置、材料供应和时间排列等方面，进行科学、合理地部署，从而达到施工速度快、工期短、质量优、消耗少、成本低、利润高等目的。

建筑装饰施工组织设计是建筑装饰工程施工前的必要准备工作之一，是合理组织施工和加强施工管理的一项重要措施。它对保质、保量、按时完成整个建筑装饰工程具有决定性作用。

具体而言，建筑装饰工程施工组织设计的作用，主要表现在以下几个方面：

（1）是沟通设计和施工的桥梁，也可用来衡量设计方案的施工可能性和经济合理性。
（2）对拟建装饰工程从施工准备到竣工验收全过程的各项活动起到指导作用。
（3）是施工准备工作的重要组成部分，对及时做好各项施工准备工作起到促进作用。
（4）能协调施工过程中各工种、各资源供应之间的关系。
（5）是对施工活动实行科学管理的重要手段。
（6）是编制工程概、预算的依据之一。
（7）是建筑装饰施工企业整个生产管理工作的重要组成部分。
（8）是编制施工作业计划的主要依据。

1.3.2 建筑装饰工程施工组织设计的分类

1. 根据编制对象大小划分

施工组织设计根据编制对象大小的不同可分为：
（1）建筑装饰工程施工组织总设计。建筑装饰工程施工组织总设计是以一个建设项目或建筑群为编制对象，用以指导其建设全过程各项施工活动的技术、经济、组织、协调和控制的综合性文件。它是指导整个建设项目施工的战略性文件，内容全面概括，涉及范围广泛。一般是在初步设计或技术设计批准后，由总承包单位会同建设、设计和各分包单位共同编制的。它是指导全现场性的施工准备和有计划地运用施工力量，开展施工活动的依据，又是施工单位编制年度施工计划、单位工程施工组织设计及进行施工准备的依据。

（2）单位工程施工组织设计。它是以单位工程为对象进行编制的，用来指导单位工程施工全过程各项活动的技术经济、组织、协调和控制的局部性、指导性文件。它是施工组织总设计的具体化，是单位工程编制季度、月计划和分部分项工程施工设计的依据。

单位工程施工组织设计依据建筑工程规模、施工条件、技术复杂程度不同，在编制内容的广度和深度上一般可划分为两种类型：完整的单位工程施工组织设计和简单的单位工程施工组织设计（或施工方案）。

① 完整的单位工程施工组织设计。对于工程规模大、结构复杂、技术要求高、采用新结构、新技术、新材料和新工艺的拟建装饰工程项目，必须编制内容详尽的完整施工组织设计。

② 简单的单位工程施工组织设计（或施工方案）。对于工程规模小、结构简单、技术要求和工艺不复杂的拟建装饰工程项目，可以编制一般包括"一图一案一表"（即施工现场平面布置图、施工方案和施工进度表）的简单施工组织设计。

（3）分部（分项）工程施工组织设计。对于工程规模大，技术复杂或施工难度大的或者缺乏施工经验的分部（分项）工程，在编制单位工程施工组织设计之后，需要编制分部（分项）工程施工组织设计（如：有特殊要求的装修工程或高级装修工程等）并用以指导施工。其一般由项目专业技术负责人编制，内容包括施工方案、各施工工序的进度计划及质量保证措施。它是直接指导专业工程现场施工和编制月、旬作业计划的依据。

2. 根据阶段的不同划分

施工组织设计根据阶段的不同，可分为两类：

（1）标前设计

标前设计是指，在建筑装饰工程投标前，由经营管理层编制的用于指导工程投标与签订施工合同的技术经济文件，它以确保建筑装饰工程中标、追求企业经济效益为目标。

投标前的施工组织设计是为满足编制投标书和签订合同的需要编制的，它必须对投标书所要求的内容进行筹划和决策，并附入投标文件中。它的作用除了指导工程投标与签订承包合同及作为投标书的内容以外，还是总包单位进行分包招标和分包单位编制投标书的重要依据，同时也是建设单位与承包单位进行合同谈判、提出要约和进行承诺的依据，是拟定合同文本中相关条款的基础资料。

（2）标后设计

标后设计是指，在建筑装饰工程签订施工合同后，由项目技术负责人编制的用于指导装饰施工全过程各项活动的技术经济文件。

中标后编制的施工组织设计的作用是，满足施工项目准备和实施的需要。具体地说是指，导施工前一次性准备和各阶段施工准备工作，指导施工全过程活动，提出工程施工中进度控制、质量控制、成本控制、安全控制、现场管理、各项生产要素管理的目标及技术组织措施，以达到提高综合效益的目的。

1.4 建筑装饰工程施工准备工作

建筑装饰工程施工准备工作，是指施工前从组织、技术、资金、劳动力、物资、生活等方面，为了保证施工顺利进行，事先要做好准备的各项工作。它是施工程序中的重要环节，不仅存在于开工之前，而且贯穿于整个施工过程之中。

1.4.1 建筑装饰工程施工准备工作的意义和任务

现代建筑装饰工程施工是一项十分复杂的生产活动，它不但具有一般建筑工程的特点，还具有工期短、质量严、工序多、材料品种复杂、与其他专业交叉多等特点。如果事先缺乏统筹安排和准备，将会造成某种混乱，使施工无法进行，这样虽有加快施工进度的主观愿望，但往往造成事与愿违的客观结果，欲速则不达。而前期全面细致地做好施工准备工作，对调动各方面的积极因素，按照建筑装饰工程施工程序，合理组织人力、物力，加快施工进度，降低施工风险，提高工程质量，节约资金和材料，提高经济效益，都会起到积极的作用。因此，严格遵守施工程序，按照客观规律组织施工，做好各项施工准备工作，是施工顺利进行和工程圆满完成的重要保证。

建筑装饰工程施工准备工作的主要任务是：掌握工程的特点、技术和进度要求，了解施工的客观规律，合理安排、布置施工力量，充分及时地从人力、物力、技术、组织等方面，为施工的顺利进行创造必要的条件。

1.4.2 建筑装饰工程施工准备工作的要求

（1）注重各方的相互配合。建筑装饰工程的施工工作项目多，涉及范围广，与其他专业（水、电、暖等）交叉较多，因此，在做施工准备工作时，不仅装饰工程施工单位要做好施工准备工作，施工中涉及的其他单位也要做好准备工作。

（2）有计划、有组织、有步骤地分阶段进行。建筑装饰工程施工准备不仅要在施工前集中进行，而且要贯穿于整个施工过程。建筑装饰工程施工场地相对比较狭小，及时地、分阶段地做好施工准备工作，能最大限度地利用工作面，加快施工进度，提高工作效率。因此，随着工程施工进度的不断进展，在各分部分项工程施工前，及时做好相应的施工准备工作，为各项施工的顺利进行创造必要的条件。

（3）建立相应的检查制度。由于施工准备工作是贯穿于整个施工过程中，因此对施工准备工作要建立相应的检查制度，以便经常督促，及时发现问题，不断改进工作。

（4）建立严格的责任制。按施工准备工作计划将工作责任落实到有关的部门和人员，明确各级技术负责人在施工准备工作中应负的责任，做到责任到人。

1.4.3　建筑装饰工程施工准备工作的分类

1. 按准备工作的范围划分

（1）全场性的施工准备工作。它是以整个建筑装饰工程群为对象进行的各项施工准备，其施工准备工作的目的、内容都是为全场性施工服务的。

（2）单位工程施工准备工作。它是以一个单位工程的装饰为对象而进行的施工准备工作，其施工准备的目的、内容都是为单位装饰工程服务的。

（3）分部分项工程施工准备工作。它是以单位装饰工程中的分部分项工程为编制对象，其施工准备工作的目的、内容都是为分部分项工程施工服务的。

2. 按工程所处施工阶段划分

（1）开工前的施工准备。它是在拟建装饰工程正式开工之前所做的一切准备工作，其目的是为拟建工程正式开工创造必要的施工条件。

（2）各施工阶段前的施工准备。它是在拟建工程开工之后，每个施工阶段正式开工之前所进行的一切施工准备工作。其目的是为施工阶段正式开工创造必要的施工条件。

1.4.4　建筑装饰工程施工准备工作的内容

建筑装饰工程施工准备工作按其性质及内容通常包括技术准备，组织准备，施工现场准备，物资准备，施工人员准备，冬、雨季施工准备等。

1.5　复习思考题

1. 简述建筑装饰工程施工程序。
2. 简述建筑装饰工程施工组织设计的作用。
3. 简述建筑装饰工程施工组织设计的分类。
4. 简述建筑装饰工程施工组织准备的意义和分类。

第2章 流水施工原理

生产实践证明,在工程建设的生产领域中,流水施工方法是一种科学、有效的施工组织方式,是最理想的组织生产方式。它是建立在分工协作的基础上,它可以充分地利用工作时间和空间及工艺条件,提高劳动生产率,保证工程施工连续、均衡、有节奏地进行,从而提高工程质量、降低工程造价,缩短工期。

2.1 流水施工的基本概念

2.1.1 组织施工的方式

任何建筑装饰施工的工程,都可以分解成许多施工过程,每个施工过程通常又由一个或多个专业班组负责施工。但在工程建设施工过程中,考虑到建筑装饰工程项目的施工特点、工艺流程、资源、平面或空间布置等要求,通常可以组织依次施工、平行施工、流水施工三种组织方式。

1. 依次施工

依次施工,是将拟建工程项目的整个装饰过程分解成若干个施工过程,按照一定的施工顺序,前一个施工过程完成后,后一个施工过程才开始施工;或前一个工程完成后,后一个工程才开始施工。它是一种最基本、最原始的施工组织方式。

【例2-1】 现有三幢同类型房屋进行同样的装饰,按一幢为一个施工段。已知每幢房屋装饰都大致分为顶棚、墙面、地面、踢脚线四个部分,各部分所需时间分别为 4 周、1 周、3 周、2 周。顶棚施工班组的人数为 10 人,墙面施工班组的人数为 15 人,地面施工班组的人数为 10 人,踢脚线施工班组的人数为 5 人,现按依次施工组织方式进行施工。

(1) 按施工段依次组织施工

按施工段依次施工是指,从事某施工过程的施工班组在所有施工段施工完毕后,下道工序的施工班组再进行施工,依次类推的一种组织施工的方式。其中,施工段是指同一施工过程的若干个部分,这些部分的工程量一般情况应大致相等。其进度安排如图 2-1 所示。

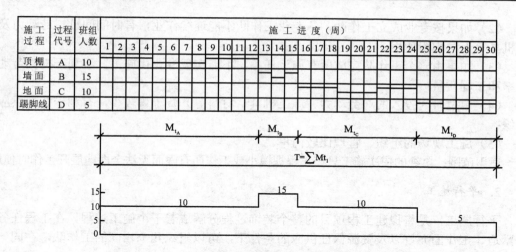

图 2-1 按施工段连续组织依次施工

（2）按施工过程依次施工

按施工过程依次施工是指，同一施工段的所有施工过程全部施工完毕后，再开始第二个施工段的施工，依次类推的一种组织施工的方式。其进度安排如图 2-2 所示。

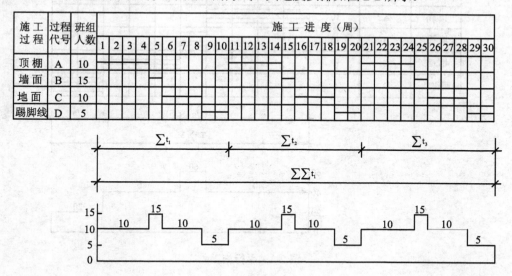

图 2-2 按施工过程连续组织依次施工

由图 2-1、图 2-2 可以看出，依次施工组织方式具有以下特点：
（1）没有充分利用工作面进行施工，工期较长；

(2）如果按专业成立工作队，各专业工作队不能连续作业，有时间间歇，劳动力及施工机具等无法均衡使用；

(3）如果由一个工作队完成所有施工任务，不能实现专业化施工，不利于提高劳动生产率和工程质量；

(4）单位时间投入的（劳动力、施工机具、材料等）资源量较少，有利于资源供应的组织；

(5）施工现场的组织、管理比较简单。

适用范围：单纯的依次施工只在工程规模小或工作面有限而无法全面地展开工作时使用。

2. 平行施工

平行施工，是将拟建工程项目的整个装饰过程分解成若干个施工过程，在工程任务十分紧迫、工作面允许以及资源保证供应的条件下，可以组织几个相同的工作队，在同一时间、不同的空间上进行施工。

在【例 2-1】中，如果采用平行施工组织方式，即 3 幢房屋装饰工程同时开工、同时竣工。这样施工显然可以大大缩短工期，其施工进度计划如图 2-3 所示。

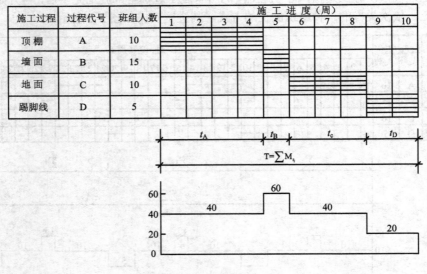

图 2-3 平行施工

由图 2-3 可以看出，平行施工具有以下特点：

(1）充分地利用工作面进行施工，工期短；

(2）如果每一个施工对象均按专业成立工作队，则各专业队不能连续作业，劳动力及施工机具等资源无法均衡使用；

（3）如果由一个工作队完成一个施工对象的全部施工任务，则不能实现专业化施工，不利于提高劳动生产率和工程质量；

（4）单位时间内投入的劳动力、施工机具、材料等资源量成倍地增加，不利于资源供应；

（5）施工现场的组织、管理比较复杂。

适用范围：平行施工，由于全部施工任务在各施工段上同时开完工，这种方式可以充分地利用工作面、工期短，但单位时间里需提供的劳动资源成倍增加，经济效果差。适用于工期紧、规模大的建筑装饰群。

3．流水施工

流水施工，是将工程项目的整个装饰工程划分为若干个施工过程，将每个施工对象划分为若干个施工段，各施工过程以预定的时间间隔依次投入各施工段，陆续开工，陆续竣工，使各施工班组能连续均衡施工，不同施工过程尽可能平行搭接施工的组织方式。

在【例 2-1】中，如果采用流水施工组织方式，应在各施工过程连续施工的条件下，组织施工专业队伍在装饰过程中最大限度地相互搭接起来，陆续开工，陆续完工。该方式以接近恒定的生产率进行生产的，保证了各工作队（组）的工作和物资资源的消耗具有连续性和均衡性，其施工进度计划如图 2-4（a）、（b）所示。从图中可以看出，流水施工方法能克服依次和平行施工组织方式的缺点，同时保留了它们的优点。

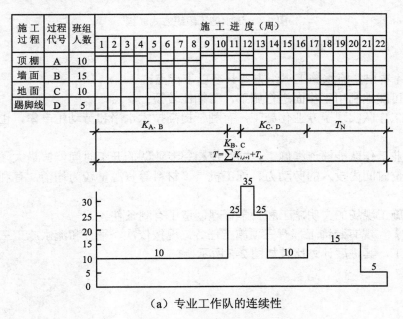

（a）专业工作队的连续性

图 2-4　流水施工

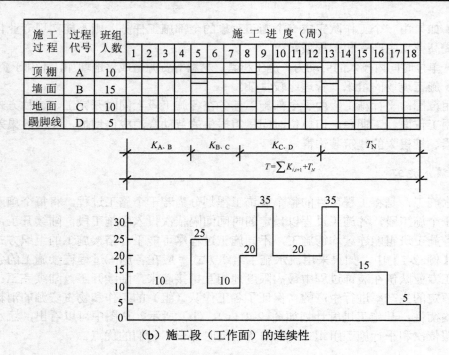

(b) 施工段（工作面）的连续性

图 2-4 流水施工组织方式（续）

由图 2-4 看出，流水施工组织方式具有以下特点：

（1）尽可能地利用工作面进行施工，工期比较短；

（2）各工作队实现了专业化施工，有利于提高技术水平和劳动生产率，也有利于提高工程质量；

（3）专业工作队能够连续施工，同时使相邻专业队的开工时间能够最大限度地搭接；

（4）单位时间内投入的劳动力、施工机具、材料等资源量较为均衡，有利于资源供应的组织；

（5）为施工现场的文明施工和科学管理创造了有利条件。

【例 2-2】 现有装饰工程有三项施工任务，现按依次、平行和流水施工三种组织施工方式进行施工，其进度计划比较如图 2-5 所示。

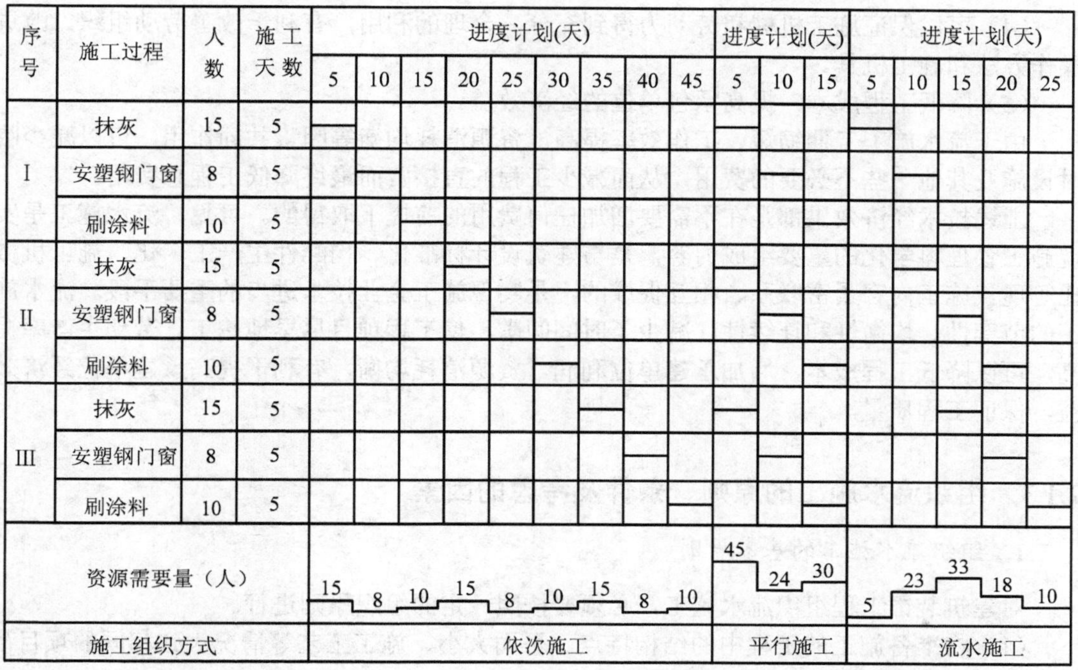

序号	施工过程	人数	施工天数	进度计划(天) 5 10 15 20 25 30 35 40 45	进度计划(天) 5 10 15	进度计划(天) 5 10 15 20 25
I	抹灰	15	5			
	安塑钢门窗	8	5			
	刷涂料	10	5			
II	抹灰	15	5			
	安塑钢门窗	8	5			
	刷涂料	10	5			
III	抹灰	15	5			
	安塑钢门窗	8	5			
	刷涂料	10	5			
	资源需要量（人）			15 8 10 15 8 10 15 8 10	45 24 30	5 23 33 18 10
	施工组织方式			依次施工	平行施工	流水施工

图 2-5 三种组织施工方式比较

2.1.2 流水施工的技术经济效果

通过比较三种施工组织方式可以看出，流水施工是先进、科学的施工组织方式。流水施工由于在工艺划分、时间安排和空间布置上进行了统筹安排，体现出较好的技术经济效果。主要表现为：

（1）施工连续、均衡，工期较短。流水施工前后施工过程衔接紧凑，克服了不必要的时间间歇，使施工得以连续进行，后续工作尽可能提前在不同的工作面上开展，从而加快施工进度，缩短工程工期。根据各施工企业开展流水施工的效果比较，流水施工比依次施工总工期可缩短 1/3 左右。

（2）实现专业化生产，可以提高施工技术水平和劳动生产率，保障工程质量。由于流水施工中，各个施工过程均采用专业班组操作，可提高工人的熟练程度和操作技能，从而提高工人的劳动生产率，同时，工程质量也易于保证和提高。

（3）有利于资源的组织和供应。采用流水施工，使得劳动力和其他资源的使用比较均衡，从而可避免出现劳动力和资源的使用大起大落的现象，减轻施工组织者的压力，为资源的调配、供应和运输带来方便。

(4) 可以保证施工机械和劳动力得到充分、合理的利用,有利于改善劳动组织,改进操作方法和施工机具。

(5) 降低工程成本,提高承包单位的经济效益。

由于流水施工工期缩短、工作效率提高,资源消耗均衡等因素共同作用,可以减少临时设施及其他一些不必要的费用,从而减少工程的直接费而最终降低工程总费用。

上述技术经济效果都是在不需要增加任何费用的前提下取得的。可见,流水施工是实现施工管理科学化的重要组成内容,是与建筑设计标准化、构配件生产工厂化、施工机械化等现代施工内容紧密联系、相互促成的,是实现施工企业技术进步的重要手段。流水施工的节奏性、均衡性和连续性,减少了时间间歇,使工程项目尽早地竣工。劳动生产率提高,可以降低工程成本,增加承建单位利润。资源消耗均衡,有利于提高承建单位经济效益,保证工程质量。

2.1.3 组织流水施工的原则、条件及考虑的因素

1. 组织流水施工的基本原则

对建筑装饰工程组织流水施工,必须要按照一定的组织原则进行。

(1) 将准备施工的工程中的结构特点、平面大小、施工工艺等情况大致相同的项目确定下来,以便组织流水施工;

(2) 进行流水施工的工程项目需分解成若干个施工过程,每一个施工过程由一定的专业班组进行工作;

(3) 需将工程对象在平面上划分成若干个施工段,要求各个施工段的劳动量大致相等或成倍数,使得施工在组织流水时富有节奏性;

(4) 确定各个流水参数后,应尽可能使各专业班组连续施工,工作面不停歇,资源消耗均匀,劳动力使用不太集中。

2. 组织流水施工的条件

组织流水施工,必须具备以下的条件。

(1) 将整幢建筑物装饰工程分解成若干个施工过程,每个施工过程由固定的专业工作队负责实施完成;

(2) 将施工对象尽可能地划分成劳动量或工作量大致相等(误差一般控制在 15%以内)的施工段(区);

(3) 确定各施工专业队在各施工段(区)内的工作持续时间;

(4) 各工作队按一定的施工工艺,配备必要的机具,依次、连续地由一个施工段(区)转移到另一个施工段(区),反复地完成同类工作;

(5) 不同工作队完成各施工过程的时间最大限度地搭接起来。不同专业工作队之间的关系，表现在工作空间上的交接和工作时间上的搭接，搭接的目的是缩短工期。

3．组织流水施工必须考虑的因素

在组织流水施工时，应考虑以下因素：
(1) 把工作面合理分成若干段（水平段、垂直段）；
(2) 各专业施工队按工序进入不同施工段；
(3) 确定每一施工过程的延续时间；
(4) 各施工过程连续、均衡施工；
(5) 各工种之间合理的施工关系。

2.1.4　流水施工的分级

根据流水施工组织范围划分，流水施工通常可分为以下四种。

1．分项工程流水施工

分项工程流水施工，是指在一个专业工种内部组织起来的流水施工。在项目施工进度计划表上，它是一条标有施工段或工作队编号的水平进度指示线段或斜向进度指示线段。

2．分部工程流水施工

分部工程流水施工，是指在一个分部工程内部、各分项工程之间组织起来的流水施工。在项目施工进度计划表上，它由一组标有施工段或工作队编号的水平进度指示线段或斜向进度指示线段。

3．单位工程流水施工

单位工程流水施工，是指在一个单位工程内部、各分部工程之间组织起来的流水施工。在项目施工进度计划表上，它是若干组分部工程的进度指示线段，并由此构成一张单位工程施工进度计划。

4．群体工程流水施工

群体工程流水施工，是指在若干单位工程之间组织起来的流水施工。在项目施工进度计划表上，是一张项目施工总进度计划。

流水施工分级如图 2-6 所示。

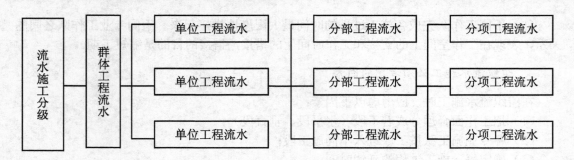

图 2-6 流水施工分级示意图

2.1.5 流水施工的表达方式

流水施工进度计划图表是反映工程流水施工时各施工过程按其工艺上的先后顺序、相互配合的关系和它们在时间、空间上的开展情况。目前应用最广泛的流水施工进度计划图表有横道图和网络图，具体表达方式如图 2-7 所示。

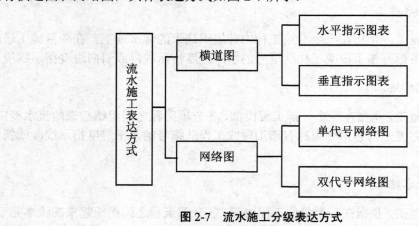

图 2-7 流水施工分级表达方式

1. 横道图

流水施工的工程进度计划图表采用横道图表示时，按其绘制方法的不同可分为水平指示图表和垂直指示图表（又称斜线图）。

（1）水平指示图表

横道图的左边按照施工的先后顺序列出各施工过程名称，右边用水平线段在时间坐标下画出各施工过程的工作进度线，以此来表示流水施工的开展情况。

例如，某 m 幢相同房屋装饰工程流水施工的水平指示图表如图 2-8（a）所示。图中的横坐标表示流水施工的持续时间；纵坐标表示施工过程的名称或编号。n 条带有编号的水

平线段表示 n 个施工过程或专业工作队的施工进度安排，其编号 1，2，……表示不同的施工段。

横道图表示法的优点是：绘图简单，施工过程及其先后顺序表达清楚，时间和空间状况形象直观，使用方便，因而被广泛用来表达施工进度计划。

（2）垂直指示图表

图表的横坐标表示流水施工的持续时间；纵坐标表示开展流水施工所划分的施工段编号；n 条斜线段表示各专业工作队或施工过程开展流水施工的情况。应该注意，垂直图表中垂直坐标的施工对象编号是由下而上编写的。

例如，某 m 幢相同房屋工程流水施工的垂直指示图表如图 2-8（b）所示。

垂直指示图表示法的优点是：垂直指示图表能直观地反映出在一个施工段中各施工过程的先后顺序和相互配合关系，而且可由其斜线的斜率形象地反映出各施工过程的流水强度。在垂直图表中还可方便地进行各施工过程工作进度的允许偏差计算。但编制实际工程进度计划不如横道图方便。

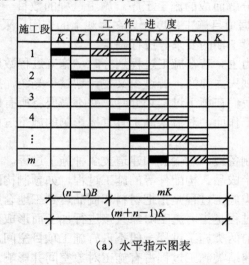 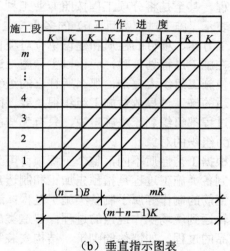

（a）水平指示图表　　　　　　　　（b）垂直指示图表

图 2-8　流水施工图表

2. 流水施工网络图表示法（第 3 章将详细阐述，此处不再叙述）

2.2　流水施工参数

在组织建筑装饰工程流水施工时，用以表达流水施工在施工工艺、空间布置和时间排列方面开展状态的参数,统称为流水参数。它包括工艺参数、空间参数和时间参数 3 类。

2.2.1 工艺参数

工艺参数主要是指在组织流水施工时,用以表达流水施工在施工工艺上开展顺序及其特征的参数;或是指在组织流水施工时,将拟建工程项目的整个装饰过程分解为施工过程的种类、性质和数目方面的总称。通常,工艺参数包括施工过程数和流水强度两种。

1. 施工过程数(n)

组织建筑装饰工程流水施工时,根据施工组织及计划安排而将计划任务划分成的子项称为施工过程。施工过程划分的粗细程度根据实际需要而定。当编制控制性施工进度计划时,组织流水施工的施工过程可以划分得粗一些,施工过程可以是单位工程,也可以是分部工程;当编制实施性施工进度计划时,施工过程可以划分得细一些,施工过程可以是分项工程,甚至是将分项工程按照专业工种不同分解而成的施工工序。施工过程的数目一般用 n 表示。施工过程数目(n)的多少,主要依据项目施工进度计划在客观上的作用、采用的施工方案、项目的性质和建设单位对项目建设工期的要求等进行确定。

在施工过程划分时,应该以主导施工过程为主。若在施工过程划分时,施工过程数过多会使施工组织太复杂,那么所订立的组织计划失去弹性;若过少又使计划过于笼统,所以合适的施工过程数对施工组织很重要。因此我们在施工过程划分时,并不需要将所有的施工过程都组织到流水施工中,只有那些占有工作面,对流水施工有直接影响的施工过程才作为组织的对象。

根据工艺性质不同,整个工程项目可分为制备类、运输类和建造类 3 种施工过程。

制备类施工过程是指预先加工和制造建筑半成品、构配件等的施工过程,如预制构配件、钢筋的制作等属于制备类施工过程;运输类施工过程是指把材料和制品运到工地仓库或再转运到现场操作地点的过程;建造类施工过程是指对施工对象直接进行加工而形成建筑产品的过程,如墙体的砌筑、结构安装等。前两类施工过程一般不占有施工项目空间,也不影响总工期,一般不列入施工进度计划;建造类施工过程占有施工对象空间并影响总工期,必须列入施工进度计划。

因此,综上所述,我们在施工过程划分时,应考虑以下因素:

(1)施工过程数应结合建筑装饰的复杂程度、结构的类型及施工方法。对复杂的施工内容应分得细些,简单的施工内容分得不要过细。

(2)根据施工进度计划的性质确定。控制性施工进度计划时,组织流水施工的施工过程可以划分得粗一些;实施性施工进度计划时,施工过程可以划分得细一些。

(3)施工过程的数量要适当,应适合组织流水施工的需要。施工过程数过少,也就是划分得过粗,达不到好的流水效果;反之施工过程数过大,需要的专业队(组)就多,相应地需要划分的流水段也多,同样也达不到好的流水效果。

(4)要以主要的建造类施工过程为划分依据,同时综合考虑制备类和运输类施工过程。

2. 流水强度

流水强度是指在组织流水施工时,某施工过程(或专业工作队)在单位时间内所完成的工程量,也称为流水能力或生产能力。流水强度又可分为机械施工过程流水强度和手工施工过程流水强度两种。

(1)机械施工工程流水强度

$$V = \sum_{i=1}^{x} R_i S_i \quad (2-1)$$

式中:R_i——投入到第 i 施工过程的某种主要施工机械的台数;
S_i——该种施工机械的产量定额;
x——投入到第 i 施工过程的主要施工机械的种类数。

(2)手工操作施工过程的流水强度

$$V = \sum_{i=1}^{x} N_i P_i \quad (2-2)$$

式中:N_i——投入到第 i 施工过程的施工人数;
P_i——投入到第 i 施工过程的每人工日定额;
x——投入到第 i 施工过程的人工的种类。

2.2.2 空间参数

空间参数是指在组织流水施工时,用以表达流水施工在空间布置上开展状态的参数。通常包括工作面、施工段和施工层3种。

1. 工作面(A)

某专业工种在建筑装饰施工时所必须具备的活动空间,称为该工种的工作面。工作面的大小,表明能安排施工人数或机械台数的多少。每个作业的工人或每台施工机械所需工作面的大小,取决于单位时间内其完成的工程量和安全施工的要求。工作面确定的合理与否,直接影响专业工作队的生产效率。因此,必须合理确定工作面。

2. 施工段(m)

(1)施工段的含义

通常把拟建装饰工程在平面上划分成若干个劳动量大致相等的区段,这些区段称为施工段。施工段的数目以 m 表示。

(2)划分施工段的原则

由于施工段内的施工任务由专业工作队依次完成,因而在两个施工段之间容易形成一个施工缝而影响工程质量;同时,由于施工段数量的多少,将直接影响流水施工的效果。为使施工段划分得合理,一般应遵循下列原则:

① 施工段的数目要适宜。过多施工段使其能容纳的人数减少,工期增加,也会影响生产效率;太少又会使作业班组无法连续施工,工期增加。

② 以主导施工过程为依据。

③ 同一专业工作队在各个施工段上的劳动量应大致相等,相差幅度不宜超过 10%~15%,目的是专业工作班组人数相对固定,专业工作队在每段上所花费的时间大致相等,便于组织流水施工。

④ 每个施工段内工作面大小要合适,以保证相应数量的工人和主导施工机械的生产效率,满足合理劳动组织的要求。

⑤ 施工段的界限应尽可能与结构界限相吻合,或设在对建筑结构整体性影响小的部位,以保证建筑结构的整体性和工程质量。

⑥ 施工段的数目要满足合理的组织流水施工的要求。

为使各专业工作队能够连续施工,一般要满足 $m \geq n$ 的条件。一般 m 和 n 存在下列关系:

- 当 $m=n$ 时,各施工班组连续施工,无工作面(施工段)闲置,是最理想的方式。
- 当 $m>n$ 时,施工班组连续工作,但工作面(施工段)有停歇,但不一定是坏事,它可以满足施工技术和组织安排的需要。
- 当 $m<n$ 时,虽工作面无停歇,但施工班组不能连续工作,存在间歇情况。

⑦ 对于多层建筑物、构筑物或需要分层施工的工程,应既分施工段,又分施工层,各专业工作队依次完成第一施工层中各施工段任务后,再转达入第二施工层的施工段上作业,依此类推。以确保相应专业队在施工段与施工层之间,组织连续、均衡、有节奏地流水施工。

【例 2-3】 一幢二层装饰工程,划分为抹灰、楼地面石材铺设两个施工过程,拟组织一个抹灰队和一个施工队进行流水施工。现按 $m=1$、$m=2$ 和 $m=4$ 3 种方案组织施工,请分析各自的利弊关系(假设工作面足够,人员和机具数不变)。

【过程分析】

方案 1:$m=1$($m<n$),施工进度安排如图 2-9 所示。

从图 2-9 可以看出:方案 1 由于不分段(即每个楼层为一段),在抹灰队完成二层抹灰后,施工队进行该层楼面铺设,待二层地面石材铺设完成后进行第一层的抹灰施工,依次类推。从图上可以看出,两个队交替停歇,没有进行连续施工,这样不但工期延长,而且出现大量的窝工现象。

方案 2:$m=2$($m=n$),施工进度安排如图 2-10 所示。

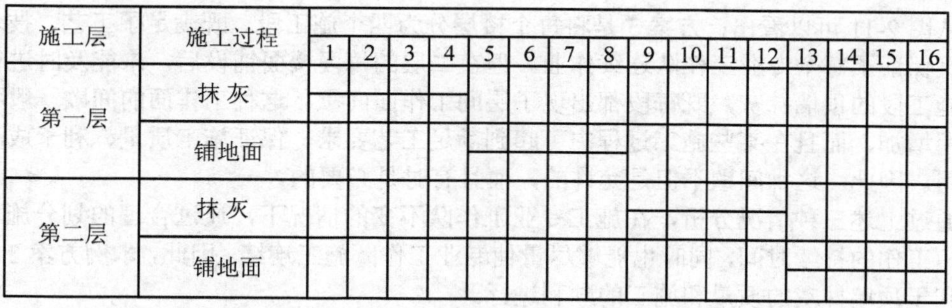

施工层	施工过程	1	2	3	4	5	6	7	8	9	10	11	12	13	14	15	16
第一层	抹 灰																
	铺地面																
第二层	抹 灰																
	铺地面																

图 2-9　$m<n$ 时流水施工开展状况

施工层	施工过程	施工进度									
		1	2	3	4	5	6	7	8	9	10
第一层	抹 灰	①		②							
	铺地面				①		②				
第二层	抹 灰					①		②			
	铺地面							①		②	

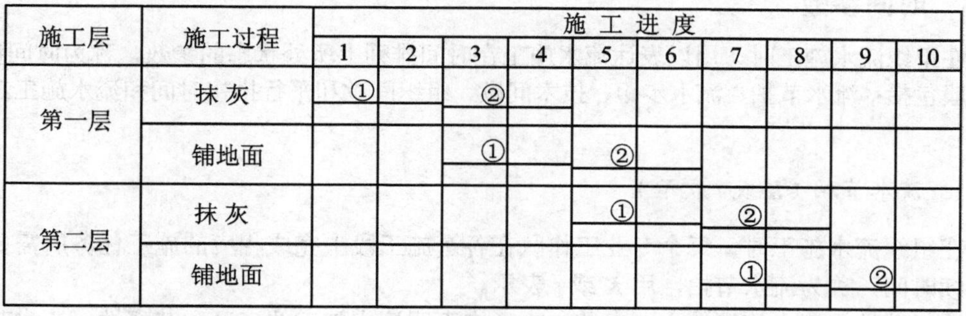

图 2-10　$m=n$ 时流水施工开展状况

从图 2-10 可以看出：方案 2 是将每层分为两个流水段，使得流水段数与施工过程数（或施工队组数）相等。在二层一段抹灰后，进行该段楼地面的铺设，随后进行一层一段抹灰，再进行该段地面的铺设。在工艺技术允许的情况下，既保证了每个专业工作队连续工作，又使得工作面不出现间歇，也大大缩短了工期。可见这是一个较为理想的方案。

方案 3：$m=4$（$m>n$），施工进度安排如图 2-11 所示。

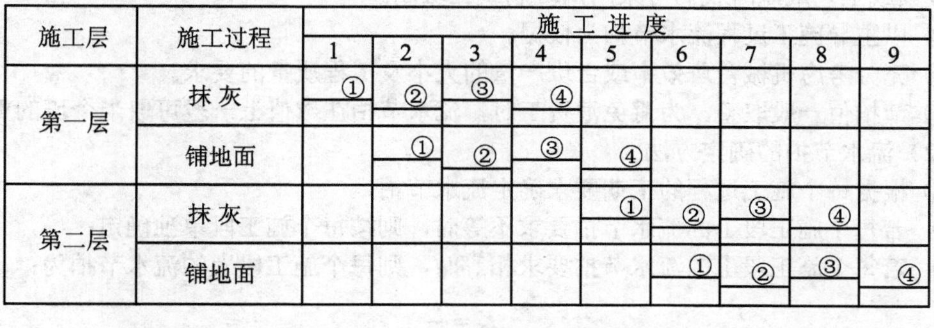

施工层	施工过程	施工进度								
		1	2	3	4	5	6	7	8	9
第一层	抹 灰	①	②	③	④					
	铺地面		①	②	③	④				
第二层	抹 灰					①	②	③	④	
	铺地面						①	②	③	④

图 2-11　$m>n$ 时流水施工开展状况

从图 2-11 可以看出：方案 3 是将每个楼层分为四个施工段。既满足了工艺、技术的要求，又保证了每个专业工作队连续作业。但在二层的每段楼面铺设后，未能及时进行下层相应施工段的顶墙抹灰，既每段都出现了层间工作面间歇。这种工作面的间歇一般不会造成费用增加，而且在某些施工过程中可起到满足工艺要求、保证施工质量、利于成品保护的作用。因此，这种间歇不但是允许的，而且有时是必要的。

通过上述三种情况分析，在施工专业工作队不变的情况下，通过合理的划分施工段可以缩短工作的持续时间，同时也能够尽量使专业工作队施工连续。因此，本例方案 3（$m>n$）更有利于顶墙抹灰的质量和施工的顺利进行。

2.2.3 时间参数

在组织流水施工时，用以表达流水施工在时间排列上所处状态的参数，称为时间参数。它一般包括：流水节拍、流水步距、技术间歇、组织间歇和平行搭接时间和流水施工工期等六种。

1. 流水节拍（K 或 t 表示）

在组织流水施工时，每个专业工作队在各个施工段上完成相应的施工任务所需要的工作延续时间，称为流水节拍，用 K 或 t 表示。

流水节拍是流水施工的主要参数之一，它表明流水施工的速度和节奏性。流水节拍的大小，反映施工速度的快慢、投入的劳动力、机械以及材料用量的多少。根据其数值特征，一般流水施工又可分为：等节奏专业流水、异节奏专业流水和非节奏专业流水等施工组织方式。

（1）确定流水节拍应考虑的因素

① 施工班组人数要适宜。满足最小劳动组合和最小工作面的要求。

② 工作班制要恰当。对于确定的流水节拍采用不同的班制，其所需班组人数不同。当工期较紧或工艺限制时我们可采用两班制或三班制。

③ 以主导施工过程流水节拍为依据。

④ 充分考虑机械台班效率或台班产量的大小及工程质量的要求。

⑤ 节拍值一般取整。为避免浪费工时，流水节拍在数值上一般可取半个班的整数倍。

（2）流水节拍的确定方法

① 根据每个施工过程的工期要求确定流水节拍

● 若每个施工段上的流水节拍要求不等时，则按每个施工段单独确定；

● 若每个施工段上的流水节拍要求相等时，则每个施工段上的流水节拍为：

$$K = \frac{T}{m} \tag{2-3}$$

式中：T——每个施工过程的工期（持续时间）；

m——每个施工过程的施工段数。

② 根据每个施工段的工程量计算（根据工程量、产量定额、班组人数计算）

$$K_i = \frac{Q}{SRZ} = \frac{P}{RZ} \tag{2-4}$$

式中：K_i——施工段 i 流水节拍，一般取 0.5 天的整数倍；

Q——施工段 i 的工程量；

S——施工段 i 的人工或机械产量定额；

R——施工段 i 的人数或机械的台、套数；

P——施工段的劳动量需求值；

Z——施工段 i 的工作班次。

③ 根据各个施工段投入的各种资源来确定流水节拍

$$K_i = \frac{Q_i}{N_i} \tag{2-5}$$

式中：Q_i——各施工段所需的劳动量或机械台班量；

N_i——施工人数或机械台数。

④ 经验估算法

它是根据以往的施工经验进行估算。一般为了提高其准确程度，往往先估算出每个施工段的流水节拍的最短值（a）、最长值（b）和正常值（c）（即最可能）3 种时间，然后据此求出期望时间作为某专业工作队在某施工段上的流水节拍。本法也称为三时估算法。

$$K = \frac{(a + 4c + b)}{6} \tag{2-6}$$

这种方法多适用于采用新工艺、新方法和新材料等没有定额可循的工程或项目。

2. 流水步距（B）

在组织流水施工时，相邻两个专业工作队在保证施工顺序、满足连续施工、最大限度搭接和保证工程质量要求的条件下，相继投入施工的最小时间间隔，称为流水步距。一般用符号 $B_{i,i+1}$ 表示，通常也取 0.5 的整数倍。当施工过程数为 n 时，流水步距共有 $n-1$ 个。

流水步距的大小，应考虑施工工作面的允许，施工顺序的适宜，技术间歇的合理以及施工期间的均衡；取决于相邻两个施工过程（或专业工作队）在各个施工段上的流水节拍及流水施工的组织方式。

（1）流水步距与流水节拍的关系

① 当流水步距 $B > K$ 时，会出现工作面闲置现象（如：混凝土养护期，后一工序不能立即进入该施工段）；

② 当流水步距 $B<K$ 时，就会出现两个施工过程在同一施工段平行作业。

总之，在施工段不变的情况下，流水步距小，平行搭接多，工期短，反之则工期长。

（2）确定流水步距的基本要求

① 始终保持各相邻施工过程间先后的施工顺序；

② 满足各施工班组连续施工、均衡施工的需要；

③ 前后施工过程尽可能组织平行搭接施工；

④ 考虑各种间歇和搭接时间；

⑤ 流水步距的确定要保证工程质量、满足安全生产和组织要求。

（3）流水步距与工期的关系：如果施工段不变，流水步距越大，则工期越长；反之，工期则越短。

（4）流水步距 B 的确定方法

① 理论公式计算法

当 $K_{i-1} \leq K_i$ $B_i = K_{i-1} + t_j - t_d$ （$i \geq 2$） (2-7)

当 $K_{i-1} > K_i$ $B_i = mK_{i-1} - (m-1)K_i + t_j - t_d$ （$i \geq 2$） (2-8)

式中：K_{i-1}——前面施工过程的流水节拍；

K_i——紧后施工过程的流水节拍；

t_j——施工过程中的间歇时间之和；

t_d——施工段之间的搭接时间之和。

【例 2-4】 有 6 幢完全相同的住宅装饰，每幢住宅装饰施工的主要施工过程划分为：室内地平 1 周，内墙粉刷 3 周，外墙粉刷 2 周，门窗油漆 2 周，并按上述先后顺序组织流水施工，试问它们各相邻施工过程的流水步距各为多少？

【解】 流水施工段数 $m=6$，施工过程数 $n=4$。

各施工过程的流水节拍分别为 $K_{地平}=1$ 周，$K_{内墙}=3$ 周，$K_{外墙}=2$ 周，$K_{油漆}=2$ 周。将上述条件代入公式（2-7）、（2-8）可得。

流水步距：$B_{1-2}=1$（周）

$B_{2-3}=6 \times 3 - (6-1) \times 2 = 8$（周）

$B_{3-4}=2$（周）

② 累加斜减法（最大差法）

本方法在 2.3.2 节中详细介绍（本部分略）。

3. 平行搭接时间 $D_{j, j+1}$

在组织流水施工时，有时为了缩短工期，在工作面允许的条件下，如果前一个专业工作队完成部分施工任务后，能够提前为后一个专业工作队提供工作面，使后者提前进入前一个施工段，两者在同一施工段上平行搭接施工，这个搭接时间称为平行搭接时间。

4. 技术搭接时间 $Z_{j,j+1}$

在组织流水施工时，除要考虑相邻专业工作队的流水步距外，有时根据建筑材料或现浇构件等工艺性质，还要考虑合理的工艺等待时间，这个等待时间称为技术搭接时间。如混凝土的养护时间、砂浆抹面和油漆面的干燥时间。

5. 组织间歇时间 $G_{j,j+1}$

在组织流水施工时，由于施工技术或施工组织原因，造成的在流水步距以外增加的间歇时间，称为组织间歇时间。如机器转场、验收等。

6. 流水施工工期

流水施工工期是指从第一个专业工作队投入流水施工开始，到最后一个专业工作队完成流水施工为止的整个持续时间。流水施工工期用 T 表示。流水施工工期应根据各施工过程之间的流水步距以及最后一个施工过程中各施工段的流水节拍等确定。

$$T = \sum_{i=1}^{n-1} B_i + t_n \tag{2-9}$$

其中，$\sum_{i=1}^{n-1} B_i$ ——所有的流水步距之和。

t_n —— 最后一个施工过程的工期。

2.3 流水施工的组织方式

根据各施工过程中的各施工段流水节拍的相互关系，可以将流水施工分为有节拍流水和非节拍流水。

2.3.1 有节拍流水

有节拍流水是指同一施工过程在每一个施工段上的流水节拍都相等的流水施工组织方式。按不同施工过程中每个施工段的流水节拍相互关系又可以分为：
- 全等节拍流水：各施工过程在每一个施工段上的流水节拍都相等，通常也称为等节拍流水或固定节拍流水。
- 异节拍流水：同一施工过程在每一个施工段上的流水节拍相等，不同施工过程之间，每个施工段的流水节拍不完全相等。一般我们也可细分为：一般异节拍流水和成倍异节拍流水。

1. 全等节拍流水施工

在组织流水施工时，各施工过程在每一个施工段上的流水节拍相等，且不同施工过程的每一个施工段上的流水节拍互相相等的流水施工组织方式，即 $K_j=t$。或在组织流水施工时，如果所有的施工过程在各个施工段上的流水节拍彼此相等，这种流水施工组织方式称为全等节拍专业流水，也称固定节拍流水或同步距流水。它是一种最理想的流水施工组织方式。

（1）基本特点（仅指无间歇和搭接情况）
① 所有流水节拍都彼此相等；
② 所有流水步距都彼此相等，而且等于流水节拍；
③ 每个专业工作队都能够连续作业，施工段没有间歇时间；
④ 专业工作队数目等于施工过程数目。

（2）组织步骤
① 确定项目施工起点流向，分解施工过程；
② 确定施工顺序，划分施工段（划分施工段时，一般可取 $m=n$）；
③ 根据等节拍专业流水要求，确定流水节拍 K 的数值；
④ 确定流水步距 B；
⑤ 计算流水施工的工期（本章仅讨论不分施工层的情况）；

工期计算公式为：
- 无间歇和搭接时间

$$T = (n-1)K + mt = (n-1)K + mK = (m+n-1)K \tag{2-10}$$

- 若存在间歇和搭接时间

$$T = (m+n-1)K + \sum Z_{j,j+1} + \sum G_{j,j+1} - \sum D_{j,j+1} \tag{2-11}$$

式中：$\sum Z_{j,j+1}$ ——所有组织间歇之和；

$\sum G_{j,j+1}$ ——所有技术间歇之和；

$\sum D_{j,j+1}$ ——所有搭接间歇之和。

⑥ 绘制流水施工进度横道图。

（3）无间歇时间和搭接时间的全等节拍流水施工
① 概念：即各施工过程流水节拍在每一个施工段上相等，且互相相等的流水施工组织方式。
② 无间歇时间和搭接时间

由于固定节拍专业流水中各流水步距 B 等于流水节拍 K，故其持续时间为：

$$T = (n-1)B + mK = (m+n-1)K \tag{2-12}$$

式中：T ——持续时间；

N——施工过程数;
m——施工段数;
B——流水步距;
K——流水节拍。

【例2-5】 某分部工程有 A、B、C、D 四个施工过程,每个施工过程分为五个施工段,流水节拍均为 3 天,试组织全等节拍流水节拍。

【解】① 计算流水施工工期
因为　　$m=5$,$n=4$,$K=3$
所以　　$T=(n-1)K+mt=(n-1)K+mk=(m+n-1)K=(5+4-1)×3=24$(天)
② 用横道图绘制流水施工进度计划,如图2-12所示。

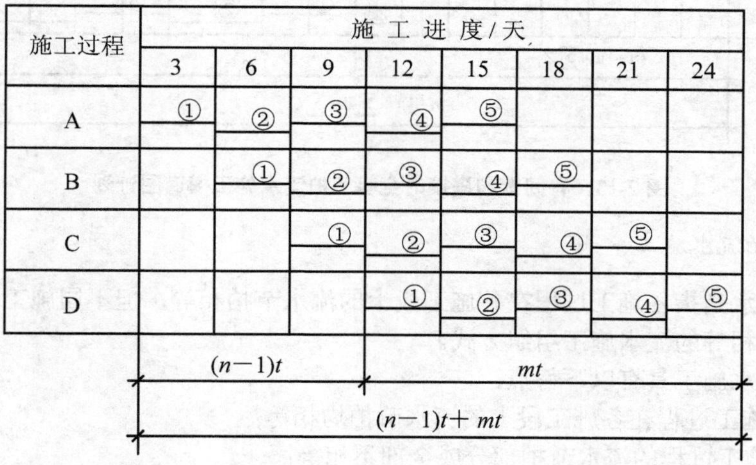

施工过程	施工进度/天							
	3	6	9	12	15	18	21	24
A	①	②	③	④	⑤			
B		①	②	③	④	⑤		
C			①	②	③	④	⑤	
D				①	②	③	④	⑤

图 2-12　无间歇和搭接的全等节拍流水施工横道图计划

(4) 有间歇时间和搭接时间的全等节拍流水施工

【例2-6】 某分部工程划分为 A、B、C、D、E 五个施工过程和四个施工段,流水节拍均为 4 天,其中 A 和 D 施工过程各有 2 天的技术间歇时间,C 和 B、D 和 C 施工过程各有 2 天的搭接,试组织全等节拍流水施工。

【解】 (1) 计算流水工期
因为　　$m=4$,$n=5$,$K=4$,$\sum G_{j,j+1}$ $\sum G_{j,j+1}=4$ 天,$\sum D_{j,j+1}=4$ 天
所以　　$T=(m+n-1)K+\sum Z_{j,j+1}+\sum G_{j,j+1}-\sum D_{j,j+1}=(4+5-1)×4+4-4=32$(天)

(2) 用横道图绘制流水施工进度计划,如图2-13所示。
等节拍专业流水的适用范围:等节拍专业流水能保证各专业班组的工作连续,工作面能充分利用,实现均衡施工,但由于它要求各施工过程的每一个施工段上的流水节拍都要

相等，这对于一个工程来说，往往很难达到这样的要求。所以，在单位工程组织施工时应用较少，往往用于分部工程或分项工程。

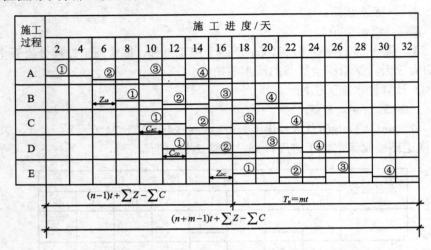

图 2-13　有间歇和搭接的全等节拍流水施工横道图计划

2. 异节拍流水施工

异节拍流水是指各施工过程在各施工段上的流水节拍相等，但不同施工过程之间的流水节拍不完全相等的流水施工组织方式。

异节拍流水施工具有以下特点：

- 同一施工过程在各施工段上的流水节拍均相等；
- 不同施工过程的流水节拍部分或全部不相等；
- 各施工过程可按专业工作队（时间）连续或工作面连续组织施工，但不能同时连续。

按流水节拍是否互成倍数，可分为成倍节拍流水施工和一般异节拍流水施工。

（1）一般异节拍流水

各施工过程在各施工段上的流水节拍相等，但相互之间不等，且无倍数关系。根据组织方式可以组织按工作面连续组织施工或按时间连续组织施工。通过上述两种方式组织施工可以发现一般异节拍流水具有以下特点：

① 若时间连续，则空间不连续；
② 若空间连续，则时间不连续；
③ 不可能时间、空间都连续；
④ 工期：$T = \sum B_i + t_n + \sum Z_{j,j+1} + \sum G_{j,j+1} - \sum D_{j,j+1}$ 　　　　　　（2-13）

按上述两种方法组织施工，都有明显不足，根本原因在于各施工过程之间流水节拍不一致。

【例 2-7】 拟兴建四幢大板结构房屋，施工过程为：基础、结构安装、室内装修和室外工程，每幢为一个施工段。其流水节拍分别为 5 天、10 天、10 天和 5 天。试按专业工作队连续组织一般流水施工（横道图如图 2-14 所示），流水施工工期为 60 天。

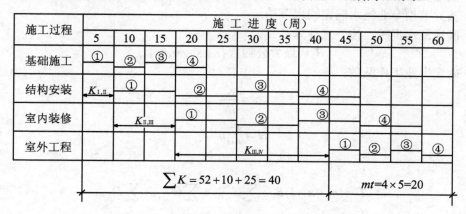

图 2-14 按一般异节拍组织流水施工（按专业工作队连续）

（2）成倍节拍流水

成倍节拍流水，指同一施工过程在各个施工段上的流水节拍相等，不同施工过程之间的流水节拍不完全相等，但符合各个施工过程的流水节拍均为其中最小流水节拍的整数倍的条件。根据组织方式可以组织按工作面连续组织施工或按时间连续组织施工。通过上述两种方式组织施工可以发现它具有一般异节拍流水具有的特点。

3. 加快成倍节拍流水

在组织流水施工时，常会出现同一施工过程在各个施工段上的流水节拍相等，且不同施工过程在每个施工段上的流水节拍均为其中最小流水节拍的整数倍的情况。为了加快流水施工的速度，在资源供应满足的前提下，对流水节拍长的施工过程，组织几个同工种的专业工作队来完成同一施工过程在不同施工段上的任务。专业施工队数目根据流水节拍的倍数关系而定，从而就形成了一个工期短，类似于等节拍专业流水的等步距的异节拍专业流水施工方案。

（1）基本特点

① 同一施工过程在各个施工段上的流水节拍彼此相等，不同的施工过程在同一施工段上的流水节拍彼此不等，但均为某一常数的整数倍；

② 流水步距彼此相等，且等于流水节拍的最大公约数；

③ 各专业工作队能够保证连续施工，施工段没有空闲；

④ 专业工作队数大于施工过程数，即 $N>n$。

(2) 组织步骤

① 确定施工起点流向，分解施工过程；
② 确定施工顺序，划分施工段；
③ 按异节拍专业流水确定流水节拍；
④ 确定流水步距，按下式计算：

$$B_0 = \text{最大公约数}\{K_1, K_2, \cdots, K_n\}$$

⑤ 确定专业工作队数：

$$n_i = \frac{K_i}{B_0} \tag{2-14}$$

$$N = \sum_{i=1}^{n} n_i \tag{2-15}$$

⑥ 工期：

$$T = (m+n-1)B_0 + \sum Z_{j,j+1} + \sum G_{j,j+1} + \sum D_{j,j+1} \tag{2-16}$$

式中：N——各施工过程施工队数之和，其他符号含义同前。

⑦ 绘制流水施工进度计划表。

【例 2-8】 在例 2-7 中，如果在资源条件满足的条件下组织加快的成倍节拍流水施工，则组织步骤如下：

（1）计算流水步距

流水步距等于流水节拍的最大公约数，即：

$$K_0 = \min[5, 10, 10, 5] = 5$$

（2）确定专业工作队数目

每个施工过程成立的专业工作队数目可按公式（2-14）计算：

各施工过程的专业工作队数目分别为：

Ⅰ（基础工程）：$n_1 = \frac{5}{5} = 1$；　　Ⅱ（结构安装）：$n_2 = \frac{10}{5} = 2$；

Ⅲ（室内装修）：$n_3 = \frac{10}{5} = 2$；　　Ⅳ（室外工程）：$n_4 = \frac{5}{5} = 1$

参与该工程流水施工的专业工作队总数可按公式（2-15）计算为：$N = 1+2+2+1 = 6$

（3）绘制加快的成倍节拍流水施工进度计划如图 2-15 所示：

在加快的成倍节拍流水施工进度计划图中，除表明施工过程的编号或名称外，还应表明专业工作队的编号。在表明各施工段的编号时，一定要注意有多个专业工作队的施工过程。各专业工作队连续作业的施工段编号不应该是连续的，否则，无法组织合理的流水施工。

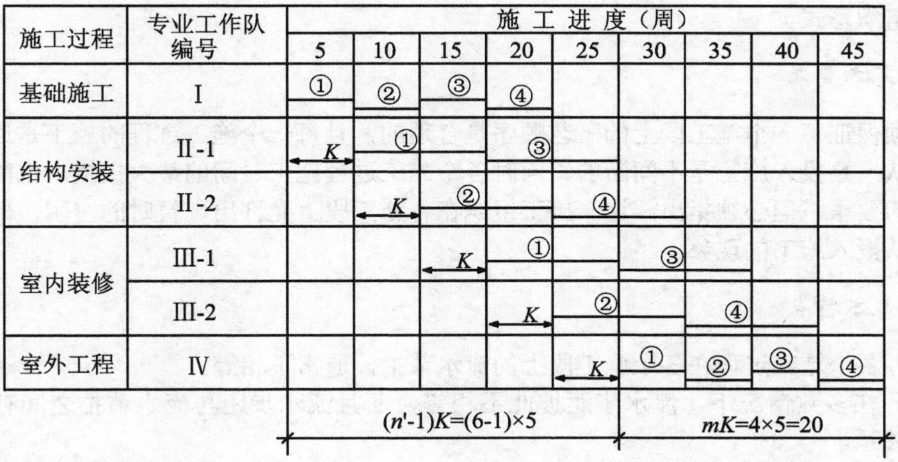

施工过程	专业工作队编号	施工进度（周）								
		5	10	15	20	25	30	35	40	45
基础施工	Ⅰ	①	②	③	④					
结构安装	Ⅱ-1	←K→	①		③					
	Ⅱ-2		←K→	②		④				
室内装修	Ⅲ-1			←K→	①		③			
	Ⅲ-2				←K→	②		④		
室外工程	Ⅳ					←K→	①	②	③	④

$(n'-1)K=(6-1)\times 5 \qquad mK=4\times 5=20$

图 2-15　加快的成倍节拍流水施工进度计划

（4）确定流水施工工期

由题干可知，本项目没有组织间歇、工艺间歇及提前插入时间，故根据公式（2-16）可计算出流水施工工期为：

$$T=(m+N-1)B_0+\sum Z_{j,j+1}+\sum G_{j,j+1}-\sum D_{j,j+1}=(4+6-1)\times 5=45\text{（天）}。$$

与一般异节拍相比，加快的流水施工的工期缩短了 15 天。

从上例可以看出，加快的成倍节拍流水施工具有以下特点：

① 时间连续，空间连续；
② B_0 为各施工过程流水节拍最大公约数；
③ 工期　$T=(m+N-1)B_0+\sum Z_{j,j+1}+\sum G_{j,j+1}-\sum D_{j,j+1}$。

2.3.2　无节拍流水

在实际施工中，通常每个施工过程在各个施工段上的工程量彼此不相等，或者各个专业工作队的生产效率相差悬殊，造成多数流水节拍彼此不相等，不可能组织等节拍专业流水或异节拍专业流水。在这种情况下，往往利用流水施工的基本原理，在保证施工工艺、满足施工顺序要求和按照专业工作队连续的前提下，按照一定的计算方法，确定相邻专业工作队之间的流水步距，使其在开工时间上最大限度地、合理地搭接起来，形成每个专业工作队都能连续作业的流水施工方式。这种施工方式称为非节拍流水，也叫做分别流水。它是流水施工的普遍形式。

1. 基本概念

无节拍流水是指各施工过程在各施工段上的流水节拍不等，相互之间无规律可循的流水施工组织形式。

2. 基本要求

必须保证每一个施工段上的工艺顺序是合理的,且每一个施工过程的施工是连续的,即工作队一旦投入施工是不间断的,同时各个施工过程施工时间的最大搭接,也能满足流水施工的要求。但必须指出,这一施工组织在各施工段上允许出现暂时的空闲,即暂时没有工作队投入施工的现象。

3. 基本特点

(1) 各个施工过程在各个施工段上的流水节拍,通常不相等。
(2) 在多数情况下,流水步距彼此不相等,而且流水步距与流水节拍之间存在着某种函数关系。
(3) 每个专业工作队都能够连续作业,施工段可能有间歇或空闲。
(4) 专业工作队数目等于施工过程数目。

4. 组织步骤

(1) 确定施工起点流向,分解施工过程;
(2) 确定施工顺序,划分施工段;
(3) 按相应的公式计算各施工过程在各施工段上的流水节拍;
(4) 按照一定的方法确定相邻两个专业工作队之间的流水步距;
(5) 计算流水施工的工期:

$$工期 \ T = \sum B_{i,j+1} + t_n + \sum Z_{j,j+1} + \sum G_{j,j+1} - \sum D_{j,j+1} \tag{2-17}$$

(6) 绘制流水施工进度计划表。

组织无节拍流水的关键就是正确计算流水步距。计算流水步距可用累加斜减取大差法,由于该方法是由苏联专家潘特考夫斯基提出的,所以又称潘氏方法。这种方法简捷、准确,便于掌握。具体方法如下:

(1) 对每一个施工过程在各施工段上的流水节拍依次累加,求得各施工过程流水节拍的累加数列;
(2) 将相邻施工过程流水节拍累加数列中的后者错后一位,相减后求得一个差数列;
(3) 在差数列中取最大值,即为这两个相邻施工过程的流水步距。

【例 2-9】 现有一装饰工程分 Ⅰ、Ⅱ、Ⅲ、Ⅳ、Ⅴ、Ⅵ 六个施工段,每个施工段又分为 1、2、3 三道工序、各工序工作时间如下表。请确定最小流水步距、并求总工期和绘制其施工进度图。

施工过程	施 工 段					
	I	II	III	IV	V	VI
1	3	3	2	2	2	2
2	4	2	3	2	2	3
3	2	2	3	3	3	2

分析：上述工程有三个施工过程，划分六个施工段，各施工过程在各施工段上的流水节拍均不同，因此，该工程属于非节拍流水施工。

【解】 （1）计算 B_{12}

① 将第一道工序的工作时间依次累加后得：3、6、8、10、12、14；

② 将第二道工序的工作时间依次累加后得：4、6、9、11、13、16；

③ 将上面两步得到的两行错位相减，取最大差得 B_{12}。

$$\begin{array}{r} 3\quad 6\quad 8\quad 10\quad 12\quad 14 \\ -)\quad 4\quad 6\quad 9\quad 11\quad 13\quad 16 \\ \hline 3\quad 2\quad 2\quad 1\quad 1\quad 1\quad -16 \end{array} \qquad B_{12}=3$$

（2）计算 B_{23}

① 将第二道工序的工作时间依次累加后得：4、6、9、11、13、16；

② 将第三道工序的工作时间依次累加后得：2、4、7、10、13、15；

③ 将上面两步得到的二行错位相减，取最大差得 B_{23}。

$$\begin{array}{r} 4\quad 6\quad 9\quad 11\quad 13\quad 15 \\ -)\quad 2\quad 4\quad 7\quad 10\quad 13\quad 15 \\ \hline 4\quad 4\quad 5\quad 4\quad 3\quad 2\quad -15 \end{array} \qquad B_{23}=5$$

（3）计算总工期 T

$$T = \sum B_{i,j+1} + t_n + \sum Z_{j,j+1} + \sum G_{j,j+1} - \sum D_{j,j+1} = B_{12} + B_{23} + t_e = 3 + 8 + (2+2+3+3+3+2) = 23(天)$$

（4）绘制施工进度图（如图 2-16 所示）。

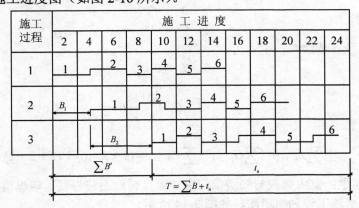

图 2-16 非节拍流水施工进度计划图

从上例可以看出，非节拍流水施工具有以下特点：
① 流水步距用累加斜减法求得；
② 时间连续，空间不能确保连续；
③ 工期 $T = \sum B_{i,i+1} + t_n + \sum Z_{j,j+1} + \sum G_{j,j+1} + \sum D_{j,j+1}$。

【例 2-10】 某装饰装修工程分为室内抹灰、安塑钢门窗、铺地面砖、顶墙涂料等施工过程，其资料如下表。请确定最小流水步距、总工期并绘制其施工进度图。

各施工过程的延续时间（天）

施工过程	一段	二段	三段
室内抹灰	4	5	4
安塑钢门窗	2	2	2
铺地面砖	3	4	3
顶、墙涂料	2	2	2

【解】 （1）采用"最大差法"计算流水步距：
室内抹灰与安塑钢门窗：

$$\begin{array}{r} 4 \quad 9 \quad 13 \\ -) \quad 2 \quad 4 \quad 6 \\ \hline 4 \quad 7 \quad 9 \quad -6 \end{array} \quad B_{12}=9$$

安塑钢门窗与铺地面砖：

$$\begin{array}{r} 2 \quad 4 \quad 6 \\ -) \quad 3 \quad 7 \quad 10 \\ \hline 2 \quad 1 \quad -1 \quad -10 \end{array} \quad B_{23}=2$$

铺地面砖与顶、墙涂料：

$$\begin{array}{r} 3 \quad 7 \quad 10 \\ -) \quad 2 \quad 4 \quad 6 \\ \hline 3 \quad 5 \quad 6 \quad -6 \end{array} \quad B_{34}=6$$

（2）工期计算

$T = \sum K_{i,i+1} + \sum t_n + \sum Z_{i,i+1} + \sum G_{i,i+1} - \sum C_{i,i+1} = (9+2+6)+(2+2+2)+4 = 27$（天）

（考虑技术间歇：室内抹灰与安塑钢门窗 2 天、铺地面砖与顶、墙涂料 2 天）

（3）绘制流水施工计划横道图，如图 2-14 所示。

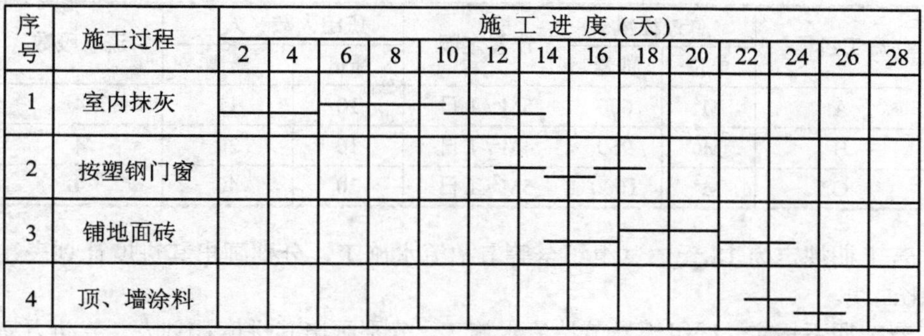

序号	施工过程	施工进度（天）													
		2	4	6	8	10	12	14	16	18	20	22	24	26	28
1	室内抹灰														
2	按塑钢门窗														
3	铺地面砖														
4	顶、墙涂料														

图 2-17 非节拍流水施工进度计划图

2.4 流水施工的应用

在建筑装饰工程施工中，流水施工是一种行之有效的科学组织施工的计划方法。编制施工进度计划时应根据施工对象的特点，选择适当的流水施工组织方式组织施工，以保证施工的节拍性、均衡性和连续性。

1. 选择流水施工方式的思路

（1）根据工程具体情况，将单位工程划分为若干个分部工程流水，然后根据需要再划分成若干分项工程流水，然后根据组织流水施工的需要，将若干个分项工程划分成若干个劳动量大致相等的施工段，并在各个流水段上选择施工班组进行流水施工。

（2）若分项工程的施工过程数目不宜过多，在工程条件允许的条件下尽可能组织等节拍的流水施工方式，因为全等节拍的流水施工方式，这是一种最理想、最合理的流水方式。

（3）若分项工程的施工过程数目过多，要使其流水节拍相等比较困难，因此，可考虑流水节拍的规律，分别选择异节拍、加快成倍节拍和非节拍流水的施工组织方式。

2. 选择流水施工方式的前提条件

（1）施工段的划分应满足要求；
（2）满足合同工期、工程质量、安全的要求；
（3）满足现有的技术和机械设备和人力的现实情况。

【例 2-11】 已知某工程的实际数据资料如下表所示，试根据下列要求进行组织施工。

施工过程	总过程量		产量定额	班组人数（人）		流水段数
	单位	数量		最低	最高	
A	M²	600	5M²/工日	10	15	4
B	M²	960	4M²/工日	10	20	4
C	M²	1600	5M²/工日	10	40	4

① 若工期规定为 18 天，试组织全等节拍流水施工，分别画出其进度计划表、劳动力动态变化曲线。

② 若工期不规定，试组织异节拍流水施工，分别画出其进度计划表、劳动力动态变化曲线。

③ 试比较两种流水方案，采用那一种较为有利。

【解】 根据已知资料可知：施工过程数 $n=3$，施工段数 $m=4$，各施工过程在每一施工段上的工程量为：

$$Q_A = \frac{600}{4} = 150$$

$$Q_B = \frac{960}{4} = 240$$

$$Q_C = \frac{1600}{4} = 400$$

（1）首先考虑按工期要求组织全等节拍流水。根据题意可知：总工期 $T_L=18$（天），流水节拍 $t_i=t=$常数。根据公式 $T_L=(m+n-1)t_i$ 反求出流水节拍，即：

$$t = \frac{T_L}{m+n-1} = \frac{18}{4+3-1} = 3 \text{（天）}$$

又根据公式 $t = \frac{Q}{SR}$ 可反求出各施工队班组所需人数：

$$R_A = \frac{Q_A}{S_A t} = \frac{150}{5 \times 3} = 10 \text{（人）}, \quad 可行；$$

$$R_B = \frac{Q_B}{S_B t} = \frac{240}{4 \times 3} = 20 \text{（人）}, \quad 可行；$$

$$R_C = \frac{Q_C}{S_C t} = \frac{400}{4 \times 3} = 26.6 \text{（人）} \quad 取 27 \text{（人）}, \quad 可行；$$

流水步距：$B_{1,2} = B_{2,3} = t = 3$（天）。

横道图及劳动力动态变化曲线见图 2-18。

序号	施工过程	班组人数	施工进度（天）									
			2	4	6	8	10	12	14	16	18
1	A	10	①	②		③		④			
2	B	20			①	②		③		④	
3	C	27					①		②	③		④

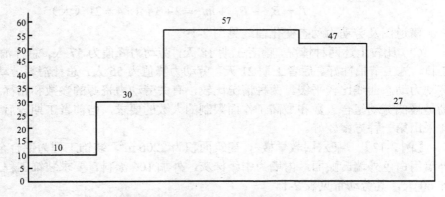

图 2-18　横道图及劳动力动态变化曲线

（2）按不等节拍流水组织施工。首先根据各班组最高和最低限制人数，求出各施工过程的最小和最大流水节拍：

$$t_{1,\min} = \frac{Q_A}{S_A R_{A,\max}} = \frac{150}{5 \times 15} = 2 \text{（天）}$$

$$t_{1,\max} = \frac{Q_A}{S_A R_{A,\min}} = \frac{150}{5 \times 10} = 3 \text{（天）}$$

$$t_{2,\min} = \frac{Q_B}{S_B R_{B,\max}} = \frac{240}{4 \times 20} = 3 \text{（天）}$$

$$t_{2,\max} = \frac{Q_B}{S_B R_{B,\min}} = \frac{240}{4 \times 12} = 5 \text{（天）}$$

$$t_{3,\min} = \frac{Q_C}{S_C R_{C,\min}} = \frac{400}{5 \times 40} = 2 \text{（天）}$$

$$t_{3,\max} = \frac{Q_C}{S_C R_{C,\min}} = \frac{400}{5 \times 20} = 4 \text{（天）}$$

考虑到尽量缩短工期,并且使各班组人数变化趋于均衡,因此,取:

$t_1=2$(天); $R_A=15$(人)
$t_2=3$(天); $R_B=20$(人)
$t_3=4$(天); $R_C=20$(人)

确定流水步距:因为 $t_1<t_2<t_3$,根据公式 $B_{i,i+1}=t_i$($t_i \leqslant t_{i+1}$)得:

$B_{1,2}=t_1=2$(天)
$B_{2,3}=t_2=3$(天)

计算流水工期:根据公式 $T_L=\sum B_{i,i+1}+mt_n(i=1,2,\cdots,n)$,得:

$T_L=B_{1,2}+B_{2,3}+mt_3=2+3+4\times4=21$(天)

横道图及劳动力动态变化曲线见图 2-19。

(3)比较上述两种情况,前者工期 18 天,劳动力峰值为 57 人,总计消耗劳动量为 684 工日,施工节拍性好。后者工期 21 天,劳动力峰值为 55 人,总计消耗劳动量为 680 工日,劳动力动态曲线比较平缓。两种情况比较,有关劳动力资源的参数和指标相差不大,且均满足最低劳动组合人数和最高工作面限制的人数的要求,但前者工期较后者提前 3 天,因此采用第一种方案较好。

【例 2-12】 某六层教学楼,建筑面积为 2200 m²,装饰工程为铝合金窗、胶合板门,外墙用白色外墙砖贴面,内墙为中级抹灰,外加 106 涂料。要求装饰工程工期为 2 个月,计 60 天,其劳动量见表 2-1。

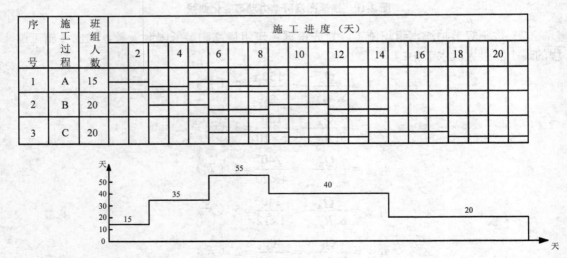

图 2-19 横道图及劳动力动态变化曲线

表2-1 劳动量一览表

序 号	项 目	劳动量（工日）
1	楼地面及楼梯水泥砂浆	720
2	天棚、墙面中级抹灰	960
3	天棚、墙面106涂料	72
4	铝合金窗	120
5	胶合板门	72
6	外墙面砖	578
7	卫生间瓷砖	60
8	油漆	72
9	玻璃安装	72
10	室外工程	80
11	清理及修整	48

【施工组织过程分析】

本装饰工程包括楼地面、楼梯地面、天棚、内墙抹灰、106涂料、外墙面砖、铝合金窗、胶合板门、油漆等。由于装饰阶段施工过程多，工程量相差较大，组织等节拍流水比较困难，而且不经济，因此可以考虑采用异节拍流水或非节拍流水方式。从工程量中发现，工程泥瓦工的工程量较多，而且比较集中，因此可以考虑组织连续式的异节拍流水施工，其流水节拍计算如下：

楼地面和楼梯地面合为一项，劳动量为720工日，施工作业队人数30人，一层为一段，$m=6$，采用一班制，其流水节拍计算如下：

$$t_{地面} = \frac{720}{30 \times 6} = 4 \text{（天）}$$

天棚和墙面抹灰合为一项，劳动量为960工日，施工作业队人数40人，一层为一段，$m=6$，采用一班制，其流水节拍计算如下：

$$t_{抹灰} = \frac{960}{40 \times 6} = 4 \text{（天）}$$

铝合金窗的劳动量为120工日，施工作业队人数10人，一层为一段，$m=6$，采用一班制，其流水节拍计算如下：

$$t_{铝合金门窗} = \frac{120}{10 \times 6} = 2 \text{（天）}$$

胶合板门的劳动量为72工日，施工作业队人数6人，一层为一段，$m=6$，采用一班制，其流水节拍计算如下：

$$t_{胶合板门} = \frac{72}{6 \times 6} \approx 2 \text{（天）}$$

106涂料的劳动量为72工日，施工作业队人数6人，一层为一段，$m=6$，采用一班制，其流水节拍计算如下：

$$t_{涂料}=\frac{72}{6\times 6}\approx 2\ (天)$$

油漆的劳动量为72工日，施工作业队人数6人，一层为一段，$m=6$，采用一班制，其流水节拍计算如下：

$$t_{油漆}=\frac{72}{6\times 6}\approx 2\ (天)$$

玻璃的劳动量为72工日，施工作业队人数6人，一层为一段，$m=6$，采用一班制，其流水节拍计算如下：

$$t_{玻璃}=\frac{72}{6\times 6}\approx 2\ (天)$$

外墙面砖的劳动量为578工日，施工作业队人数25人，一层为一段，$m=6$，采用一班制，其流水节拍计算如下：

$$t_{外墙面砖}=\frac{578}{25\times 6}\approx 4\ (天)$$

卫生间瓷砖的劳动量为60工日，施工作业队人数5人，一层一段，$m=6$，采用一班制，其流水节拍计算如下：

$$t_{瓷砖}=\frac{60}{5\times 6}=2\ (天)$$

劳动量、工种及人员安排、工作延续时间及节拍见表2-2。

表2-2 流水施工计算汇总表

序号	项目	劳动量		人数	工作延续时间	流水节拍
		工种	工日			
1	楼地面		720	30	24	4
2	天棚、墙面中级抹灰		960	40	24	4
3	外墙面砖		578	25	24	4
4	卫生间瓷砖		60	5	12	2
5	铝合金窗		120	10	12	2
6	胶合板门		72	6	12	2
7	天棚、墙面106涂料		72	6	12	2
8	油漆		72	6	12	2
9	玻璃安装		72	6	12	2
10	室外工程		80	10	8	
11	清理及修整		48	8	6	

装饰装修工程采用自上而下的施工顺序。该工程流水施工进度计划如图2-20。从图2-20可以看出整个计划的工期为60天，满足合同规定的要求。若整个工程按既定的计划不能满足合同规定的工期要求，可以通过调整每班的作业人数、工作班次或工艺关系来满足合同规定的要求。

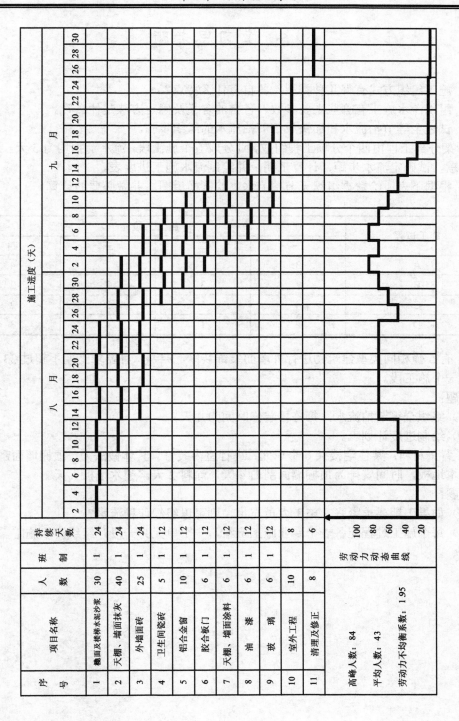

图 2-20 流水施工进度计划

2.5 复习思考题

1. 施工组织方式有哪几种类型？各自有什么特点？
2. 组织流水施工有哪些主要参数？各自的含义及确定方法是什么？。
3. 试述全等节拍流水和加快成倍节拍流水的组织步骤。
4. 某分部工程由四个分项工程组成，划分成五个施工段，流水节拍均为 3 天，无技术、组织间歇，试确定流水步距，计算工期，并绘制流水施工进度表。
5. 根据下表所给数据组织无节拍流水，绘制横道图，并做必要的计算。

施工过程	施工段			
	一	二	三	四
A	3	5	2	4
B	2	3	2	2
C	4	5	3	2
D	2	1	4	3

6. 有 5 幢相同类型建筑物进行外墙面装饰装修，$n=4$，且要求工期不超过 33 天。按一幢为一个施工段。

问题：

（1）组织全等节拍流水，每栋楼装修时间为几天？

（2）绘制进度计划表。

7. 背景材料：某住宅楼共 6 个单元，进行室内装修。具体做法为：顶棚墙面刮白→涂料→铺木地板。时间安排为顶棚墙面刮白 4 天，涂料 2 天，铺木地板 6 天。

问题：

（1）如果工期要求紧张，施工人员充足，则可以组织何种流水？

（2）每个施工过程配备一个专业施工班组，一个单元为一段，组织流水施工。

第 3 章　工程网络计划技术

网络计划技术（或称统筹法）是工程建设领域中一种科学、严谨的现代化管理方式。它是利用统筹法原理，科学合理地利用生产资源，提高劳动生产率，保证工程施工对象的可控性，并在实施过程中不断优化，调整，以保证计划执行过程中能够最合理地利用资源，保证工程目标的实现。目前，网络计划技术已成为我国工程建设领域中使用很广泛的现代化管理方法。

3.1　概　　述

3.1.1　网络计划技术的发展进程

20 世纪 50 年代中期以来，随着世界经济的迅猛发展，生产的现代化、社会化已经达到一个新的水平，而生产中的组织与管理工作也越来越复杂，以往的横道计划已无法对大型、复杂的计划进行准确的判定和管理。因此，为适应生产发展和科技进步，迫切需要一种新的、更先进、更科学的计划管理方法，于是国外陆续出现了一些用网络图形表达计划管理的新方法，国际上把这种方法统称为"网络计划技术"。

我国自 20 世纪 60 年代中期开始引入这种方法。最初由华罗庚教授于 1965 年 6 月 6 日在《人民日报》上发表了第一篇介绍网络计划技术的文章（题名为《统筹法平话》），并举办了我国第一个统筹法培训班。之后在钱学森教授的倡导下，我国的一些高科技项目也开始应用网络计划技术，并获得成功。再者，改革开放 30 多年以来，伴随我国国民经济持续快速增长，尤其是我国加入 WTO 之后，网络计划的应用和推广得到了较大的发展，并已渗透到各个相关领域。为了使网络计划在管理中遵循统一的技术标准，做到概念一致、计算原则与表达方式统一，以保证计划管理的科学性，提高企业管理水平和经济效益，建设部于 1999 年颁发了《工程网络计划技术规程》（JGJ/T 121—1999），2002 年 2 月 1 日起实施。自此，网络计划技术在我国开始大力发展和运用。

3.1.2　网络计划技术的基本原理

网络计划技术的基本原理：首先是把所要做的工作，哪项工作先做，哪项工作后做，各占用多少时间，以及各项工作之间的相互关系等运用网络图的形式表达出来。其次是通过简单的计算,找出哪些工作是关键的,哪些工作不是关键的,并在原来计划方案的基础上,进行计划的优化,例如,在劳动力或其他资源有限制的条件下,寻求工期最短;或者在工期规定的条件下,寻求工程的成本最低,等等。最后是组织计划的实施,并且根据变化了的情况,搜集有关资料,对计划及时进行调整,重新计算和优化,以保证计划执行过程中自始至终能够最合理地使用人力、物力,保证多快好省地完成任务。

3.1.3 网络计划的主要特点

网络图是指由箭线和节点组成的,用来表示工作流程的有向、有序的网状图形。通常网络图有双代号网络图(如图 3-1、3-2 所示)和单代号网络图(如图 3-3、3-4 所示)。网络计划就是用网络图来表达工作间的逻辑关系和时间关系的一种进度计划。与横道图计划相比,网络计划具有如下特点。

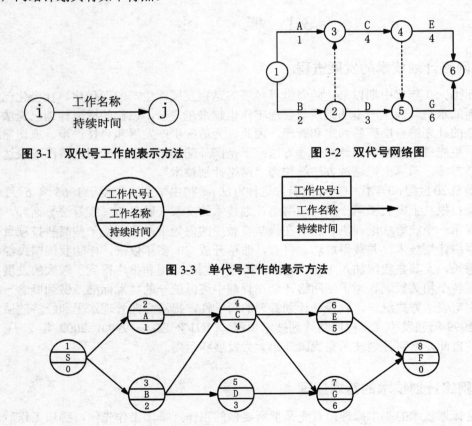

图 3-1 双代号工作的表示方法   图 3-2 双代号网络图

图 3-3 单代号工作的表示方法

图 3-4 单代号网络图

(1) 通过箭线和节点把计划中的所有工作有向、有序地组成一个网状整体,能全面而明确地反映出各项工作之间相互制约、相互依赖的关系。

(2) 通过网络计划时间参数的计算,它能反映各项工作的最早可能开始、最早可能结束、最迟必须开始、最迟必须结束、总时差、自由时差等时间参数,能找出决定工程进度计划的关键线路和关键工作,以便在工程项目进度管理中能抓住主要矛盾,确保进度目标的实现。

(3) 根据网络计划目标,可以对许多可行方案进行比较、优选。

(4) 可以利用工作的机动时间,合理地进行资源安排和配置,确保工程效益目标的最优化。

(5) 能够利用电子计算机编制网络图,并在计划的执行过程中进行有效的监督与控制,实现进度计划管理的计算机化、科学化。

(6) 随着改革的深入,建设工程实行投资包干和招标承包制,在施工过程中对进度管理、工期控制和成本监督的要求也愈严格。网络计划在这些方面将成为有效的手段,同时网络计划可作为预付工程价款的依据。

(7) 网络图的绘制较麻烦,表达形式不如横道图计划直观。

3.1.4 网络计划的分类

为适应不同用途的需要,工程网络计划的内容和形式一般可按以下形式分类。

1. 网络图中,按节点和箭线所代表的含义不同,可分为双代号网络图和单代号网络图两大类

(1) 双代号网络图

用箭线及其两端节点来表示工作的网络图称为双代号网络图,如图 3-2 所示。即用两个节点一根箭线代表一项工作,工作名称标注在箭线上方,工作持续时间标注在箭线下方,在箭线前后的衔接处画上节点并编上号码,如图 3-1 所示。

(2) 单代号网络图

以节点表示工作,以箭线表示工作之间的逻辑关系的网络图称为单代号网络图,如图 3-4 所示。即每一个节点表示一项工作,节点所表示的工作名称、持续时间和工作代号等标注如图 3-3 所示。

2. 根据网络计划最终目标的多少,网络计划可分为单目标网络计划和多目标网络计划

(1) 单目标网络计划,是指只有一个最终目标的网络计划,如图 3-5 所示。

(2) 多目标网络计划,是指最终目标不止一个的网络计划,如图 3-6 所示。

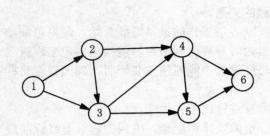
图 3-5　单目标网络图

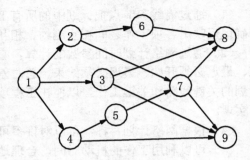
图 3-6　多目标网络图

3. 按网络计划层次分类

根据计划的工程对象不同和使用范围大小，网络计划可分为局部网络计划、单位工程网络计划和综合网络计划。

（1）局部网络计划是按以一个分部（分项）工程或施工段为对象编制的网络计划。
（2）单位工程网络计划是按一个单位工程为对象编制的网络计划。
（3）综合网络计划是指按一个项目或建筑群为对象编制的网络计划。

4. 按网络计划有无时间坐标系分类

按网络计划有无时间坐标系可分为无时标网络计划（通常称一般网络计划）和时标网络计划。

（1）无时标的网络计划，其工作的持续时间用数字注明，箭线的长短与时间的长短无关，如图 3-2 所示。
（2）时标网络计划，是用箭线在时间横坐标上的水平投影长度表示工作的持续时间，因而可以将网络图上各工作的持续时间直观地反映到时间坐标轴上，如图 3-7 所示。

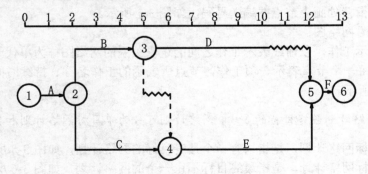
图 3-7　双代号时标网络图

5. 按网络计划是否确定分类

根据组成网络计划中的各参数、逻辑关系及目标是否肯定，可分为肯定型网络计划和非肯定型网络计划。

（1）肯定型网络计划是指组成网络计划中的各参数、逻辑关系和目标是确定的网络计划。

（2）非肯定型网络计划是指组成网络计划中存在要素不确定情况的网络计划。如逻辑关系不确定，或时间参数不确定都属于此类。

注：本教材所研究的网络计划均基于单目标、肯定型为基础的网络计划。

3.2 双代号网络图

双代号网络图是应用较为普遍的一种网络计划形式。它是用节点和有向箭线来表达计划所要完成的各项工作及其先后顺序和相互关系的网状图形。节点和网络图如图3-1、3-2所示。

3.2.1 双代号网络图的构成

双代号网络图的基本构成有箭线、节点、节点编号和线路，通常箭线、节点和线路称为双代号网络图组成的三要素。

1. 箭线

网络图中一端带箭头的线称为箭线。在双代号网络图中，它与其两端的节点共同表示一项工作。箭线的形式与对应的含义有以下几种情况。

（1）实箭线与其两端的节点构成的工作，表示实际发生的工作，即实工作。在双代号网络图中，实工作有两种情况：

① 既消耗时间又消耗资源的工作，它是在网络计划中必须要发生的工作，如装饰抹灰。

② 只消耗时间而不消耗资源的工作，它在网络计划中也是必须要发生的工作，如装饰抹灰中的砂浆找平层的干燥时间，如果单独作为一个施工过程来对待，它也应该要发生的，因此要作为一个实实在在的工作来对待。

（2）虚箭线与其两端的节点构成的工作，表示虚拟发生的工作，即称为虚工作。在网络图中，虚箭线仅表示工作之间的逻辑关系，不消耗任何时间和资源。

（3）内向箭线和外向箭线

① 内向箭线。指向某个节点的箭线称为该节点的内向箭线，如图3-8（a）所示。

② 外向箭线。从某节点引出的箭线称为该节点的外向箭线，如图 3-8（b）所示。

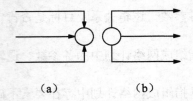

图 3-8　内向箭线与外向箭线

2. 节点

节点表示工作之间的联结。在时间上，它表示一个工作的开始（结束）或另一个工作的结束（开始），这意味着前后工作交接的瞬间。

箭线的出发节点叫做该工作的开始节点，箭头指向的节点叫该工作的结束节点。任何工作都可以用箭线和其前、后的两个节点来表示，起点节点编号在前，终点节点编号在后。

网络图的第一个节点称为整个网络图的起始节点，最后一个节点称为网络图的终点节点，其余的节点均称为中间节点。起点节点是网络图的第一个节点，表示一项任务的开始。终点节点是网络图的最后一个节点，表示一项任务的完成。除起点节点和终点节点外的中间节点都有双重的含义，既是前面工作的结束节点，也是后面工作的开始节点，如图 3-9 所示。

对于某项工作来说，紧接在其箭尾节点前面的工作，称为该工作的紧前工作，在此之前所有的工作称为该工作的先行工作；紧接在其箭头节点后面的工作称为该工作的紧后工作，在此之后发生的所有工作称为该工作的后续工作；和它同时进行的、无前后时间顺序的工作，称为该工作的平行工作；网络图中起始发生的工作称为起始工作，最后发生的工作称为终点工作；中间所有发生的工作称为中间工作。如图 3-10 所示。

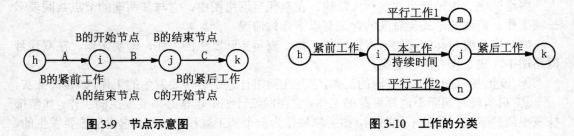

图 3-9　节点示意图　　　　　　　　图 3-10　工作的分类

3. 节点编号

网络图中的每个节点都有自己的编号，以便赋予每项工作以代号。

（1）节点编号的基本规则

① 箭头节点编号大于箭尾节点编号；

② 在一个网络图中，所有节点不能出现重复编号；
③ 编号的号码可以按连续编号，也可以按非连续编号。非连续编号更能适应网络计划调整中的需要。

（2）节点编号方法

① 水平编号法。即从起点节点开始由上到下逐列编号，每行则自左到右按顺序编号，如图 3-11 所示。

② 垂直编号法。即从起点节点开始自左到右逐行编号，每列则根据编号规则的要求进行编号，如图 3-12 所示。

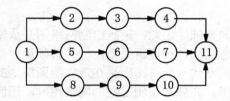

图 3-11　水平编号法

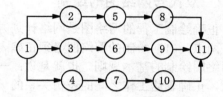

图 3-12　垂直编号法

4. 线路

从起始节点开始，沿着箭线方向直至终点节点，中间经由一系列节点和箭线，由此所构成的若干条"通道"，称为线路。一个网络图中，从起始节点到终点节点，一般都存在着许多条线路，图 3-13 中有 4 条线路，每条线路上都包含若干项工作，这些工作的持续时间之和就是该线路的时间长度，即完成线路上所有工作所需花费的时间。在网络图的所有线路中，持续时间最长的线路被称为关键线路，它表示完成网络计划中所有工作所需花费的最短时间。网络计划中，关键线路可能不止一条，关键线路条数的多少由持续时间最长线路的个数决定。位于关键线路上的工作称为关键工作；除关键工作以外的其他工作称为非关键工作；关键工作不一定存在关键线路中。关键线路通常采用粗箭线、双箭线或彩色线来表示，以表示突出。在实际工作中，关键线路也不是一成不变的，在一定的条件下，关键线路和非关键线路会相互转化，例如，当采取技术组织措施，缩短关键工作的持续时间，或者延长非关键工作持续时间时，就有可能使关键线路发生改变。

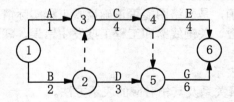

图 3-13　双代号网络图

如图 3-13 中，线路共有 4 条：第 1 线路：①→③→④→⑥，持续时间总共 9 天；第 2 线路：①→③→④→⑤→⑥，持续时间总共 11 天；第 3 线路：①→②→③→④→⑥，持续时间总共 10 天；第 4 线路：①→②→③→④→⑤→⑥，持续时间总共 12 天。

其中，第 4 条线路持续时间总共 12 天（最长），其对完成整个网络计划中的所有工作起着决定性的作用，所以称为关键线路；其余的线路为非关键线路。处于关键线路上的各项工作称为关键工作，本例中关键工作有 B、C 和 G，关键工作完成的快慢直接影响整个计划工期的实现。

3.2.2 双代号网络图的绘制

正确绘制工程的网络图是网络计划方法应用的基础。因此，正确绘制网络图必须做到以下两点：(1) 绘制的网络图必须正确表达工作之间的各种逻辑关系；(2) 必须遵守双代号网络图绘制的基本规则。也就是说：一个正确的双代号网络图应是在遵守绘图规则的基础上，正确表达工作之间的逻辑关系的一个网络图。此外，绘制工程的网络图时，还应选择适当的排列方法。

1. 网络图逻辑关系及其正确表示方法

（1）网络图逻辑关系

网络图中的逻辑关系是指网络图中所表示的各个工作之间客观上存在或主观上安排的先后顺序关系。这种顺序关系划分为两类：一类是施工工艺关系，简称工艺逻辑；另一类是施工组织关系，简称组织逻辑。

工艺逻辑关系是由施工工艺或操作规程所决定的各个工作之间客观上存在的先后施工顺序。对于一个具体的分部工程来说，当确定了施工方法以后，该分部工程的各个工作的先后顺序一般是固定的，不能颠倒。

组织逻辑关系是施工组织安排中，考虑劳动力、机具、材料或工期等影响，在各工作之间主观上安排的先后顺序关系。这种关系不受施工工艺的限制，不是工程性质本身决定的，而是在保证施工质量、安全和工期等前提下，人为安排的顺序关系。比如有甲、乙、丙三幢房屋装修，可以将甲作为第一段施工，乙作为第二段，丙作为第三段；也可以将乙作为第一段施工，甲作为第二段，丙作为第三段等。

逻辑关系表达是否正确，是网络图能否正确反映工程实际情况的关键，错误的逻辑关系将使各项工作的时间参数、关键线路和工程工期发生错误，就不能正确反映工程客观实际情况。

（2）逻辑关系的正确表示

表 3-1 给出了常见逻辑关系及其相对应的表示方法。

表 3-1　双代号网络图中各项工作之间的逻辑关系正确表示方法

序号	工作之间的逻辑关系	网络图中的表示方法	说　明
1	有 A、B 两项工作按照依次施工方式进行		B 工作依赖着 A 工作，A 工作约束着 B 工作开始
2	有 A、B、C 三项工作同时开始工作	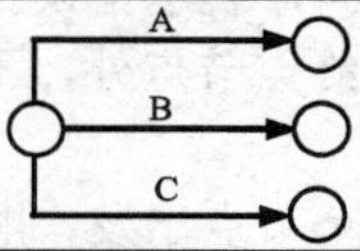	A、B、C 三项工作称为平行工作
3	有 A、B、C 三项工作同时结束	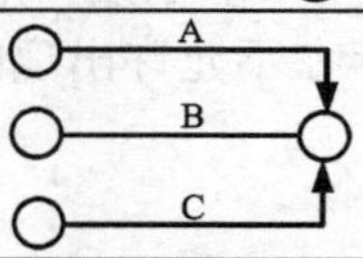	A、B、C 三项工作称为平行工作
4	有 A、B、C 三项工作。只有 A 完成后，B、C 才能开始	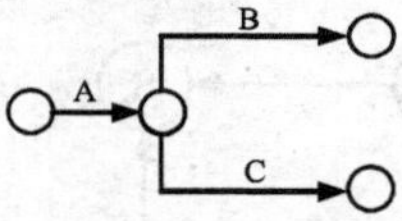	A 工作制约着 B、C 工作的开始，B、C 为平行工作
5	有 A、B、C 三项工作。C 工作只有在 A、B 完成后才能开始	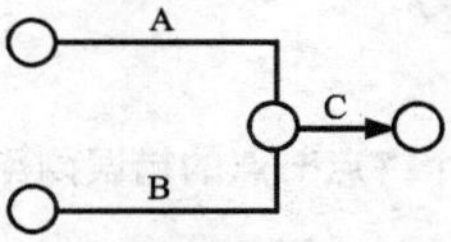	C 工作依赖着 A、B 工作，A、B 为平行工作
6	有 A、B、C、D 四项工作。只有当 A、B 完成后，C、D 才能开始	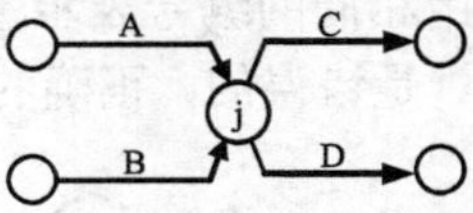	通过中间节点 j 正确地表达了 A、B、C、D 工作之间的关系
7	有 A、B、C、D 四项工作。A 完成后 C 才能开始，A、B 完成后 D 才能开始	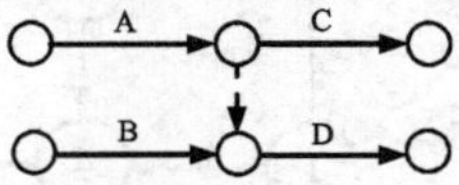	D 与 A 之间引入了逻辑连接（虚工作），只有这样才能正确地表达它们之间的约束关系
8	有 A、B、C、D、E 五项工作。A、B 完成后 C 才能开始，B、D 完成后 E 才能开始	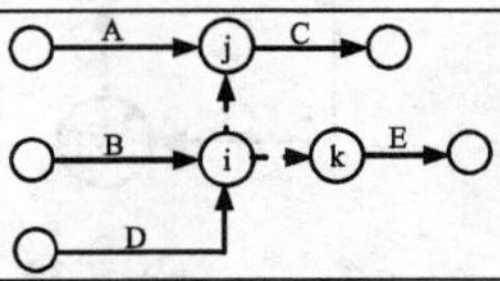	虚工作 i、j 反映出 C 工作受到 B 工作的约束，虚工作 i、k 反映出 E 工作受到 B 工作的约束
9	有 A、B、C、D、E 五项工作。A、B、C 完成后 D 才能开始，B、C 完成后 E 才能开始	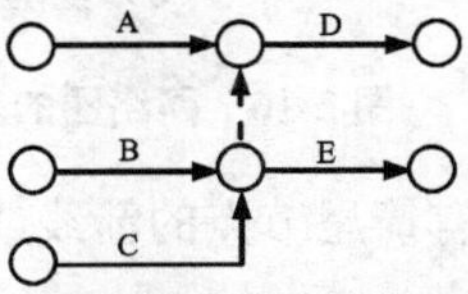	虚工作反映出 D 工作受到 B、C 工作的制约
10	A、B 两项工作分三个施工段，平行施工	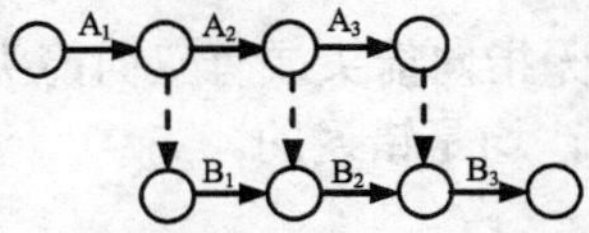	每个工种工程建立专业工作队，在每个施工段上进行流水作业，不同工种之间用逻辑搭接关系表示

2. 网络图绘制的基本规则

网络图在绘制过程中，除正确表示逻辑关系外，还要遵循一定的绘图规则：

(1) 网络图中应只有一个起点节点和一个终点节点。图 3-14 所示网络图中有两个起点节点①和②，两个终点节点⑥和⑧，表示错误。

(2) 除网络图的起点节点和终点节点外，不允许出现没有外向箭线的节点和没有内向箭线的节点。

(3) 网络图中严禁出现从一个节点出发，顺箭头方向又回到原出发点，即出现循环回路。如图 3-15 所示，网络图中存在不允许出现的循环回路②→③→⑤→②。

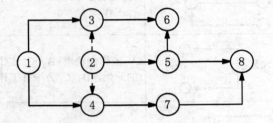
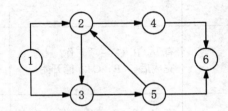

图 3-14　存在多个起点节点和多个终点节点的错误网络图　　图 3-15　存在循环回路的错误网络图

(4) 在网络图中严禁出现用相同的编号表示不同的工作。在图 3-16（a）中 A、B、C 三项工作均用①→②代号表示，是错误的，正确的表达应如图 3-16（b）或 3-16（c）所示。

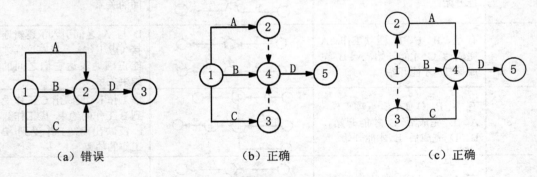

（a）错误　　　　　　　　　（b）正确　　　　　　　　　（c）正确

图 3-16　网络图的表示方法

(5) 网络图中严禁出现没有箭尾节点的箭线或没有箭头节点的箭线。如图 3-17 为错误的画法。

(6) 网络图中严禁出现无指向箭头或有双向箭头的连线。如图 3-18 中，③⑤连线为无箭头，②⑤连线为双向箭头，均是错误的。

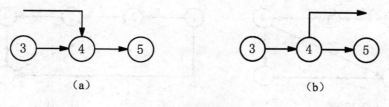

图 3-17 错误的画法

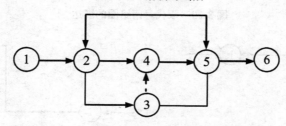

图 3-18 出现双向箭头及无箭头错误的网络图

（7）应尽量避免网络图中工作箭线的交叉。当交叉不可避免时，可以采用过桥法或指向法处理，如图 3-19 所示。

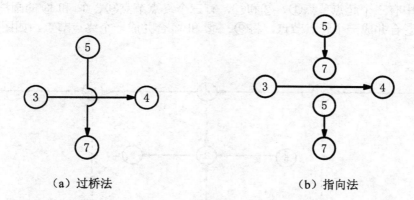

图 3-19 箭线交叉的表示方法

（8）双代号网络图中的箭线（包括虚箭线）宜保持自左向右的方向，不宜出现箭头指向左方的水平箭线和箭头偏向左方的斜向箭线，如图 3-20 所示。

（9）双代号网络图中，一项工作只有唯一的一条箭线和相应的一对节点编号。严禁在箭线上引入或引出箭线。如图 3-21 所示。

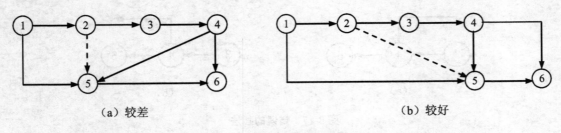

图 3-20 双代号网络图的表达

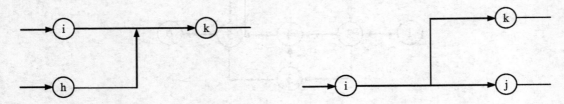

图 3-21 在箭线上引入和引出箭线的错误画法

（10）在双代号网络图中某些节点有多条外向箭线或多条内向箭线时，在保证一项工作有唯一的一条箭线和对应的一对节点编号前提下，允许使用母线绘制。如图 3-22（a）所示，网络图中有三个起点节点①、②和⑤，有三个终点节点⑨、⑫和⑬的画法错误。应将①、②、⑤合并成一个起点节点，将⑨、⑫和⑬合并成一个终点节点，如图 3-22（b）所示。

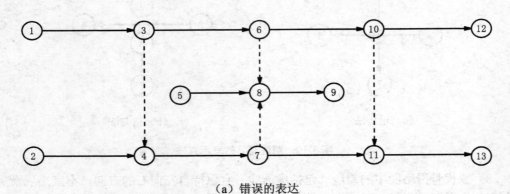

(a) 错误的表达

图 3-22 起点节点和终点节点的表达

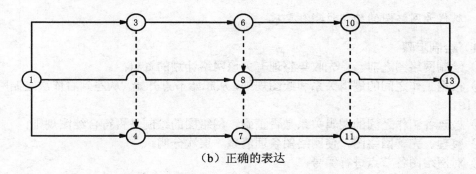

（b）正确的表达

图 3-22　起点节点和终点节点的表达（续）

【例 3-1】　已知网络图的逻辑关系见表 3-2。若绘出网络图 3-23（a）就是错误的，因 D 的紧前工作没有 A。此时可引入虚工作将 D 与 A 的联系断开，如图 3-23（b）、（c）、（d）所示。

表 3-2　逻辑关系表

工　作	A	B	C	D
紧前工作	—	—	A、B	B

（a）　（b）　（c）　（d）

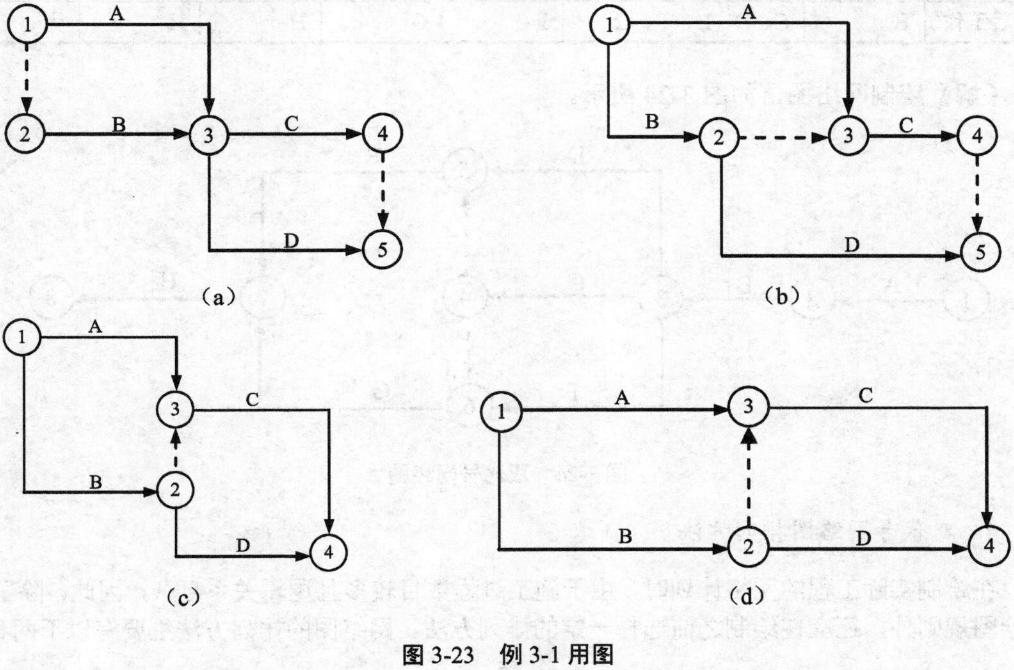

图 3-23　例 3-1 用图

3. 双代号网络图的绘制步骤和要求

（1）绘制步骤

① 绘制网络图之前，首先收集整理有关该网络计划的资料；
② 根据工作之间的逻辑关系和绘图规则，从起始节点开始，从左到右依次绘制网络计划的草图；
③ 检查各工作之间的逻辑关系是否正确，网络图的绘制是否符合绘图规则；
④ 整理、完善网络图，使网络图条理清楚、层次分明；
⑤ 对网络图各节点进行编号。

（2）绘制要求

① 网络图的箭线应以水平线为主，竖线和斜线为辅，不应画成曲线；
② 在网络图中，箭线应保持自左向右的方向，尽量避免"反向箭线"；
③ 在网络图中应正确应用虚箭线，力求减少不必要的虚箭线。

【例 3-2】 已知网络图的资料见表 3-3，试绘制双代号网络图。

表 3-3　网络图中各工作之间的逻辑关系表

施工过程	A	B	C	D	E	F	G	H
紧前工作	无	A	B	B	B	C、D	C、E	F、G
紧后工作	B	C、D、E	F、G	F	G	H	H	无

【解】绘制网络图，如图 3-24 所示。

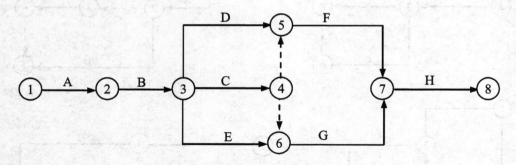

图 3-24　双代号网络图

4. 双代号网络图排列方法

在绘制实际工程的网络计划时，由于施工过程数目较多且逻辑关系复杂，因此，除了符合绘图规则外，还应在绘制之前选择一定的排列方法。网络图的排列方法主要有以下两种。

(1) 按施工过程排列

这种方法是把网络计划各施工过程按垂直方向排列,施工段按水平方向排列。如图 3-25 所示。

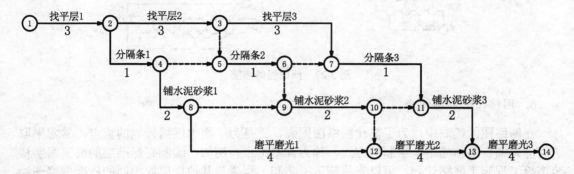

图 3-25 按施工过程排列

(2) 按施工段排列

这种方法是把同一施工过程的各个施工段按垂直方向排列,施工过程按水平方向排列。如图 3-26 所示。

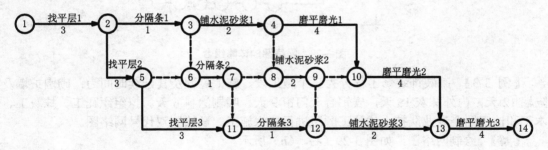

图 3-26 按施工段排列

5. 网络图连接

绘制较复杂的网络图时,往往先将其分解成若干个相对独立的部分,然后各自分头绘制,最后按逻辑关系进行连接,形成一个总体网络图,如图 3-27 所示。

在连接过程中,应注意以下几点:(1)必须有统一的构图和排列形式;(2)整个网络图的节点编号要协调一致;(3)施工过程划分的粗细程度应一致;(4)各分部工程之间应预留连接节点。

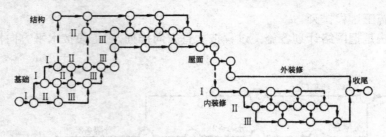

图 3-27 网络图的连接

6. 网络图的详略组合

在网络图的绘制中，为了简化网络图图画，更是为了突出网络计划的重点，常常采取"局部详细、整体简略"绘制的方式，称为详略组合。例如，编制有标准层的公寓写字楼装饰等工程施工网络计划，可以先将施工工艺和工程量与其他楼层均相同的标准网络图绘出，其他则简略为一根箭线表示，如图 3-28 所示。

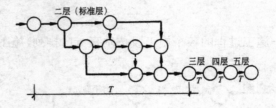

图 3-28 网络图的详略组合

【例 3-3】 某装饰装修工程分为三个施工段，施工过程及其延续时间为：砌围护墙及隔墙 12 天，内外抹灰 15 天，安铝合金门窗 9 天，喷刷涂料 6 天。拟组织瓦工、抹灰工、木工和油工四个专业队按上述施工顺序进行流水施工。试绘制双代号网络图。

【解】 绘制网络图，如图 3-29（a）、（b）所示。

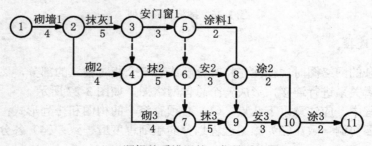

(a) 逻辑关系错误的双代号网络图

图 3-29 例 3-3 用图

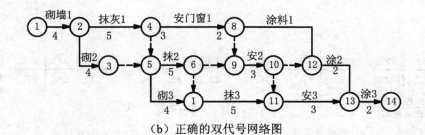

(b) 正确的双代号网络图

图 3-29 例 3-3 用图（续）

3.2.3 双代号网络图时间参数的计算

网络计划时间参数的计算是确定关键工作、关键线路和计算工期的基础，是对网络计划进行有目地调整、优化的主要依据。双代号网络计划时间参数主要包括节点最早时间、节点最迟时间、工作最早可能开始和完成时间、工作最迟必须开始和完成时间、工作总时差和自由时差以及计算工期等。

时间参数的计算方法分为工作计算法和节点计算法两种。每一种方法又可以分为公式计算法（也叫分析法）、图上计算法、表上计算法、矩阵法和电算法等，这里只介绍公式计算法和图上分析法。

1. 时间参数表示的常用符号

设有线路 ⓗ→ⓘ→ⓙ→ⓚ，则：

D_{i-j}——$i-j$ 工作的持续时间；
ET_i——i 节点的最早时间；
ET_j——j 节点的最早时间；
LT_i——i 节点的最迟时间；
LT_j——j 节点的最迟时间；
ES_{i-j}——$i-j$ 工作的最早开始时间；
LS_{i-j}——$i-j$ 工作的最迟开始时间；
EF_{i-j}——$i-j$ 工作的最早完成时间；
LF_{i-j}——$i-j$ 工作的最迟完成时间；
TF_{i-j}——$i-j$ 工作的总时差；
FF_{i-j}——$i-j$ 工作的自由时差。

2. 工作的时间参数计算

常用的双代号网络计划工作的时间参数标注的形式如图 3-30 所示，通常采用六时参数标注法。

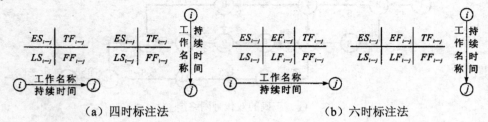

（a）四时标注法　　　　　　　　　　（b）六时标注法

图 3-30　双代号网络计划工作时间参数的标注形式

A）公式计算法计算时间参数的步骤如下。

（1）计算工作的最早开始时间（ES_{i-j}）

工作最早开始时间亦称工作最早可能开始时间。它是指各紧前工作全都完成，具备了本工作开始的必要条件的最早时刻。

① 计算顺序

由于最早开始时间是以紧前工作的最早开始或最早完成时间为依据，所以，它的计算必须在各紧前工作都计算后才能进行。因此该种参数的计算，必须从网络图的起点节点开始，顺箭线方向逐项进行，直到终点节点为止。

② 计算方法

凡与起点节点相连的工作（平行工作）都是计划的起始工作，当未规定其最早开始时间 ES_{i-j} 时，其值都定为零。即 $ES_{i-j}=0$　　（$i=1$）

所有其他工作的最早开始时间的计算方法是：将其所有紧前工作 $h-i$ 的最早开始时间 ES_{h-i} 分别与各工作的持续时间 D_{h-i} 相加，取和数中的最大值；或取各紧前工作最早完成时间的最大值。如下式：

$$ES_{i-j}=\max\{ES_{h-i}+D_{h-i}\} \tag{3-1}$$

式中：ES_{h-i}——工作 $i-j$ 的紧前工作 $h-i$ 的最早开始时间；

D_{h-i}——工作 $i-j$ 的紧前工作 $h-i$ 的持续时间；

EF_{h-i}——工作 $i-j$ 的紧前工作 $h-i$ 的最早完成时间。

（2）计算工作的最早完成时间 EF_{i-j}

工作最早完成时间亦称工作最早可能完成时间。它是指一项工作如果按最早开始时间开始的情况下，该工作可能完成的最早时刻。工作 $i-j$ 的最早完成时间用 EF_{i-j} 表示，其值等于该工作最早开始时间与其持续时间之和。工作的最早完成时间的计算应从网络计划的起点节点开始，顺着箭线方向依次进行，计算公式如下：

$$ES_{i-j}=\max\{ES_{h-i}+D_{h-i}\}=\max\{EF_{h-i}\} \tag{3-2}$$

$$EF_{i-j}=ES_{i-j}+D_{i-j} \tag{3-3}$$

在采用六时参数标注法时，某项工作的最早开始时间计算后，应立即将其最早完成时间计算出来，以便于其紧后工作的计算。

(3) 确定网络计划的工期

网络计划的工期泛指完成工程任务所需的时间，分为计算工期、要求工期和计划工期三种。

① 计算工期是指根据网络计划时间参数计算而得到的工期，用 T_c 表示。可按公式（3-4）计算：

$$T_c = \max\{EF_{i-n}\} \tag{3-4}$$

式中 EF_{i-n}——以终点节点（$j=n$）为箭头节点的工作 $i-n$ 的最早完成时间。

② 要求工期是指合同规定或业主要求、企业上级要求的工期，用 T_r 表示。

③ 计划工期是指完成网络计划的工作所计划（打算）工期，用 T_p 表示。

当规定了要求工期时，计划工期不应超过要求工期，即：

$$T_p \leq T_r \tag{3-5}$$

当未规定要求工期时，可令计划工期等于计算工期，即：

$$T_p = T_r \tag{3-6}$$

在本例中，假设未规定要求工期，则其计划工期就等于计算工期，即：$T_p = T_c = 16$

(4) 计算工作的最迟完成时间 LF_{i-j}

工作最迟完成时间是指在不影响整个任务按期完成的前提下，工作必须完成的最迟时刻。工作最迟完成时间和工作的最迟开始时间的计算应从网络计划的终点节点开始，逆着箭线方向依次进行。其计算步骤如下：

第一步：以网络计划终点节点为完成节点的工作，其最迟完成时间等于网络计划的计划工期，即：

$$LF_{i-n} = T_p \tag{3-7}$$

式中 LF_{i-n}——以网络计划终点节点 n 为完成节点工作的最迟完成时间。

第二步：其他工作的最迟完成时间应等于其紧后工作最迟开始时间的最小值，即：

$$LF_{i-j} = \min\{LF_{j-k} - D_{j-k}\} \tag{3-8}$$

式中 LS_{j-k}——工作 $i-j$ 的紧后工作 $j-k$ 的最迟开始时间；

LF_{j-k}——工作 $i-j$ 的紧后工作 $j-k$ 的最迟完成时间；

D_{j-k}——工作 $i-j$ 的紧后工作 $j-k$ 的持续时间。

(5) 计算工作的最迟开始时间 LS_{i-j}

工作的最迟开始时间亦称最迟必须开始时间。它是在保证工作按最迟完成时间完成的条件下，该工作必须开始的最迟时刻。工作的最迟开始时间的计算应从网络计划的终点节点开始，逆着箭线方向依次进行。其计算步骤如下：

$$LS_{i-j} = LF_{i-j} - D_{i-j} = \min\{LS_{i-k}\} - D_{i-j} \tag{3-9}$$

计算时，往往在工作的最迟完成时间计算后就计算工作的最迟开始时间 LS_{i-j}，即

$$LS_{i-j} = LF_{i-j} - D_{i-j} \tag{3-10}$$

（6）计算工作的总时差 TF_{i-j}

工作总时差是指在不影响总工期的前提下，一项工作所拥有机动时间的最大值。它等于本工作最早开始时间到最迟完成时间这段极限活动范围，再扣除工作本身必需的持续时间所剩余的差值。用公式表达如下：

$$TF_{i-j}=LF_{i-j}-ES_{i-j}-D_{i-j} \tag{3-11}$$

变换可得：

$$TF_{i-j}=LF_{i-j}-(ES_{i-j}+D_{i-j})=LF_{i-j}-EF_{i-j} \tag{3-12}$$

或

$$TF_{i-j}=(LF_{i-j}-D_{i-j})-ES_{i-j}=LS_{i-j}-ES_{i-j} \tag{3-13}$$

（7）计算工作的自由时差 FF_{i-j}

自由时差是指一项工作在不影响其紧后工作最早开始的前提下，可以灵活使用的机动时间。它等于本工作最早开始时间到紧后工作最早开始时间这段极限活动范围，再扣除工作本身必需的持续时间所剩余的差值的最小值。用公式表达如下：

$$FF_{i-j}=\min\{ES_{j-k}-EF_{i-j}\}=\min\{ES_{j-k}\}-EF_{i-j}=\min\{ES_{j-k}-ES_{i-j}-D_{i-j}\} \tag{3-14}$$

式中　ES_{j-k}——工作 $i-j$ 的紧后工作 $j-k$ 的最早开始时间。

采用六参数法计算时，用紧后工作的最早开始时间的最小值减本工作的最早完成时间即可。对于网络计划的结束工作，应将计算工期看作紧后工作的最早开始时间进行计算。

对于无紧后工作的工作，也就是以网络计划终点节点为完成节点的工作，其自由时差等于计划工期与本工作最早完成时间之差，即：

$$FF_{i-n}=TP-EF_{i-n}=TP-ES_{i-n}-D_{i-n} \tag{3-15}$$

式中　FF_{i-n}——以网络计划终点节点 n 为完成节点的工作 $i-n$ 的自由时差；

ES_{i-n}——以网络计划终点节点 n 为完成节点的工作 $i-n$ 的最早开始时间；

D_{i-n}——以网络计划终点节点 n 为完成节点的工作 $i-n$ 的持续时间。

（8）确定关键工作和关键线路

在网络计划中，总时差最小的工作为关键工作。特别地，当网络计划的计划工期等于计算工期时，总时差为零的工作就是关键工作。

从起点节点到终点节点全部由关键工作组成的线路为关键线路，一般用粗线、双线箭线或彩色箭线标出。

【例 3-4】　试以图 3-31 中的网络图为例说明公式计算法的方法和步骤。

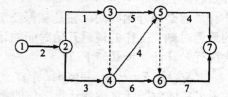

图 3-31　双代号网络图

【解】 第 1 步，首先计算工作最早可能时间，包括工作最早可能开始时间 ES_{i-j} 和工作最早可能结束时间 EF_{i-j}。根据公式（3-1）、（3-2）和（3-3）可得：

$ES_{1-2}=0$, $\qquad EF_{1-2}=ES_{1-2}+D_{1-2}=0+2=2$

$ES_{2-3}=0$, $\qquad EF_{2-3}=ES_{2-3}+D_{2-3}=2+1=3$

$ES_{2-4}=0$, $\qquad EF_{2-4}=ES_{2-4}+D_{2-4}=2+3=5$

$ES_{3-4}=0$, $\qquad EF_{3-4}=ES_{3-4}+D_{3-4}=3+0=3$

$ES_{3-5}=0$, $\qquad EF_{3-5}=ES_{3-5}+D_{3-5}=3+5=8$

$ES_{4-5}=\max(EF_{2-4}, EF_{3-4})=\max(5, 3)=5$, $\qquad EF_{4-5}=ES_{4-5}+D_{4-5}=5+4=9$

$ES_{4-6}=ES_{4-5}=5$

$EF_{4-6}=ES_{4-6}+D_{4-6}=5+6=11$

$ES_{5-6}=\max(EF_{3-5}, EF_{4-5})=\max(8, 9)=9$, $\qquad EF_{5-6}=ES_{5-6}+D_{5-6}=9+0=9$

$ES_{5-7}=ES_{5-6}=9$ $\qquad EF_{5-7}=ES_{5-7}+D_{5-7}=9+4=13$

$ES_{6-7}=\max(EF_{5-6}, EF_{4-6})=\max(9, 11)=5$, $\qquad EF_{6-7}=ES_{6-7}+D_{6-7}=11+7=18$

根据以上计算可以看出，计算工作最早可能时间时，应从最左边的第一项无紧前工序的工作开始，依次进行累加，直到最后一个工序。可简单归纳为："从左到右，沿线累加，逢圈取大。"

第 2 步，确定网络计划的计算工期 T_c。

无紧后工作的各工作最早可能结束时间的最大值即为网络计划的计算工期。如该例的计算工期为 18，即：

$$T_c=\max(EF_{5-7}, EF_{6-7})=\max(13, 18)=18$$

第 3 步，计算工作的最迟必须时间，包括工作的最迟必须开始时间 LS_{i-j} 和工作的最迟必须结束时间 LF_{i-j}。

理论上计算工作的最迟必须时间时，应该以合同工期或要求工期为条件进行计算，当网络计划中未规定合同工期或要求工期时，一般令该网络计划的计算工期等于计划工期，即 $T_c=T_p$。计算最迟时间时，应从终点节点的无紧后工序的工作开始。根据这一理论依据以及公式（3-7）到（3-10）可得：

$LF_{5-7}=T_p=T_C=18$, $\qquad LS_{5-7}=LF_{5-7}-D_{5-7}=18-4=14$

$LF_{6-7}=T_p=T_C=18$, $\qquad LS_{6-7}=LF_{6-7}-D_{6-7}=18-7=11$

$LF_{5-6}=LS_{6-7}=11$, $\qquad LS_{5-6}=LF_{5-6}-D_{5-6}=11-0=11$

$LF_{4-6}=LS_{6-7}=11$, $\qquad LS_{4-6}=LF_{4-6}-D_{4-6}=11-6=5$

$LF_{3-5}=\min(LS_{5-7}, LS_{5-6})=\min(14,11)=11$, $\qquad LS_{3-5}=LF_{3-5}-D_{3-5}=11-5=6$

$LF_{4-5}=LF_{3-5}=11$, $\qquad LS_{4-5}=LF_{4-5}-D_{4-5}=11-4=7$

$LF_{3-4}=\min(LS_{4-5}, LS_{4-6})=\min(7,5)=5$, $\qquad LS_{3-4}=LF_{3-4}-D_{3-4}=5-0=5$

$LF_{2-4}=LF_{3-4}=5$, $\qquad LS_{2-4}=LF_{2-4}-D_{2-4}=5-3=2$

$LF_{2-3}=\min(LS_{3-4}, LS_{3-5})=\min(5,5)=5$, $\qquad LS_{2-3}=LF_{2-3}-D_{2-3}=5-1=4$

$LF_{1-2}=\min(LS_{2-3}, LS_{2-4})=\min(4,2)=2$，　　$LS_{1-2}=LF_{1-2}-D_{1-2}=2-2=0$

根据以上计算可以看出，计算最迟必须时间可以归纳为："从右到左，逆线相减，逢圈取小。"注意，这里的"逢圈取小"是指有多个紧后工序的工作，它的最迟必须结束时间应取多个紧后工序最迟开始的最小值。

第4步，计算各工作的总时差 TF_{i-j}。根据公式（3-11）、（3-12）及（3-13）可得：

$TF_{1-2}=LS_{1-2}-ES_{1-2}=0-0=0$　　　　或：$TF_{1-2}=LF_{1-2}-EF_{1-2}=0-0=0$

$TF_{2-3}=LS_{2-3}-ES_{2-3}=4-2=2$　　　　　　$TF_{2-3}=LF_{2-3}-EF_{2-3}=5-3=2$

$TF_{2-4}=LS_{2-4}-ES_{2-4}=2-2=0$　　　　　　$TF_{2-4}=LF_{2-4}-EF_{2-4}=5-5=0$

$TF_{3-4}=LS_{3-4}-ES_{3-4}=5-3=2$　　　　　　$TF_{3-4}=LF_{3-4}-EF_{3-4}=5-3=2$

$TF_{3-5}=LS_{3-5}-ES_{3-5}=6-3=3$　　　　　　$TF_{3-5}=LF_{3-5}-EF_{3-5}=11-8=3$

$TF_{4-5}=LS_{4-5}-ES_{4-5}=7-5=2$　　　　　　$TF_{4-5}=LF_{4-5}-EF_{4-5}=11-9=2$

$TF_{4-6}=LS_{4-6}-ES_{4-6}=5-5=0$　　　　　　$TF_{4-6}=LF_{4-6}-EF_{4-6}=11-11=0$

$TF_{5-6}=LS_{5-6}-ES_{5-6}=11-9=2$　　　　　$TF_{5-6}=LF_{5-6}-EF_{5-6}=11-9=2$

$TF_{5-7}=LS_{5-7}-ES_{5-7}=14-9=5$　　　　　$TF_{5-7}=LF_{5-7}-EF_{5-7}=18-13=5$

$TF_{6-7}=LS_{6-7}-ES_{6-7}=11-11=0$　　　　$TF_{6-7}=LF_{6-7}-EF_{6-7}=18-18=0$

第5步，计算各工作的自由时差 FF_{i-j}。根据公式（3-14）、（3-15）可得：

$FF_{1-2}=ES_{2-3}-EF_{1-2}=2-2=0$

$FF_{2-3}=ES_{3-4}-EF_{2-3}=3-3=0$

$FF_{2-4}=ES_{4-5}-EF_{2-4}=5-5=0$

$FF_{3-4}=ES_{4-5}-EF_{3-4}=5-3=2$

$FF_{3-5}=ES_{5-6}-EF_{3-5}=9-8=1$

$FF_{4-5}=ES_{5-6}-EF_{4-5}=9-9=0$

$FF_{4-6}=ES_{6-7}-EF_{4-6}=11-11=0$

$FF_{5-6}=ES_{6-7}-EF_{5-6}=11-9=2$

$FF_{5-7}=T_C-EF_{5-7}=18-13=5$

$FF_{6-7}=T_C-EF_{6-7}=18-18=0$

计算结果如图3-32所示。

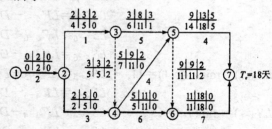

图3-32　公式计算法结果

第 6 步，确定关键工作和关键线路。由于在计算时假设 $T_p=T_c$，因此，最长的关键线路上不存在任何机动时间，即 $TF_{i-j}=0$ 的工作为关键工作。如果 T_p 不等于 T_c，则该网络计划中总时差最小的工作就为关键工作。在双代号网络计划中，由关键工作组成的线路称为关键线路。

在图 3-31 所示的网络图中，关键线路为①→②→④→⑥→⑦，关键工作为①→②、②→④、④→⑥、⑥→⑦ 四项工作。通常情况下，位于关键线路上的关键工作常用双箭杆或粗实线来表示，实际工程中，有时也用彩色箭线加以表示。

关键线路存在以下特点：
① 若合同工期等于计划工期时，关键线路上的工作总时差等于零；
② 关键线路是从网络计划起始节点到结束节点之间持续时间最长的线路；
③ 关键线路在网络计划中不一定只有一条，有时存在两条或两条以上；
④ 当非关键线路上的工作时间延长且超过它的总时差时，非关键线路就变成了关键线路。

B）图上计算法计算工作的时间参数计算步骤如下。

图上计算法的原理和步骤与分析计算法相同，它是在网络图上直接进行计算的一种方法。此方法必须在对分析计算法理解和熟练的基础上才可进行，边计算边将所得时间参数填入图中相应的位置上。该种方法比较直观、简便，所以，手算一般都采用此种方法。

图上计算法时间参数的标注方法经常采用的是六时间参数标注法，具体计算步骤如下。

第 1 步，首先计算工作最早可能时间，包括工作最早可能开始时间 ES_{i-j} 和工作最早可能结束时间 EF_{i-j}，然后将数据填在图上相应的位置。

第 2 步，确定网络计划的计算工期 T_c。

第 3 步，计算工作的最迟必须时间，包括工作的最迟必须开始时间 LS_{i-j} 和工作的最迟必须结束时间 LF_{i-j}，然后将数据填在图上相应的位置。

第 4 步，计算各工作的总时差 TF_{i-j}，将数据填在图上相应的位置。

第 5 步，计算各工作的自由时差 FF_{i-j}，将数据填在图上相应的位置。

第 6 步，确定关键工作和关键线路，并用双箭杆或粗实线表示。

2. 节点的时间参数计算

A）公式法计算节点的时间参数和时差

每个节点有两个时间参数：节点最早时间和最迟时间，分别用 ET_i 和 LT_i 表示，如图 3-33 所示。

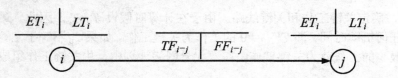

图 3-33 双代号节点时间参数标注形式

（1）节点的最早时间 ET_i

节点 i 的最早时间 ET_i 是指以计划起点节点的时间 $ET_i=0$ 相对于这个时间，顺着箭线方向到达每一个节点的时刻，它表示以该节点为结束节点的各项工作全部完成，并以这个节点为开始节点的紧后工作最早可能开始的时间。节点最早时间的计算应从网络计划的起点节点开始，顺着箭线方向依次进行。其计算步骤如下：

① 网络计划起点节点，如未规定最早时间时，其值等于零； (3-16)

② 其他节点的最早时间应按公式进行计算：$ET_j=\max\{ET_i+D_{i-j}\}$； (3-17)

③ 网络计划的计算工期等于网络计划终点节点的最早时间，即：$T_c=ET_n$（网络计划终点节点 n 的最早时间）。 (3-18)

（2）节点的最迟时间 LT_i

节点 i 的最迟时间 LT_i 是指在计划工期 T_p 确定的情况下，以计划工期作为网络图终点节点的最迟时间，逆箭线方向依次逐项计算。它表示以该节点为开始节点的各项工作最迟必须开始的时间，也就是说以该节点为结束节点的各项工作最迟在这个时间必须全部完成，否则必将延误总工期。其计算步骤如下：

① 网络计划终点节点的最迟时间等于网络计划的计划工期，即：$LT_n=T_p$； (3-19)

② 其他节点的最迟时间应按公式进行计算：$LT_i=\min\{LT_j-D_{i-j}\}$。 (3-20)

（3）节点时间参数与工作总时差的关系

根据总时差的含义以及节点时间参数与工序时间参数的关系，用两个节点时间参数表示工作总时差的公式为：

$$TF_{i-j}=LT_j-ET_i-D_{i-j} \tag{3-21}$$

（4）节点时间参数与工作自由时差的关系

根据自由时差的含义以及节点时间参数与工序时间参数的关系，用两个节点时间参数表达工作自由时差的公式为：

$$FF_{i-j}=ET_j-ET_i-D_{i-j} \tag{3-22}$$

【例 3-5】 现以图 3-34 为例说明工作的时间参数计算方法和步骤。

第 1 步，计算节点的最早可能时间 ET_i。

根据公式（3-16）、(3-17) 可以看出，首先应计算开始节点的最早可能时间，然后从左到右依次进行计算。首先确定起始节点的最早时间，然后计算其他节点的最早时间，计算时应从左向右依次进行，计算过程及结果如下：

$ET_1=0$
$ET_2=ET_1+D_{1-2}=0+10=10$
$ET_3=ET_2+D_{2-3}=10+20=30$
$ET_4=\max(ET_3+D_{3-4}, ET_2+D_{2-4})=\max(30+0, 10+10)=\max(30, 20)=30$
$ET_5=\max(ET_3+D_{3-5}, ET_2+D_{2-5})=\max(30+0, 10+15)=\max(30, 25)=30$
$ET_6=\max(ET_4+D_{4-6}, ET_5+D_{5-6})=\max(30+40, 30+30)=\max(70, 60)=70$
$ET_7=ET_6+D_{6-7}=70+20=90$

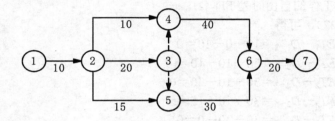

图 3-34 双代号网络图

第 2 步，确定网络计划的计算工期 T_c。

网络计划的计算工期等于终点节点的最迟时间，即 $T_c=ET_7=90$。

第 3 步，计算节点的最迟必须时间 LT_i。

在计算时，应先确定终点节点的最迟时间，一般终点节点的最迟时间等于网络计划的要求工期或合同工期，当没有规定时，可以认为网络计划的计算工期等于计划工期。因此，应根据公式（3-19）、（3-20），从右向左依次计算，结果如下：

$LT_7=T_C=90$
$LT_6=LT_7-D_{6-7}=90-20=70$
$LT_4=LT_6-D_{4-6}=70-40=30$
$LT_5=LT_6-D_{5-6}=70-30=40$
$LT_3=\min(LT_4-D_{3-4}, LT_5-D_{3-5})=\min(30-0, 40-0)=30$
$LT_2=\min(LT_4-D_{2-4}, LT_5-D_{2-5}, LT_3-D_{2-3})$
$\quad=\min(30-10, 40-15, 30-20)=\min(20, 25, 10)=10$
$LT_1=LT_2-D_{1-2}=10-10=0$

第 4 步，计算工作总时差 TF_{i-j}。

根据公式（3-21），可得：

$TF_{1-2}=LT_2-ET_1-D_{1-2}=10-0-10=0$
$TF_{2-4}=LT_4-ET_2-D_{2-4}=30-10-10=10$
$TF_{2-3}=LT_3-ET_2-D_{2-3}=30-10-20=0$

$TF_{2-5}=LT_5-ET_2-D_{2-5}=40-10-15=15$
$TF_{3-4}=LT_4-ET_3-D_{3-4}=30-0-30=0$
$TF_{3-5}=L5_5-ET_3-D_{3-5}=40-30-0=10$
$TF_{4-6}=LT_6-ET_4-D_{4-6}=70-30-40=0$
$TF_{5-6}=LT_6-ET_5-D_{5-6}=70-30-30=10$
$TF_{6-7}=LT_7-ET_6-D_{6-7}=90-70-20=0$
$TF_{1-2}=LT_2-ET_1-D_{1-2}=10-0-10=0$

第5步，计算工作的自由时差 FF_{i-j}。

根据公式（3-22），可得：

$EF_{1-2}=ET_2-ET_1-D_{1-2}=10-0-10=0$
$EF_{2-4}=ET_4-ET_2-D_{2-4}=30-10-10=10$
$EF_{2-3}=ET_3-ET_2-D_{2-3}=30-10-20=0$
$EF_{2-5}=ET_5-ET_2-D_{2-5}=30-10-15=5$
$EF_{3-4}=ET_4-ET_3-D_{3-4}=30-30-0=0$
$EF_{3-5}=ET_5-ET_3-D_{3-5}=30-30-0=0$
$EF_{4-6}=ET_6-ET_4-D_{4-6}=70-30-0=40$
$EF_{5-6}=ET_6-ET_5-D_{5-6}=70-30-30=10$
$EF_{6-7}=ET_7-ET_6-D_{6-7}=90-70-20=0$

计算结果如图 3-35 所示。

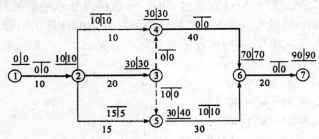

图 3-35 节点时间参数和时差计算结果

B）图上计算法计算节点的时间参数和时差

图上计算法的原理和步骤与分析计算法相同，它是在网络图上直接进行计算的一种方法。此方法将分析计算法的过程省略不写，直接将计算所得的时间参数填入图中相应的位置上。

4. 关键节点的特性

在双代号网络计划中，当计划工期等于计算工期时，关键节点具有以下一些特性，掌握好这些特性,有助于确定工作的时间参数。

(1) 开始节点和完成节点均为关键节点的工作,不一定是关键工作。

(2) 以关键节点为完成节点的工作,其总时差和自由时差必然相等。

(3) 当两个关键节点间有多项工作,且工作间的非关键节点无其他内向箭线和外向箭线时,则两个关键节点间各项工作的总时差均相等。在这些工作中,除以关键节点为完成的节点的工作自由时差等于总时差外,其余工作的自由时差均为零。

(4) 当两个关键节点间有多项工作,且工作间的非关键节点有外向箭线而无其他内向箭线时,则两个关键节点间各项工作的总时差不一定相等。在这些工作中,除以关键节点为完成的节点的工作自由时差等于总时差外,其余工作的自由时差均为零。

5. 节点标号法确定关键线路和计算工期

标号法是一种快速寻求网络计算工期和关键线路的方法。它利用按节点计算法的基本原理,对网络计划中的每一个节点进行标号,然后利用标号值确定网络计划的计算工期和关键线路。现以图 3-36 为例说明节点标号法确定关键线路的具体步骤。

(1) 设网络计划起点节点的标号值为零,即 $b_1=0$。

(2) 顺箭线方向逐个计算其他节点的标号值。每个节点的标号值,等于以该节点为完成节点的各工作的开始节点标号值与相应工作持续时间之和的最大值,即:
$$b_j = \max\{b_i + D_{i-j}\} \tag{3-23}$$

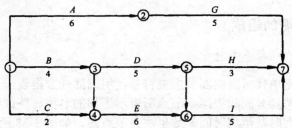

图 3-36 双代号网络计划(标号法)

图 3-36 中,节点③和节点④的标号值分别为:
$$b_3 = b_1 + D_{1\text{-}3} = 0 + 4 = 4$$
$$b_4 = \max\{b_1 + D_{1\text{-}4},\ b_3 + D_{3\text{-}4}\}$$
$$= \max\{0+2, 4+0\}$$
$$= 4$$

当计算出节点的标号值后,应该用其标号值及其源节点对该节点进行双标号。所谓源节点,就是用来确定本节点标号值的节点。如果源节点有多个,应将所有源节点标出。例如在图 3-36 中,节点④的标号值 4 是由节点③所确定,故节点④的源节点就是节点③。

（3）节点标号完成后，终点节点的标号值即为网络计划的计算工期。在图 3-36 中，其计算工期就等于终点节点⑦的标号值 15。

（4）从网络计划终点节点开始，逆箭线方向按源节点寻求出关键线路。例如在本例中，从终点节点⑦开始，逆着箭线方向按源节点可以找出关键线路为①→③→④→⑥→⑦。计算结果如图 3-37 所示。

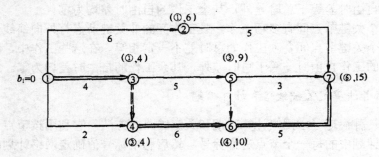

图 3-37 双代号网络计划（标号法）

3.3 单代号网络图

3.3.1 单代号网络图的组成

单代号网络图的构成与基本符号

（1）节点。节点是单代号网络图的主要符号，用圆圈或方框表示。一个节点代表一项工作或工序，因而它消耗时间和资源。节点所表示工作的名称、持续时间和编号一般都标注在圆圈或方框内，有时甚至将时间参数也注在节点内，如图 3-38 所示。

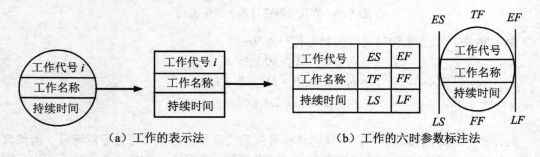

（a）工作的表示法　　　　　（b）工作的六时参数标注法

图 3-38 单代号网络图的工作表示和时间参数表示法

(2) 箭线。箭线在单代号网络图中，仅表示工作之间的逻辑关系。它既不占用时间，也不消耗资源。单代号网络图中不用虚箭线。箭线的箭头表示工作的前进方向，箭尾节点表示的工作是箭头节点的紧前工作。

(3) 节点编号。每个节点都必须编号，作为该节点工作的代号。一项工作只能有唯一的一个节点和唯一的一个代号，严禁出现重号。节点编号原则同双代号网络图。

3.3.2 单代号网络图的绘制

1. 单代号网络图的绘制规则

(1) 单代号网络必须正确表述已定的逻辑关系；
(2) 单代号网络图中，严禁出现循环回路；
(3) 单代号网络图中，严禁出现双向箭头或无箭头的连线；
(4) 单代号网络图中，严禁出现没有箭尾节点的箭线和没有箭头节点的箭线；
(5) 绘制网络图时，箭线不宜交叉，当交叉不可避免时，可采用过桥法和指向法绘制；
(6) 单代号网络图中应只有一个起点节点和一个终点节点，当网络图中有多项起点节点或多项终点节点时，应在网络图的两端分别设置一个虚拟的起点节点和终点节点；
(7) 单代号网络图中不允许出现有重复编号的工作，一个编号只能代表一项工作。而且箭头节点编号要大于箭尾节点编号。

2. 单代号网络图的绘制方法

单代号网络图的绘制方法与双代号网络图的绘制方法基本相同，而且由于单代号网络图逻辑关系容易表达，因此绘制方法更为简便。

【例 3-6】 请按表 3-4 的各工作逻辑关系绘制单代号网络图。

表 3-4 网络图中各工作之间的逻辑关系表

工作名称	持续时间	紧前工作	紧后工作	工作名称	持续时间	紧前工作	紧后工作
A	2	—	B、C	D	1	B、C	F
B	3	A	D	E	2	C	F
C	2	A	D、E	F	1	D、E	—

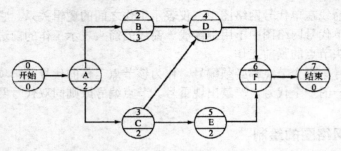

图 3-39 单代号网络图

3.3.3 单代号网络计划时间参数的计算

1. 单代号网络计划常用符号

设有线路 h—i—j 则：

D_i——工作 i 的持续时间；
D_h——工作 i 的紧前工作 h 的持续时间；
D_j——工作 i 的紧后工作 j 的持续时间；
ES_i——工作 i 的最早开始时间；
EF_i——节点 i 的最早完成时间；
LF_i——在总工期已经确定的情况下，工作 i 的最迟完成时间；
LS_i——在总工期已经确定的情况下，工作 i 的最迟开始时间；
TF_i——工作 i 的总时差；
FF_i——工作 i 的自由时差。

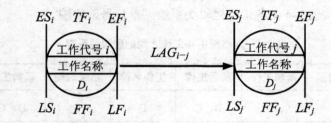

图 3-40 单代号网络计划时间参数的标注形式

2. 单代号网络计划时间参数的计算

（1）工作最早开始时间的计算应符合下列规定。

① 工作 i 的最早开始时间应从网络图的起点节点开始，顺着箭线方向依次逐个计算。

② 起点节点的最早开始时间如无规定时,其值等于零,即:
$$ES_i = 0 \tag{3-24}$$
③ 其他工作的最早开始时间 ES_i 应为
$$ES_i = \max\{ES_h + D_h\} \tag{3-25}$$
式中 ES_h——工作 i 的紧前工作 h 的最早开始时间;
　　 D_h——工作 i 的紧前工作 h 的持续时间。
(2) 工作 i 的最早完成时间 EF_i 的计算应符合下式规定:
$$EF_i = ES_i + D_i \tag{3-26}$$
(3) 网络计划计算工期 T_c 的计算应符合下式规定:
$$T_c = ES_n \tag{3-27}$$
式中:ES_n——终点节点 n 的最早完成时间。
(4) 网络计划的计划工期 T_p 应按下列情况分别确定:
① 当已规定了要求工期 T_r 时
$$T_p \leq T_r \tag{3-28}$$
② 当未规定要求工期时
$$T_p = T_c \tag{3-29}$$
(5) 相邻两项工作 i 和 j 之间的时间间隔 $LAG_{i,j}$ 的计算应符合下式规定:
$$LAG_{i,j} = ES_j - EF_i \tag{3-30}$$
式中 ES_j——工作 j 的最早开始时间。
(6) 工作总时差的计算应符合下列规定:
① 工作 i 的总时差 TF_i 应从网络图的终点节点开始,逆着箭线方向依次逐项计算。当部分工作分期完成时,有关工作的总时差必须从分期完成的节点开始逆向逐项计算。
② 终点节点所代表的工作 n 的总时差 TF_n 值为零,即
$$TF_n = 0 \tag{3-31}$$
分期完成的工作的总时差值为零。
③ 其他工作的总时差 TF_i 的计算应符合下式规定:
$$TF_i = \min\{LAG_{i,j} + TF_j\} \tag{3-32}$$
式中 TF_j——工作 i 的紧后工作 j 的总时差。
当已知各项工作的最迟完成时间 LF_i 或最迟开始时间 TS_i 时,工作的总时差 TF_i 计算也应符合下列规定:
$$TF_i = LS_i - ES_i \tag{3-33}$$
或
$$TF_i = LF_i - EF_i \tag{3-34}$$
(7) 工作 i 的自由时差 FF_i 的计算应符合下列规定:
$$FF_i = \min\{LAG_{i,j}\} \tag{3-35}$$
$$FF_i = \min\{ES_j - EF_i\} \tag{3-36}$$

或符合下式规定：$FF_i = \min\{ES_j - ES_i - D_i\}$ （3-37）

（8）工作最迟完成时间的计算应符合下列规定：

① 工作 i 的最迟完成时间 LF_i 应从网络图的终点节点开始，逆着箭线方向依次逐项计算。当部分工作分期完成时，有关工作的最迟完成时间应从分期完成的节点开始逆向逐项计算。

② 终点节点所代表的工作 n 的最迟完成时间 LF_n 应按网络计划的计划工期 T_p 确定，即

$$LF_n = T_p \quad (3-38)$$

③ 其他工作 i 的最迟完成时间 LF_i 应为

$$LF_i = \min\{LF_j - D_j\} \quad (3-39)$$

式中　LF_j——工作 i 的紧后工作 j 的最迟完成时间；

　　　　D_j——工作 i 的紧后工作 j 的持续时间。

（9）工作 i 的最迟开始时间 LS_i 的计算应符合下列规定：

$$LF_i = LF_i - D_j \quad (3-40)$$

【例 3-7】　试计算如图 3-41 所示单代号网络计划的时间参数。

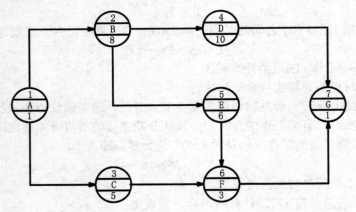

图 3-41　单代号网络计划

【解】　（1）工作最早开始时间的计算

工作的最早开始时间从网络图的起点节点开始，顺着箭线方向自左向右，依次逐个计算。因起点节点的最早开始时间未做出规定，故

$$ES_1 = 0$$

其后续工作的最早开始时间是其各紧前工作的最早开始时间与其持续时间之和，并取其最大值，计算公式为：

$$ES_i = \max\{ES_h + D_h\}$$

即：

$$ES_2 = ES_1 + D_1 = 0 + 1 = 1$$
$$ES_3 = ES_1 + D_1 = 0 + 1 = 1$$
$$ES_4 = ES_2 + D_2 = 1 + 8 = 9$$
$$ES_5 = ES_2 + D_2 = 1 + 8 = 9$$
$$ES_6 = \max\{ES_3 + D_3, ES_5 + D_5\} = \max\{1+5, 9+6\} = 15$$
$$ES_7 = \max\{ES_4 + D_4, ES_6 + D_6\} = \max\{9+10, 15+3\} = 19$$

（2）工作最早完成时间的计算

每项工作的最早完成时间是该工作的最早开始时间与其持续时间之和，其计算公式为：$EF_i = ES_i + D_i$，即：

$$EF_1 = ES_1 + D_1 = 0 + 1 = 1$$
$$EF_2 = ES_2 + D_2 = 1 + 8 = 9$$
$$EF_3 = ES_3 + D_3 = 1 + 5 = 6$$
$$EF_4 = ES_4 + D_4 = 9 + 10 = 19$$
$$EF_5 = ES_5 + D_5 = 9 + 6 = 15$$
$$EF_6 = ES_6 + D_6 = 15 + 3 = 18$$
$$EF_7 = ES_7 + D_7 = 19 + 1 = 20$$

（3）网络计划的计算工期

网络计划的计算工期 T_c 按公式 $T_c = EF_n$ 计算。即：

$$T_c = EF_7 = 20$$

（4）网络计划的计划工期的确定

由于本计划没有要求工期，故 $T_p = T_c = 20$

（5）相邻两项工作之间的时间间隔的计算

相邻两项工作的时间间隔，是后项工作的最早开始时间与前项工作的最早完成时间的差值，它表示相邻两项工作之间有一段时间间歇，相邻两项工作 i 与 j 之间的时间间隔 $LAG_{i,j}$ 按公式 $LAG_{i,j} = EF_j - EF_i$ 计算。即：

$$LAG_{1,2} = ES_2 - EF_1 = 1 - 1 = 0$$
$$LAG_{1,3} = ES_3 - EF_1 = 1 - 1 = 0$$
$$LAG_{2,4} = ES_4 - EF_2 = 9 - 9 = 0$$
$$LAG_{2,5} = ES_5 - EF_2 = 9 - 9 = 0$$

$$LAG_{3,6} = ES_6 - EF_3 = 15 - 6 = 9$$
$$LAG_{5,6} = ES_6 - EF_5 = 15 - 15 = 0$$
$$LAG_{4,7} = ES_7 - EF_4 = 19 - 19 = 0$$
$$LAG_{6,7} = ES_7 - EF_6 = 19 - 18 = 1$$

（6）工作总时差的计算

每项工作的总时差，是该项工作在不影响计划工期前提下所具有的机动时间。它的计算应从网络图的终点节点开始，逆着箭线方向依次计算。由于本例没有给出规定工期，故 $TF_n = 0$，即 $TF_7 = 0$。

其他工作的总时差 TF_i 可按公式 $TF_i = \min\{LAG_{i,j} + TF_j\}$ 计算。

当已知各项工作的最迟完成时间 LF_i 或最迟开始时间 LS_i 时，工作的总时差 TF_i 也可按公式 $TF_i = LS_i - ES_i$ 或公式 $TF_i = LF_i - EF_i$ 计算。即：

$$TF_6 = LAG_{6,7} + TF_7 = 1 + 0 = 1$$
$$TF_5 = LAG_{5,6} + TF_6 = 0 + 1 = 1$$
$$TF_4 = LAG_{4,7} + TF_7 = 0 + 0 = 0$$
$$TF_3 = LAG_{3,6} + TF_6 = 9 + 1 = 10$$
$$TF_2 = \min\{LAG_{2,4} + TF_4, LAG_{2,5} + TF_5\} = \min\{0 + 0, 0 + 1\} = 0$$
$$TF_1 = \min\{LAG_{1,2} + TF_2, LAG_{1,3} + TF_3\} = \min\{0 + 0, 0 + 10\} = 0$$

（7）工作自由时差的计算

工作 i 的自由时差 $FF_i = \min\{LAG_{i,j}\}$，即：

$$FF_7 = 0$$
$$FF_6 = LAG_{6,7} = 1$$
$$FF_5 = LAG_{5,6} = 0$$
$$FF_4 = LAG_{4,7} = 0$$
$$FF_3 = LAG_{3,6} = 9$$
$$FF_2 = \min\{LAG_{2,4}, LAG_{2,5}\} = \min\{0, 0\} = 0$$
$$FF_1 = \min\{LAG_{1,2}, LAG_{1,3}\} = \min\{0, 0\} = 0$$

（8）工作最迟完成时间的计算

工作 i 的最迟完成时间 LF_i 应从网络图的终点节点开始，逆着箭线方向依次逐项计算。终点节点 n 所代表的工作的最迟完成时间 LF_n，应按公式 $LF_n = T_p$ 计算；其他工作 i 的最迟完成时间 LF_i 按公式 $LF_i = \min\{LF_j - D_j\}$。即：

$LF_6 = LF_7 - D_7 = 20 - 1 = 19$

$LF_5 = LF_6 - D_6 = 19 - 3 = 16$

$LF_4 = LF_7 - D_7 = 20 - 1 = 19$

$LF_3 = LF_6 - D_6 = 19 - 3 = 16$

$LF_2 = \min\{LF_4 - D_4, LF_5 - D_5\} = \min\{19 - 10, 16 - 6\} = 9$

$LF_1 = \min\{LF_2 - D_2, LF_3 - D_3\} = \min\{9 - 8, 16 - 5\} = 1$

(9) 工作最迟开始时间的计算

工作 i 的最迟开始时间 LS_i 按公式 $LS_i = LF_i - D_i$ 进行计算。即：

$LS_7 = LF_7 - D_7 = 20 - 1 = 19$

$LS_6 = LF_6 - D_6 = 19 - 3 = 16$

$LS_5 = LF_5 - D_5 = 16 - 6 = 10$

$LS_4 = LF_4 - D_4 = 19 - 10 = 9$

$LS_3 = LF_3 - D_3 = 16 - 5 = 11$

$LS_2 = LF_2 - D_2 = 9 - 8 = 1$

$LS_1 = LF_1 - D_1 = 1 - 1 = 0$

计算结果如图 3-42 所示。

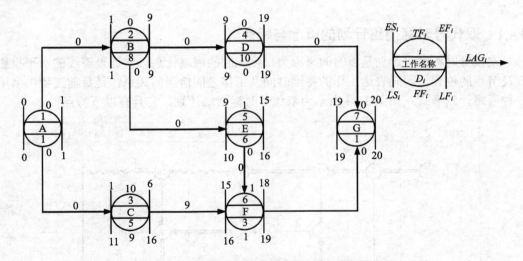

图 3-42 单代号网络计划的时间参数计算结果

3. 关键工作和关键线路的确定

(1) 关键工作的确定。网络计划中机动时间最少的工作称为关键工作。因此，网络计划中工作总时间差最小的工作也就是关键工作。当计划工期等于计算工期时，关键工作总时差为零。

（2）关键线路的确定。单代号网络计划中，将相邻两项关键工作之间的间隔时间为零的关键工作连接起来而形成的自起点节点到终点节点的通路就是关键线路。因此，上例中的关键线路是 1→2→4→7。

4. 单代号网络图与双代号网络图的比较

（1）单代号网络图绘制方便，不必增加虚工作。

（2）单代号网络图具有便于说明，容易被非专业人员理解和修改的优点。

（3）单代号网络图在表达进度计划时，不如双代号网络图形象，特别是应用在带时间坐标网络图中。

（4）双代号网络图在应用电子计算机进行计算和优化时更加简便，这是因为双代号网络图中用两个代号代表一项工作，可直接反映其紧前或紧后工作的关系。而单代号网络图就必须按工作逐个列出其紧前、紧后工作关系，这需占用更多的存储单元。

3.4 双代号时标网络计划

3.4.1 双代号时标网络计划的概念与特点

双代号时标网络计划是以时间坐标为尺度编制的网络计划。它通过箭线的水平投影长度及节点的位置，明确表达工作的持续时间及工作之间恰当的关系，是目前工程中常用的一种网络计划形式。如图 3-43 所示为双代号时标网络计划，它具有以下特点：

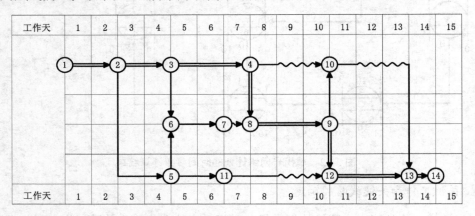

图 3-43 双代号时标网络计划

(1) 能够清楚地展现计划的时间进程；
(2) 双代号时标网络计划中，箭线水平投影长短与时间有关；
(3) 直接显示各项工作的开始与完成时间、工作的自由时差和关键线路；
(4) 可直接显示各工作的时间参数和关键线路，而不必计算；
(5) 由于受到时间坐标的限制，所以时标网络计划不会产生闭合回路；
(6) 可以直接在时标网络图的下方绘出资源动态曲线；
(7) 由于箭线的长度和位置受时间坐标的限制，因而调整和修改不太方便。

3.4.2 双代号时标网络计划的绘制

1. 双代号时标网络计划的绘制要求

(1) 时标网络计划需绘制在带有时间坐标的表格上。双代号时标网络计划的时间单位应根据需要在编制网络计划之前确定，可为时、天、周、月或季；
(2) 时间长度是以节点在时标表上的水平位置及其水平投影长度表示的，与其所代表的时间值相对应；
(3) 箭线宜采用水平段或水平段与垂直段组成的箭线形式，不宜用斜箭线；实工作用实箭线表示，虚工作用虚箭线表示；
(4) 时标网络计划中所有节点在时间坐标上的水平投影位置，都必须与其时间参数相对应。节点中心必须对准相应的时标位置。虚工作必须以垂直方向的虚箭线表示，用水平波形线表示虚工作的自由时差；
(5) 时标网络计划的编制宜在绘制草图后，再进行绘制；
(6) 时标网络计划宜按最早时间编制，以保证进度控制的可靠性。

2. 时标网络计划的绘制方法

时标网络计划一般按工作的最早开始时间绘制。其绘制方法有间接绘制法和直接绘制法。

(1) 间接绘制法

间接绘制法是先计算网络计划的时间参数，再根据时间参数在时间坐标上进行绘制的方法。其绘制步骤和方法如下：

① 先绘制双代号无时标网络图，计算工作或节点时间参数，确定关键工作及关键线路；
② 根据需要确定时间单位并绘制时标坐标系；
③ 将每项工作的箭尾节点按最早开始时间定位在时标表上，其布局应与无时标网络计划基本相当，然后编号。
④ 用实箭线形式绘制出工作持续时间，当某些工作的箭线的长度不足以达到该工作的完成节点时，用波形线补足，箭头画在波形线与节点连接处。

⑤ 用垂直虚箭线表示虚工作，虚工作的自由时差也用水平波形线表示。

【例 3-8】 试将图 3-44 所示双代号网络计划间接绘制成时标网络计划。

【解】 （1）计算网络计划的时间参数，如图 3-44 所示。

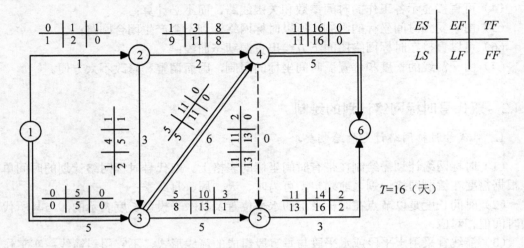

图 3-44 双代号网络计划及时间参数

（2）建立时间坐标体系，如图 3-45 所示。

工作天	1	2	3	4	5	6	7	8	9	10	11	12	13	14	15	16	17
网络计划																	
工作天	1	2	3	4	5	6	7	8	9	10	11	12	13	14	15	16	17

图 3-45 时间坐标体系

（3）根据时标网络计划的时间参数，由起点节点依次将各节点定位于时间坐标的纵轴上，并绘出各节点的箭线及时差。如图 3-46、图 3-47 所示。

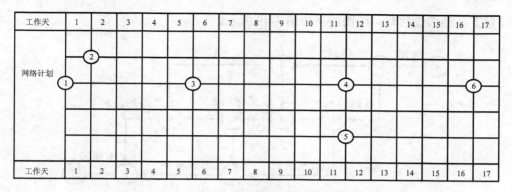

图 3-46　各节点在时标图中的位置

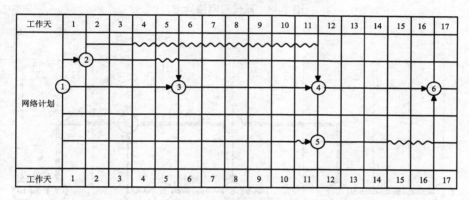

图 3-47　时标网络计划

（2）直接绘制法

直接绘制法是不计算网络计划时间参数，直接在时间坐标上进行绘制的方法。其绘制步骤和方法如下：

① 绘制时标表。
② 将起点节点定位于时标表的起始刻度线上。
③ 按工作的持续时间在时标表上绘制起点节点的外向箭线。
④ 工作的箭头节点必须在其所有的内向箭线绘出以后，定位在这些内向箭线中最晚完成的实箭线箭头处。
⑤ 某些内向实箭线长度不足以到达该箭头节点时，用波形线补足。虚箭线应垂直绘制，如果虚箭线的开始节点和结束节点之间有水平距离时，也以波形线补足；
⑥ 用上述方法自左至右依次确定其他节点的位置。

【例 3-9】　试将图 3-48 所示双代号网络计划直接绘制成时标网络计划。

【解】 绘图过程略，绘图结果如图 3-49 所示。

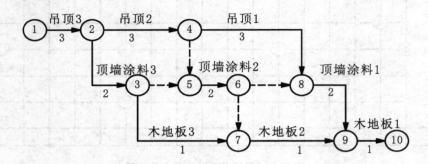

图 3-48 双代号网络计划

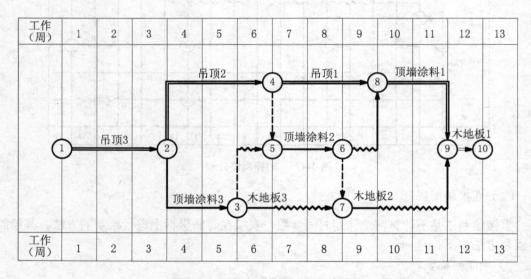

图 3-49 双代号时标网络计划（天）

3.4.3 时标网络计划关键线路与时间参数的判定

1. 关键线路的判定

在时标网络图中，自起点节点至终点节点的所有线路中，未出现波形线的线路，即为关键线路。关键线路应用双线、粗线等加以明确标注。如图 3-49 中的①→②→④→⑤→⑥→⑦→⑨→⑩线路和①→②→④→⑤→⑥→⑧→⑨→⑩线路。

2. 时间参数的确定

（1）计算工期的判定。网络计划的计算工期应等于终点节点所对应时标值与起点节点所对应时标值之差。例如，图 3-49 所示时标网络计划的计算工期为 14－0=14 天。

（2）最早时间的确定。每条箭线箭尾节点所对应的时标值是工作的最早开始时间。箭头节点中心与波形线相连接的实箭线部分右端点所对应的时标值，为该工作的最早完成时间。例如在图 3-49 中，工作③→⑦的最早开始为第 4 天，最早完成时间为第 6 天。

（3）工作自由时差的判定。在时标网络计划中，工作的自由时差等于其波形线在坐标轴上水平投影的长度。如图 3-49 中，工作③→⑦的自由时差为 2 天。

（4）工作总时差的判定。工作总时差的判定应从网络计划的终点节点开始，逆着箭线方向依次进行。

① 以终点节点为完成节点的工作，其总时差为计划工期与本工作最早完成时间之差。即：

$$TF_{i-n}=TP-EF_{i-n}$$

② 其他工作的总时差，等于所有紧后工作总时差的最小值与本工作自由时差之和。即：

$$TF_{i-j}=\min\{TF_{j-k}\}+FF_{i-j}$$

图 3-49 中，工作⑨→⑩的总时差为：

$$TF_{9-10}=TP-EF_{9-10}=14-14=0\text{（天）}$$

图 3-49 中，工作②→③的总时差为：

$$TF_{2-3}=\min\{TF_{3-5},TF_{3-7}\}+FF_{2-3}=\min\{1,2\}+0=1\text{（天）}$$

（5）工作最迟时间的判定

工作最迟完成和最迟开始时间可用以下公式进行计算：

$$LF_{i-j}=EF_{i-j}+TF_{i-j}$$
$$LS_{i-j}=ES_{i-j}+TF_{i-j}$$

图 3-49 中，工作②→③的最迟完成时间为 4＋1=5（天），最迟开始时间为 2＋1=3（天）。

3.5 网络计划的优化

网络计划的绘制和时间参数的计算，只是完成网络计划的第一步，得到的是一种可行方案，但不一定是最优方案，因此就要对网络计划进行优化。

网络计划的优化，就是在满足既定的约束条件下，按某一目标，对网络计划进行不断检查、评价、调整和完善，以寻求最优网络计划方案的过程。网络计划的优化目标应按计划任务的需要和条件选定，一般有工期目标、费用目标和资源目标等。网络计划的优化，按其优化达到的目标不同，一般分为工期优化、费用优化、资源优化。

3.5.1 工期优化

工期优化是指在一定约束条件下，按合同工期目标，通过延长或缩短计算工期以达到合同工期的目标。

1. 计算工期小于或等于合同工期

（1）若计算工期小于合同工期不多或两者相等，一般可不必优化。

（2）若计算工期小于合同工期较多，则宜进行优化。具体优化方法是：首先延长个别关键工作的持续时间，相应变化非关键工作的时差；然后重新计算各工作的时间参数，反复进行，直至满足合同工期为止。

2. 计算工期大于合同工期

（1）基本思路

一般通过压缩关键线路的持续时间来满足工期要求。在优化过程中要注意不能将关键线路压缩成非关键线路，当出现多条关键线路时，必须将各条关键线路的持续时间压缩至同一数值。

在确定需缩短持续时间的关键工作时，应按以下几个方面进行选择：

① 缩短持续时间对质量和安全影响不大的工作；
② 有充足备用资源的工作；
③ 缩短持续时间所需增加的工人或材料最少的工作；
④ 缩短持续时间所需增加的费用最少的工作。

（2）优化步骤

① 求出计算工期并找出关键线路及关键工作。
② 按要求工期计算出工期应缩短的时间目标 ΔT：

$$\Delta T = T_c - T_r$$

式中　T_c——计算工期；
　　　T_r——要求工期。

③ 确定各关键工作能缩短的持续时间。
④ 将应优先缩短的关键工作压缩至最短持续时间，并找出新关键线路。若此时被压缩的工作变成了非关键工作，则应将其持续时间延长，使之仍为关键工作。
⑤ 若计算工期仍超过要求工期，则重复以上步骤，直到满足工期要求或工期已不能再缩短为止。

当采用上述步骤和方法后，工期仍不能缩短至要求工期，则应采用加快施工的技术和组织措施来调整原施工方案，重新编制进度计划。如果属于工期要求不合理，无法满足时，应重新确定要求的工期目标。

【例 3-10】 已知网络计划如图 3-50 所示,箭线下方括号外数字为工作的正常持续时间,括号内数字为工作的最短持续时间;箭线上方括号内数字为优选系数。要求工期为 12 天,试对其进行工期优化(注:压缩时应首选优选系数最小的组合)。

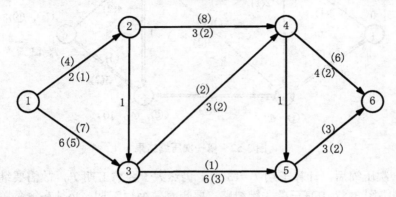

图 3-50 双代号网络图

【优化过程分析】

(1)用标号法找出初始网络计划的计算工期和关键线路。如图 3-51 所示:T_c=15 天,关键线路为:1→3→5→6。

(2)T_r=12 天,故应压缩的工期为 $\Delta T = T_c - T_r = 15 - 12 = 3$(天)

(3)在关键工作 1—3,3—5,5—6 当中,3—5 工作的优选系数最小,应优先压缩。

(4)将关键工作 3—5 的持续时间由 6 天压缩成 3 天,这时的关键线路为 1→3→4→6,不经过 1→3→5→6,故关键工作 3—5 被压缩成非关键工作,这是不合理的。将 3—5 的持续时间压缩到 4 天,这时关键线路有三条,分别为 1→3→5→6,1→3→4→5→6 和 1→3→4→6,如图 3-51 所示,这时关键工作 3—5 仍然为关键工作,所以是可行的。

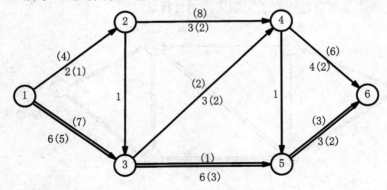

图 3-51 节点标号法确定关键线路

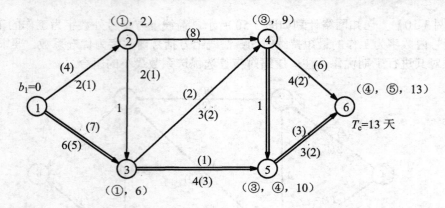

图 3-52 第一次压缩结果

（5）第一次压缩后，计算工期 $T_c=13$ 天，仍然大于要求工期 T_r，故需要继续压缩。

此时，网络图 3-52 中有三条关键线路，要想有效缩短工期，必须在每条关键线路上压缩相同数值。在上图所示网络计划中，有以下三种方案：

① 压缩工作 1—3，优选系数为 7；
② 同时压缩工作 3—4 和 3—5，组合优选系数为：2+1=3；
③ 同时压缩工作 4—6 和 5—6，组合优选系数为：6+3=9。

上述三种方案中，由于同时压缩工作 3—4 和 3—5，组合优选系数最小，故应选择同时压缩工作 3—4 和 3—5 的方案。

（6）将工作 3—4 和 3—5 的持续时间同时压缩 1 天，此时重新用标号法计算网络计划时间参数，关键线路仍为三条，即：1→3→4→6，1→3→4→5→6，1→3→5=6，关键工作 3—4 和 3—5 仍然是关键工作，所以第二次压缩是可行的。

（7）经第二次压缩后，网络计划如图 3-53 所示，此时计算工期 $T_c=12$ 天，满足要求工期 T_r。因此，两次压缩后已达到了工期优化的目标。

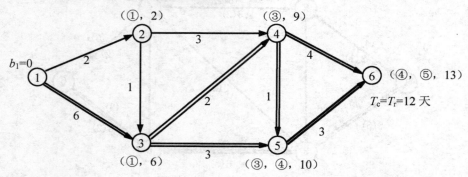

图 3-53 第二次压缩结果

3.5.2 费用优化

在一定范围内,工程的施工费用随着工期的变化而变化,在工期与费用之间存在着最优解的平衡点。费用优化就是寻求最低成本时的最优工期及其相应进度计划,或按要求工期寻求最低成本及其相应进度计划的过程。因此费用优化又叫工期-成本优化。

1. 工程成本与工期的关系

工程的成本包括工程直接费和间接费两部分。直接费包括人工费、材料费和机械费,采用不同的施工方案,工期不同,直接费也不同。间接费包括施工组织管理的全部费用,他与施工单位的管理水平、施工条件、施工组织等有关。在一定时间范围内,工程直接费随着工期的增加而减少,而间接费则随着工期的增加而增大,它们与工期的关系曲线如图3-54所示。工程的总成本曲线是将不同工期的直接费和间接费叠加而成,其最低点就是费用优化所寻求的目标。该点所对应的工期,就是网络计划成本最低时的最优工期。

如图 3-55 中直接费用在一定范围内和时间成反比关系的曲线,因要缩短施工时间,必须要采取措施,如加班加点、增加机械设备等,所以直接费用也随之增加,然而工期缩短存在着一个极限,也就是无论增加多少直接费,也不能再缩短工期,这时存在的极限点称为临界点,此时的工期为最短工期,此时费用叫做最短时间直接费。反之,若延长时间,则可减少直接费,然而时间延长至某一极限,则无论将工期延至多长,也不能再减少直接费。此极限称为正常点,此时的工期称为正常工期,此时的费用称为最低费用或称正常费用。

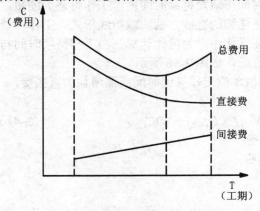

图 3-54 工期-费用关系示意图

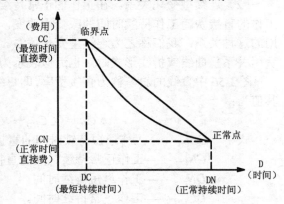

图 3-55 时间与直接费的关系示意图

直接费用曲线实际上并不像图中那样圆滑,而是由一系列线段组成的折线,并且越接近最高费用(极限费用),其曲线越陡。为了简化计算,一般将其曲线近似表示为直线,其斜率称为费用率,它的实际含义是表示单位时间内所需增加的直接费。在网络计划费用优化中,工作的持续时间和直接费之间的关系有两种情况。

（1）非连续型变化关系。工作的持续时间和直接费呈非连续型变化关系，是指计划中二者的关系是相互独立的若干个点或短线，如图3-56所示。

这种关系多属于机械施工方案。当选用不同的施工方案时，产生不同的工期和费用，各方案之间没有任何关系。工作不能逐天缩短，只能在几个方案中进行选择（此处不作重点介绍）。

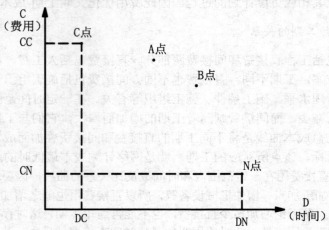

图3-56 非连续型的时间-直接费关系示意图

（2）连续型变化关系。在工作的正常持续时间与最短持续时间内，工作可逐天缩短，工作的直接费随工作持续时间的改变而改变，呈连续的直线、曲线或折线形式。工作与费用的这种关系，我们称之为连续型变化关系。在优化中，为简化计算，当工作持续时间与费用关系呈曲线或折线形式时，也近似表示为直线，如图3-56所示。

图3-56中直线的斜率称为直接费率，即每缩短单位工作持续时间所需增加的直接费，其值为：

$$\Delta C_{i-j} = (CC_{i-j} - CN_{i-j})/(DN_{i-j} - DC_{i-j}) \qquad (3-41)$$

式中 CC_{i-j}——工作最短持续时间的直接费；
CN_{i-j}——工作正常持续时间的直接费；
DN_{i-j}——工作最短持续时间；
DC_{i-j}——工作正常持续时间。

根据上式可推算出在最短持续时间与正常持续时间内，任意一个持续时间的费用。网络计划中，关键工作的持续时间决定着计划的工期值。压缩工作持续时间，进行费用优化，正是从压缩直接费率最低的关键工作开始的（仅针对连续型变化关系作费用优化方法介绍）。

2. 费用优化计算步骤

（1）计算初始网络计划条件下工程网络计划的计算工期和关键线路及所对应的总直接

费、总间接费和总费用。
① 总直接费按原计划正常进行的计划安排进行计算；
② 总间接费按原计划工期进行计算，其值等于间接费率乘以工期；
③ 总费用＝总直接费＋总间接费。
（2）计算各项工作的直接费率。
（3）确定压缩方案，逐步压缩，寻求最优工期。

在关键线路上，选择直接费率（或组合直接费率）最小并且不超过工程间接费率的工作作为被压缩对象。

① 当只有一条关键线路时，按各关键工作直接费率由低到高的次序，确定压缩方案。每一次的压缩值，应保证压缩的有效性，保证关键线路不会变成非关键线路，如果被压缩对象变成了非关键工作，则需适当延长其持续时间，使其刚好恢复为关键工作为止。压缩之后，需重新绘制调整后的网络计划，确定关键线路和工期，计算所对应的总直接费、总间接费和总费用。

② 当有多条关键线路时，各关键线路应同时压缩。以关键工作的直接费率或组合直接费率由低到高的次序，确定依次压缩方案。每一次的压缩值，应保证压缩的有效性，保证关键线路不会变成非关键线路。压缩之后，需重新绘制调整后的网络计划，重新计算和确定网络计划的工期、关键线路和总直接费、总间接费和总费用。

（4）重复上述步骤（3），直至找不到直接费率或组合直接费率不超过工程间接费率的压缩对象为止。此时即求出总费用最低的最优工期。

（5）绘制出优化后的网络计划。计算优化后的总费用，并在每项工作上注明优化的持续时间和相应的直接费用。

【例 3-11】 已知网络计划如图 3-57 所示，箭线下方括号外数字为工作的正常持续时间，括号内数字为工作的最短持续时间；箭线上方括号外数字为正常持续时间时的直接费，括号内数字为最短持续时间时的直接费。费用单位：千元，时间单位：天。如果工程间接费率为 0.8 千元/天，则最低工程费用时的工期为多少天？

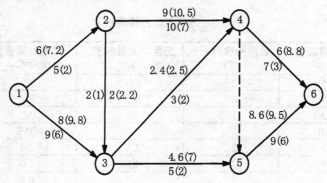

图 3-57 双代号网络图

【解】 (1) 用标号法确定网络计划的计算工期和关键线路,如图 3-58 所示。计算工期 $T_c=24$ 天。

关键线路为:①→②→④→⑤→⑥。

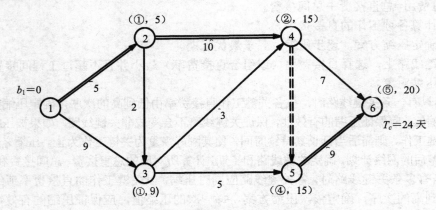

图 3-58 节点标号法确定关键线路

(2) 计算各项工作的直接费率

$$\Delta C_{1-2} = \frac{7.2-6.0}{5-2} = 0.4(千元/天) \quad \Delta C_{1-3} = \frac{9.8-8.0}{9-6} = 0.6 千元/天$$

$$\Delta C_{2-3} = \frac{2.2-2.0}{2-1} = 0.2(千元/天) \quad \Delta C_{2-4} = \frac{10.5-9.0}{10-7} = 0.5 千元/天$$

$$\Delta C_{3-4} = \frac{2.5-2.4}{3-2} = 0.1(千元/天) \quad \Delta C_{3-5} = \frac{7.0-4.6}{5-2} = 0.8 千元/天$$

$$\Delta C_{4-6} = \frac{8.8-6.0}{7-3} = 0.7(千元/天) \quad \Delta C_{5-6} = \frac{9.5-8.6}{9-6} = 0.3 千元/天$$

表 3-5 各项工作直接费用率

工作代号	正常持续时间(天)	最短持续时间(天)	正常时间直接费用(千元)	最短时间直接费用(千元)	直接费用率(千元/天)
①→②	5	2	6.0	7.2	0.4
①→③	9	6	8.0	9.8	0.6
②→③	2	1	2.0	2.2	0.2
②→④	10	7	9.0	10.5	0.5
③→④	3	2	2.4	2.5	0.1
③→⑤	5	2	4.6	7.0	0.8
④→⑥	7	3	6.0	8.8	0.7
⑤→⑥	9	6	8.6	9.5	0.3

(3) 计算工程总费用
① 直接费总和：C_d=6.0+8.0+2.0+9.0+2.4+4.6+6.0+8.6=46.6（千元）；
② 间接费总和：C_i=0.8×24=19.2（千元）；
③ 工程总费用：C_t=Cd+Ci=46.6+19.2=65.8（千元）。
(4) 通过压缩关键工作的持续时间进行费用优化
① 第一次压缩
由图 3-58 可知，有以下 3 个压缩方案：
- 压缩工作 1—2，直接费用率为 0.4 千元/天；
- 压缩工作 2—4，直接费用率为 0.5 千元/天；
- 压缩工作 5—6，直接费用率为 0.3 千元/天。上述三种压缩方案中，由于工作 5—6 的直接费用率最小，故应选择工作 5—6 作为压缩对象。

将工作 5—6 的持续时间压缩 3 天，这时工作 5—6 将变成非关键工作，故将其压缩 2 天，使其恢复为关键工作。第一次压缩后的网络计划如图 3-59 所示。用标号法计算网络计划的计算工期为 T_c=22 天，图 3-59 中的关键线路有两条，即：1→2→4→5→6 和 1→2→4→6。

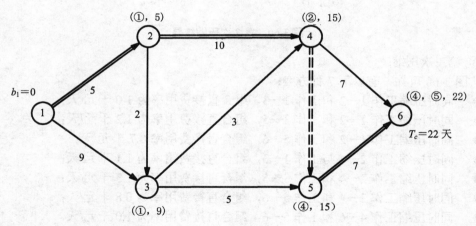

图 3-59 第一次压缩结果

② 第二次压缩
从图 3-59 可知，有以下 3 种压缩方案：
- 压缩工作 1—2，直接费用率为 0.4 千元/天；
- 压缩工作 2—4，直接费用率为 0.5 千元/天；
- 同时压缩工作 4—6 和工作 5—6，组合直接费用率为：0.7+0.3=1.0 千元/天。故应选择直接费用率最小的工作 1—2 作为压缩对象。

将工作1—2的持续时间压缩至最短（2天），将会使工作1—2变成非关键工作，同时，将工作1—2的持续时间压缩至3天，也会使其变成非关键工作，故只能将工作1—2压缩1天。压缩后用标号法计算网络计划时间参数，如图3-60所示。即计算工期T_c=21天，关键线路有三条：1→2→4→6和1→2→4→5→6及1→3→5→6。

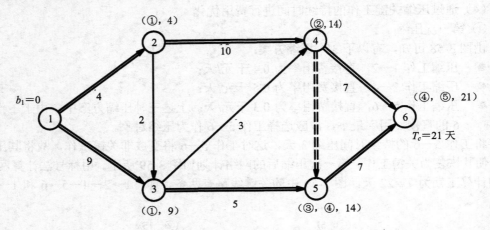

图3-60 第2次压缩结果

③ 第三次压缩

从图3-60可知，有以下7种方案：
- 同时压缩工作1—2和工作1—3，组合直接费用率为1.0千元/天；
- 同时压缩工作1—2和工作3—5，组合直接费用率为1.2千元/天；
- 同时压缩工作1—2和工作5—6，组合直接费用率为0.7千元/天；
- 同时压缩工作2—4与工作1—3，组合直接费用率为1.1千元/天；
- 同时压缩工作2—4和工作3—5，组合直接费用率为1.3千元/天；
- 同时压缩工作2—4和工作5—6，组合直接费用率为0.8千元/天；
- 同时压缩工作4—6和工作5—6，组合直接费用率为1.0千元/天。

上述7种压缩方案中，方案③组合直接费用率最小，故选择此方案。

将工作1—2和工作5—6的持续时间同时压缩1天，压缩后它们仍然是关键工作，故可行。压缩后用标号法计算网络计划时间参数如图3-61所示。即计算工期T_c=20天，关键线路有两条：1→2→4→6和1→3→5→6。

④ 第四次压缩

从图3-61可知，由于工作5—6不能再压缩，故有以下6种方案：
- 同时压缩工作1—2和工作1—3，组合直接费用率为1.0千元/天；
- 同时压缩工作1—2和工作3—5，组合直接费用率为1.2千元/天；

- 同时压缩工作 2—4 和工作 1—3，组合直接费用率为 1.1 千元/天；
- 同时压缩工作 2—4 和工作 3—5，组合直接费用率为 1.3 千元/天；
- 同时压缩工作 4—6 和工作 1—3，组合直接费用率为 1.3 千元/天；
- 同时压缩工作 4—6 和工作 3—5，组合直接费用率为 1.5 千元/天。

上述 6 种方案的组合直接费用率均大于间接费用率 0.8 千元/天，说明继续压缩会使工程总费用增加，因此优化方案已结束，优化后的网络计划如图 3-62。图中箭线上方括号中数字为工作的直接费。

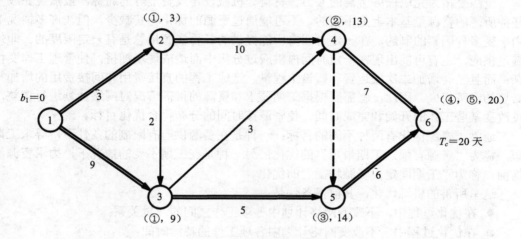

图 3-61　第 3 次压缩结果

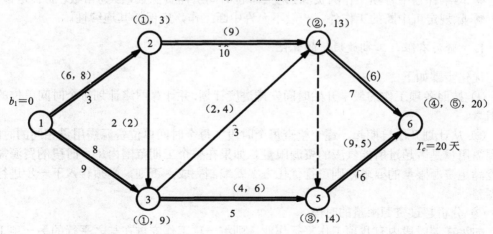

图 3-62　第 4 次压缩结果

（5）计算优化后的工程总费用

① 直接费总和：$C_{do}=6.8+9+8+2+2.4+4.6+9.5+6=48.3$（千元）；

② 间接费总和：$C_{io}=0.8×20=16$（千元）；

③ 工程总费用：$C_{to}=C_{do}+C_{io}=48.3+16.0=64.3$（千元）。

3.5.3 资源优化

资源是指为完成任务所需的人力、材料、机械设备及资金等的通称。虽然说完成一项任务所需的资源量基本上是不变的，不可能通过资源的优化将其减少，但在许多情况下，由于受多种因素的制约，在一定时间内所能提供的各种资源量总是有一定限度的。即使能满足供应，也有可能出现在一定时间内供应过分集中而造成现场拥挤，使管理工作变得复杂；而且还会增加二次搬运费和暂设工程量，造成工程的直接费用和间接费用的增加等不必要的经济损失。因此，就需要根据工期要求和资源的供需情况对网络计划进行调整，通过改变某些工作的开始和完成时间，使资源按时间的分布符合优化目标。

通常，资源优化有两种不同的目标：一种是在资源供应有限制的条件下，寻求工期最短，称为"资源有限，工期最短"的优化；另一种是在工期不变的情况下，力求资源消耗均衡，称为"工期固定，资源均衡"的优化。

这里所讲的资源优化，其前提条件是：
- 在优化过程中，不改变网络计划中各项工作之间的逻辑关系；
- 在优化过程中，不改变网络计划中各项工作的持续时间；
- 网络计划中各项工作的资源强度（单位时间所需资源数量）为常数，而且是合理的；
- 除规定可中断的工作外，一般不允许中断工作，应保持其连续性。

1. "资源有限，工期最短"的优化

优化步骤如下：

① 按照各项工作的最早开始时间安排进度计划,并计算网络计划每个时间单位的资源需用量。

② 从计划开始日期起，逐个检查每个时段（每个时间单位资源需用量相同的时间段）资源需用量是否超过所能供应的资源限量。如果在整个工期范围内每个时段的资源需用量均能满足资源限量的要求，则可行优化方案就编制完成；否则，必须转入下一步进行计划的调整。

③ 分析超过资源限量的时段。

如果在该时段内有几项工作平行作业，则将一项工作安排在与之平行的另一项工作之后进行，以降低该时段的资源需用量。

对于两项平行作业的工作 m 和工作 n 来说，为了降低相应时段的资源需用量，现将工

作 n 安排在工作 m 之后进行，如图 3-63 所示。如果将工作 n 安排在工作 m 之后进行，网络计划的工期延长值为：

$$\Delta T_{m,n}=EF_m+D_n-LF_n=EF_m-(LF_n-D_n)=EF_m-LS_n \qquad (3-42)$$

式中　$\Delta T_{m,n}$——将工作 n 安排在工作 m 之后进行时网络计划的工期延长值；

EF_m——工作 m 的最早完成时间；

D_n——工作 n 的持续时间；

LF_n——工作 n 的最迟完成时间；

LS_n——工作 n 的最迟开始时间。

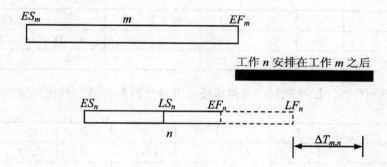

图 3-63　m, n 两项工作的排序

在有资源冲突的时段中，对平行作业的工作进行两两排序，即可得出若干个 $\Delta T_{m,n}$，选择其中最小的 $\Delta T_{m,n}$，将相应的工作 n 安排在工作 m 之后进行，既可降低该时段的资源需用量，又使网络计划的工期延长最短。

④ 对调整后的网络计划安排重新计算每个时间单位的资源需用量。

⑤ 重复上述步骤②、③、④，直至网络计划整个工期范围内每个时间单位的资源需用量均满足资源限量为止。

2. "工期固定，资源均衡" 的优化

安排建设工程进度计划时，需要使资源需用量尽可能地均衡，使整个工程每单位时间的资源需用量不出现过多的高峰和低谷，这样不仅有利于工程建设的组织与管理，而且可以降低工程费用。理想状态下的资源曲线是平行于时间坐标的一条直线，即单位时间的资源需要量保持不变。工期固定，资源均衡的优化，即是通过控制单位时间的资源需要量，减少短时期的高峰或低谷，尽可能使实际曲线近似于平均值的过程。"工期固定，资源均衡"的优化方法有多种，如方差值最小法、极差值最小法、削高峰法等（具体方法参见相关书籍，此处不再叙述）。

3.6 复习思考题

1. 什么是双代号和单代号网络图？
2. 组成双代号网络图的三要素是什么？试述各要素的含义和特征。
3. 什么叫虚箭线？它在双代号网络中起什么作用？
4. 什么叫线路、关键工作、关键线路？
5. 根据下列资料，试绘制双代号网络图，并计算时间参数，找出关键路线。

工作	A	B	C	D	E	F	G	H
紧前工作	—	A	B	B	B	C、D	C、E	F、G
持续时间	1	3	1	6	2	4	2	1

6. 根据下列资料，试绘制双代号网络图，并计算时间参数，找出关键路线。

工作	A	B	C	D	E	F	G	H
紧前工作	—	A	A	A	B、C	C	C、D	E、F、G
持续时间	2	3	4	5	6	3	4	9

7. 已知网络计划如图 3-64 所示，箭线下方括号外为正常持续时间，括号内为最短持续时间，箭线上方括号内为优先选择系数。要求目标工期为 12 天，试对其进行工期优化。

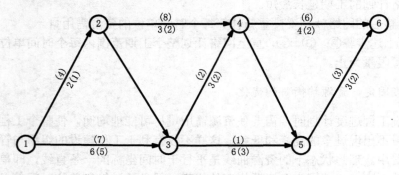

图 3-64

第 4 章 单位装饰工程施工组织设计

单位装饰工程施工组织设计是规划和指导拟建装饰工程从施工准备到竣工验收全过程的技术经济文件。它是装饰施工前的一项重要准备工作，也是施工企业实现科学管理的重要手段，它既要体现拟建装饰工程的设计和使用要求，又要符合建筑装饰施工的客观规律，且对装饰施工的全过程起到总的安排和部署的作用。

4.1 单位工程装饰工程施工组织设计编制的依据和程序

4.1.1 单位装饰工程施工组织设计的编制依据

（1）装饰工程施工组织总设计。因单位装饰工程是整个建筑装饰群的一个组成部分，因此单位装饰工程施工组织设计必须按照建设装饰工程施工组织总设计的有关内容、各项指标和进度要求进行编制，不得与总设计要求相矛盾和冲突。

（2）装饰工程施工合同。装饰工程施工合同中包含了装饰工程的范围和内容，工程开、竣工日期，工程质量保修及保养条件，工程造价，工程价款的支付、结算及交工验收办法，设计文件及概算和技术资料的提供日期，材料和设备的供应和进场期限，双方相互协作事项，违约责任等。因此，我们编制的单位装饰工程施工组织设计必须满足其要求。

（3）装饰工程施工图样及有关说明。装饰工程必须按图施工，因此装饰工程施工图样及有关说明是其施工的基本依据和条件。其中包括单位装饰工程的全部施工图纸、会审记录和标准图等有关设计资料；对于较复杂的装饰装修工程，还应包括水、电、暖等管线对装饰装修工程施工的要求及设计单位对新材料、新结构、新技术、新工艺的要求。

（4）装饰工程施工的预算文件及有关定额。确定施工进度计划时，必须依据分部、分项工程量，必要时应有分层、分段或分部位的工程量及预算定额和施工定额。

（5）装饰工程的施工条件。包括自然条件和施工现场条件。自然条件包括大气对装饰材料的理化、老化、干湿温变作用，主导风向、风速、冬雨季时间对施工的影响。施工现场条件主要有水电供应条件，劳动力及材料、构配件供应情况，主要施工机具配备情况，现场有无可利用的临时设施等。

（6）水、电、暖、卫系统进场时间及对装饰装修工程施工的要求。

（7）有关规定、规程、规范、手册等技术资料。

(8) 业主单位对工程的意图和要求。
(9) 有关参考资料及类似工程的施工组织设计实例。

4.1.2 单位装饰工程施工组织设计的编制程序

单位装饰工程施工组织设计的编制程序（如图 4-1 所示），是指对其各组成部分形成的先后次序及相互之间的制约关系的处理。由于单位装饰工程施工组织设计是装饰施工单位用于指导装饰施工的文件，必须结合具体工程实际，在编制前应会同有关部门和人员，在调查研究的基础上，共同研究和讨论其主要的技术措施和组织措施。

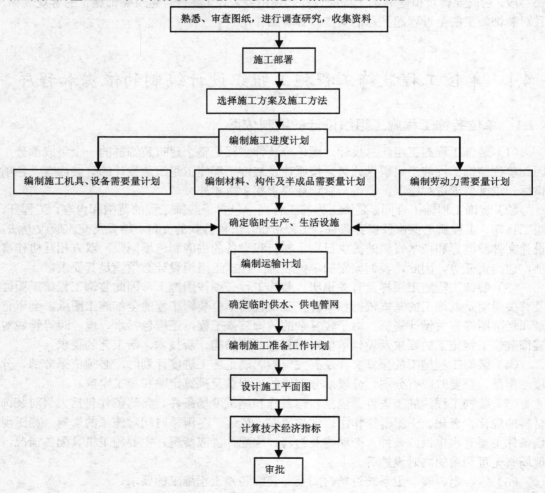

图 4-1 单位装饰工程施工组织设计的编制程序

4.1.3 单位装饰工程施工组织设计的主要内容

（1）工程概况。在工程概况中应简要说明本装饰工程的性质、规模、装饰地点、装饰面积、施工期限以及气候条件等情况。

（2）施工方案。施工方案的选择是依据工程概况、人力、材料、机械设备，全面安排施工任务和施工顺序等条件，确定主要工种的施工方法，并对拟建工程可能采用的几种方案进行定性、定量的分析，选择最佳方案。

（3）施工进度计划。施工进度计划是反映最佳方案在时间上的全面安排，并采用优化的方法，使工期、成本、资源等方面既达到既定目标的要求，又是最优的时间计划安排。

（4）施工准备工作及各项资源需用量计划。施工准备工作是完成单位工程施工任务的重要环节，也是单位工程施工组织设计中的一项重要内容。施工准备工作是贯穿整个施工过程的，施工准备工作的计划包括技术准备、现场准备及劳动力、材料、机具和加工半成品的准备等。

各项资源需用量计划包括材料、设备需用量计划、劳动力需用量计划、构件和加工成品、半成品需用量计划、施工机具设备需用量计划及运输计划。每项计划必须有数量及供应时间。

（5）施工平面图。施工平面图是施工方案及进度在空间上的全面安排。它是将投入的各项资源和生产、生活场地合理地布置在施工现场，使整个现场有组织、有计划地文明施工。

（6）主要技术组织措施。技术组织措施是指在技术和组织方面对保证工程质量、安全、节约和文明施工所采用的方法。制定这些措施是施工组织设计编制者的创造性的工作。主要技术组织措施包括保证质量措施、保证安全措施、成品保护措施、保证进度措施、消防措施、保卫措施、环保措施、冬雨季施工措施等。

（7）主要技术经济指标。主要技术经济指标是对确定施工方案及施工部署的技术经济效益进行全面的评价，用以衡量组织施工的水平。

（8）结束语。

4.1.4 单位装饰工程施工组织设计的编制原则

（1）认真贯彻党和国家对工程建设的各项方针和政策，严格执行建设程序。

（2）在充分调研的基础上，遵循施工工艺规律、技术规律及安全生产规律，合理安排施工程序及施工顺序。

（3）采用国内外先进施工技术，科学地确定施工方案，积极采用新材料、新设备、新工艺和新技术，努力提高产品质量水平。

（4）全面规划，统筹安排，保证重点，优先安排控制工期的关键工程，确保合同工期。

（5）充分利用现有机械设备，扩大机械施工范围，提高机械化程度，改善劳动条件，提高劳动效率。

（6）合理布置现场施工平面，尽量减少临时工程，减少施工用地，降低工程成本。

（7）采用流水施工和网络计划技术安排施工进度，以保证进度控制的便利。

（8）坚持质量和安全第一的基本原则，科学安排冬、雨季项目施工，保证施工能连续、均衡、有节奏地进行。

4.2 工程概况及施工特点分析

装饰工程施工组织设计中的"工程概况"是总说明部分，是对拟装饰工程所作的一个简明扼要、重点突出的文字介绍。有时为了弥补文字介绍的不足，还可以附图或采用辅助表格加以说明。在装饰工程施工组织设计中，应重点介绍本工程的特点。工程概况的内容主要包括以下几个方面。

（1）装饰工程概况。主要介绍拟进行装饰工程的建设单位、工程名称、性质、用途、资金来源及工程投资额、开、竣工日期、设计单位、施工单位、施工图纸情况、施工合同、拟装饰建筑物的高度、层数、建筑面积、本单位装饰装修工程的范围、装饰标准、主要装饰工作量、主要的饰面材料、装饰设计的风格、与之配套的水、电、暖主要项目、开竣工时间及相关部门的有关文件或要求，以及组织施工的指导思想。

（2）建筑地点的特征。应介绍装饰装修工程的位置，地形、环境、气温、冬雨期施工时间、主导风向、风力大小等。如果本项目只是承接了该建筑的一部分装饰，则应注明拟装饰装修工程所在的层、段。

（3）施工条件。包括装饰装修现场条件、材料成品、半成品、施工机械、运输车辆、劳动力配备和施工单位的技术管理水平，业主提供的现场临时设施情况等。

4.3 施工方案的选择

施工方案是施工组织设计的核心。所确定的施工方案是否合理，不仅影响到施工进度的安排和施工平面图的布置，而且将直接关系到工程的施工效率、质量、工期和技术经济效果。因此，必须足够重视施工方案的选择。施工方案的选择要根据工期要求，材料、设备、机具和劳动力的供应情况，以及协作单位配合条件和其他现场条件进行综合考虑。为防止施工方案的片面性，必须对拟定的几个施工方案进行技术分析选择，使选定的施工方案在施工上可行，技术上先进，经济上合理，且符合施工现场的实际情况。

4.3.1 施工方案选择的基本原则

选择施工方案必须从实际出发,结合施工特点,做好深入细致的调查研究,掌握主、客观情况,进行综合分析比较,一般选择的基本原则如下。

1. 综合性原则

装饰施工方案要考虑多种因素,经过认真分析,才能确定最佳方案,以达到加快施工速度和提高施工质量及节约成本的目的,这就是综合性原则的实质。它主要表现在:

(1) 建筑装饰工程施工的目的性。建筑装饰工程施工的基本要求是满足一定的使用、保护和装饰要求。根据建筑类型和部位的不同,装饰设计的目的也不同,因而引起的施工目的也不同。例如,剧院的观众大厅除了满足美观舒适外,还有吸声、不发生声音的聚焦现象、无回音等要求。装饰工程中有特殊使用要求的部位很多,在施工前应充分了解所装饰工程的用途,了解装饰的目的是确定施工方法的前提。

(2) 建筑装饰工程施工的地点性。装饰工程施工的地点性包括两个方面,一是建筑物所处地区在城市中的位置,二是建筑装饰施工的具体部位。地区所处的位置对装饰工程施工的影响主要在于交通运输条件、市容整洁的要求、气象条件、等等。例如,温度变化影响到饰面材料的选用、做法;地理位置所造成的太阳高度角的不同将影响遮阳构件形式。装饰施工的部位不同也与施工有直接的联系。根据人的视平线、视角、视距的不同,装饰部位的精细程度可以不同,如近距离要做得精细些,而视距较大的装饰部位宜做得粗犷有力,室外高处的花饰要加大尺度,线脚的凹凸变化要明显以加强阴影效果。

2. 耐久性原则

建筑装饰并不要求建筑装饰与主体结构的寿命一样长,一般要求维持3~5年,对于性质重要、位置重要的建筑或高层建筑,饰面的耐久性应相对长些,对量大面广的建筑则不要求过严。室内外装饰材料的耐久年限与其装饰部位有很大关系,必须在施工中加以注意。影响装饰耐久性的主要因素有:

(1) 大气的理化作用。大气的理化作用主要包括冻融作用、干湿温变作用、老化作用,等,这些都将长期侵蚀建筑装饰表面,使建筑的内外表面、悬吊构件等逐渐失去作用以至损坏。因此,我们在施工做法的选择上应尽可能避免这些不利影响,如冬季对外墙进行装饰施工,在湿度较大的情况下,防止冻融破坏的措施有:选用抗冻性能好的材料;改善施工做法,在外饰面与墙体结合层采取加胶、加界面剂和挂网的方法。抹灰的外表面不宜压光,用木抹子搓出小麻面并设分格线,使其在冻结温度前排出湿气。

(2) 物体冲击、机械磨损的作用。建筑装饰的内外表面会因各种各样的活动而遭到破坏,对于易受损坏的地方,要加强成品的保护,保证施工质量,合理安排施工顺序,如镜面工程应放在后面,以防成品遭碰撞而破坏。

3. 可行性原则

建筑装饰工程施工的可行性原则包括材料的供应情况（本地、外地）、施工机具的选择、施工条件（季节条件、场地条件、施工技术条件）以及施工的经济性等。

4. 先进性原则

建筑装饰工程施工的特点之一是同一个施工过程有不同的施工方法，在选择时要考虑施工方法在技术上和组织上的先进性，尽可能采用工厂化、机械化施工；确定工艺流程和施工方案时，尽量采用流水施工。

5. 经济性原则

由于建筑装饰工程施工做法的多样化，不同的施工方法，其经济效果也不同，因此，施工方案的确定要建立在几个不同而又可行方案的比较分析上，对方案要作技术经济比较，选出最佳方案。在考虑多工种交叉作业时，既需注意避免劳动力的过分集中而出现材料、劳动力的高峰现象，又要避免工作面的相互干扰，从而做到连续、均衡的施工，最大限度地利用时间和空间组进行施工。认真研究并确定装饰材料各层的配套堆放位置、数量、进场时间，减少材料的倒运，降低成本。对施工方法和施工工艺的选择，尽量采用新技术、新工艺，以提高整个工程的经济效果。

4.3.2 施工方案选择的程序

建筑装饰工程施工方案的选择的基本内容，一般应包括：确定施工程序、确定施工起点流向、确定施工顺序、选择施工方法和施工机械等。建筑装饰工程施工方案的选择是一个综合、全面地分析和对比决策过程，既要考虑施工的技术措施，又必须考虑相应的施工组织措施。

1. 确定施工程序

施工程序是指在建筑装饰工程施工过程中，不同施工阶段的不同工作内容按照其固有的、一般情况下不可违背的先后次序循序渐进地向前开展的顺序。建筑装饰工程的施工总的程序一般有：先室外后室内、先室内后室外或室内外同时进行三种情况。选择哪一种施工程序，要根据气候条件、工期要求、劳动力的配备情况等因素进行综合考虑。如在室内装饰施工时一般是先做墙面及顶面，后做地面及踢脚，但也要根据各部位选用材料、做法的不同进行适当的调整。

2. 确定施工起点流向

施工起点流向是指单位工程在平面或空间上开始施工的部位及其流动方向，主要取决于合同的规定、保证质量和缩短工期等的要求。一般来说，单层建筑要定出分段施工在平面上的施工流向，多层及高层建筑除了要定出每一层在平面上的流向外，还要定出分层施工的流向。确定施工流向时，一般应考虑以下几个因素。

（1）施工方法是确定施工流向的关键因素。如对外墙进行施工时，当采用石材干挂时，施工流向是从下向上，而采用喷涂时则自上而下。

（2）单位工程各部位的繁简程度。一般对技术复杂、施工进度较慢、工期较长的施工段或部位应先施工。

（3）材料对施工流向的影响。同一个施工部位采用不同材料施工的施工流向也不尽相同，如当地面采用石材，墙面裱糊时，则施工流向应先地面后墙面；当地面铺实木，墙面用涂料时，施工流向则变为先墙面后地面。

（4）用户对生产和使用的需要。对要求急的应先施工，在高级宾馆的装修改造过程中，往往采取施工一层（或一段）交付一层（或一段），以满足企业经营的要求。

（5）设备管道的布置系统。应根据管道的系统布置，考虑施工流向。如上下水系统，要根据干管的布置方法来考虑流水分段，确定工程流向，以便于分层安装支管及试水。

（6）施工技术和施工组织的要求。

（7）主导施工机械的工作效率以及主导施工过程的分段情况。

在确定施工起点流向时除了考虑上述因素外，必要时还应考虑施工段的划分、组织施工的方式、施工工期等因素。

建筑装饰工程施工的流向一般可分为水平流向和竖向流向，装饰工程从水平方向看，通常从哪一个方向开始都可以，但竖向流程比较复杂，特别是对于新建工程的装饰装修。

室外工程根据材料和施工方法的不同，分别采用自上而下、自下而上及自中而下再自上而中的流水施工方案，一般不分层。

室内装饰工程有自上而下、自下而上以及自中而下再自上而中的流水施工方案。

（1）自上而下

室内装饰工程自上而下的流水施工方案是指主体结构工程封顶、做好屋面防水层后，从顶层开始，逐层向下进行，一般有水平向下进行（图4-2（a））和垂直向下进行（图4-2（b））两种形式。

自上而下流向的优点如下：

① 易于保证质量。新建工程的主体结构完成后，有一定的沉降时间，能保证建筑装饰工程的施工质量；做好屋面防水层，可防止在雨季施工时因雨水渗漏而影响施工质量。

② 便于管理。可以减少或避免各工序之间的交叉干扰，便于组织施工；易于从上向下清理装饰工程施工现场的建筑垃圾，有利于安全施工。

自上而下流向的缺点如下：

① 施工工期较长。

② 不能与主体搭接施工，要等主体结构完工后才能进行建筑装饰工程施工。自上而下

的施工流向适用于质量要求高、工期较长或有特殊要求的工程。如对高层酒店、商场进行改造时，采用此种流向，从顶层开始施工，紧下一层作为间隔层，停业面积小，将不会影响大堂的使用和其他层的营业；对上下水管道和原有电器线路进行改造，自上而下进行，一般只影响施工层，对整个建筑的影响较小。

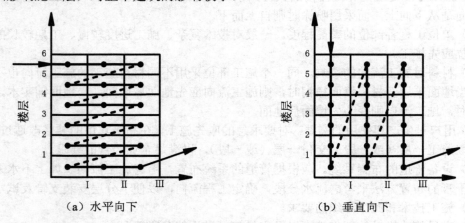

图 4-2　室内装饰工程自上而下的流向

（2）自下而上

室内装饰工程自下而上的流水施工方案是指主体结构施工到三层以上时（有两个层面楼板，确保底层施工安全），装修从底层开始逐层向上的施工流向。同样有水平向上（图4-3（a））和垂直向上（图4-3（b））两种形式。

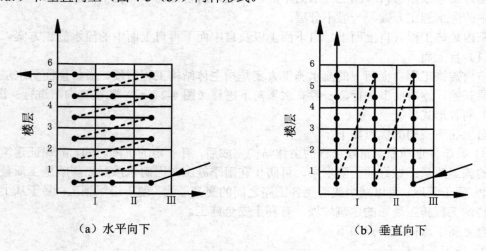

图 4-3　室内装饰工程自下而上的流向

自下而上流向的优点如下。
① 工期短。装饰装修工程可以与主体结构平行搭接施工。
② 工作面扩大。
自下而上流向的缺点如下。
① 增大了组织施工的难度,不易于组织和管理,工序之间交叉多。
② 影响质量和安全的因素增加。例如,为了防止施工用水渗漏,宜先对上层楼面进行处理,再对本层进行装饰施工,以免渗水影响装饰质量。
自下而上的施工流向适用于工期要求紧,特别适用于高层和超高层建筑工程,该类建筑在结构工程还在进行时,底层已装饰完毕,可投入运营,业主提前获得了经济效益。
(3) 自中而下,再自上而中
自中而下,再自上而中的施工流向(图 4-4(a)Ⅱ、Ⅲ)和垂直向上(图 4-4(b)),综合了上述两者的优缺点,适用于新建工程的高层建筑装饰工程。

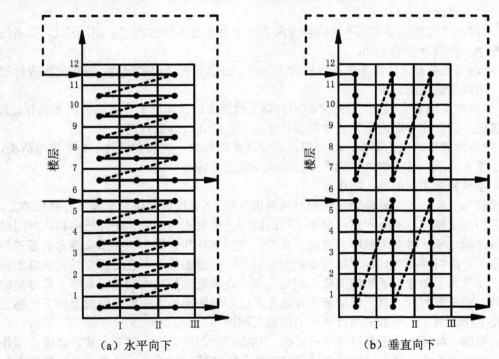

图 4-4 室内装饰工程自中而下再自上而中的流向

3. 确定施工顺序

施工顺序是指分项工程或工序之间的先后次序,它的确定可以使工程按照客观的施工规律组织施工，能解决工种之间在时间上的搭接和空间上的利用问题。

（1）确定施工顺序的基本原则

① 符合施工工艺的要求。这种要求反映了施工工艺上存在的客观规律和相互制约关系，一般是不能违背的。如吊顶工程必须先固定吊筋，再安装主次龙骨，裱糊工程要先进行基层的处理，再实施裱糊。

② 房间的使用功能和施工方法要协调一致。如卫生间的改造施工顺序一般是：旧物拆除→改上下水管道→改管线→地面找坡→安门框……，大厅的施工顺序一般是：搭架子→墙内管线→石材墙柱面→顶棚内管线……

③ 考虑施工组织的要求。如油漆和安装玻璃的顺序，可以先安装玻璃后油漆，也可先油漆后安装玻璃，但从施工组织的角度看，后一种方案比较合理，这样可以避免玻璃被油漆污染。

④ 考虑施工质量的要求。如对于装饰抹灰，面层施工前必须检查中层抹灰的质量，合格后进行洒水湿润。

⑤ 考虑施工工期的要求。不同的装饰施工顺序会导致不同的施工工期，因此，要通过合理的排序，得到理想的工期。

⑥ 考虑气候条件。如在冬季或风沙较大地区，必须先安装门窗玻璃，再对室内进行装饰施工，用以保温或防污染。

⑦ 考虑施工的安全因素。如外立面的装饰工程施工应在无屋面作业的情况下进行；大面积油漆施工应在作业面附近无电焊的条件下进行，防止气体被点燃。

⑧ 设备对施工流向的影响。如外墙进行玻璃幕墙装饰，安装立筋时，如果采用滑架，一般从上往下安装，若采用满堂脚手架；则从下往上安装。

（2）建筑装饰工程的施工顺序

建筑装饰工程分为室外装饰工程和室内装饰工程。要安排好立体交叉和平行搭接施工，确定合理的施工顺序。室外和室内装饰工程的顺序一般有先内后外、先外后内和内外同时进行，具体确定哪一种施工顺序应视施工条件、气候条件和合同工期要求来确定。通常外装饰湿作业、涂料等施工过程应尽可能避开冬雨季；高温条件下不宜安排室外金属饰面板的施工；如果为了加速脚手架的周转，缩短工期，则采取先外后内的施工顺序。室外装饰工程的施工顺序有两种：对于外墙湿作业施工，除石材墙面外，一般采用自上而下的施工顺序；而干作业施工，一般采用自下而上的施工顺序。

室内装饰工程施工的主要内容有：顶棚、地面、墙面的装饰，门窗安装、油漆、制作家具以及相配套的水、电、风口的安装和灯饰洁具的安装。其施工劳动量大、工序繁杂，施工顺序应根据具体条件来确定，基本原则是："先湿作业、后干作业"，"先墙顶、后地面"，"先管线、后饰面"。室内装饰工程的一般施工顺序见图4-5。

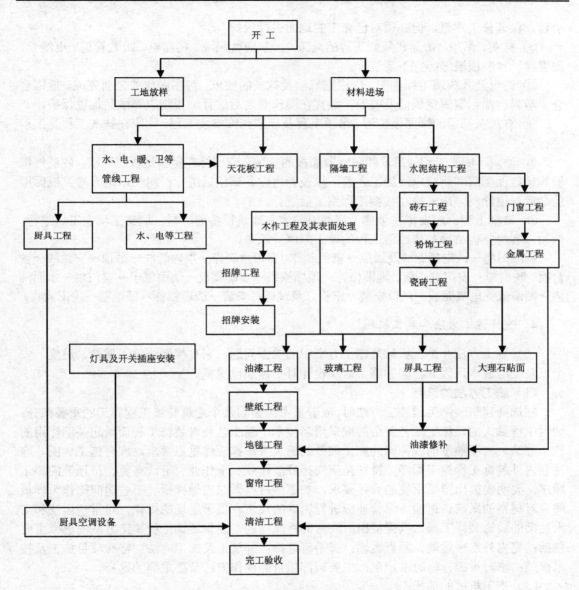

图 4-5 室内装饰工程的一般施工顺序

① 室内顶棚、墙面及地面。室内同一房间的装饰工程施工顺序一般有两种：一是顶棚→墙面→地面，这种施工顺序可以保证连续施工，但在做地面前必须将天棚和墙面上的落地灰和渣滓处理干净，否则将影响地面面层和基层之间的黏结，造成地面起壳现象，且做地面时的施工用水可能会污染已装饰的墙面；二是地面→墙面→顶棚，这种施工顺序易于

清理，保证施工质量，但必须对已完工的地面进行保护。

② 抹灰、吊顶、饰面和隔断工程的施工。一般应待隔墙、门窗框、暗装管道、电线管、预埋件、预制板嵌缝等完工后进行。

③ 门窗及其玻璃工程施工。应根据气候及抹灰的要求，可在湿作业之前完成。但铝合金、塑料、涂色镀锌钢板门及玻璃工程宜在湿作业之后进行，否则应对成品加以保护。

④ 有抹灰基层的饰面板工程、吊顶工程及轻型花饰安装工程，均应在抹灰工程完工后进行。

⑤ 涂料、刷浆工程、吊顶和隔断罩面板的安装。应安排在塑料地板、地毯、硬质纤维板等楼地面面层和明装电线施工之前，以及管道设备试压后进行；对于木地（楼）板面层的最后一道涂料，应安排在裱糊工程完工后进行。

⑥ 裱糊工程。应安排在顶棚、墙面、门窗及建筑设备的涂料、刷浆工程完工后进行。

例如，客房室内装饰装修改造工程的施工顺序一般是：

拆除旧物→改电器管线及通风→壁柜制作、窗帘盒制作→顶内管线→吊顶→安角线→窗台板、暖气罩→安门框→墙、地面修补→顶棚涂料→安踢脚板→墙面腻子→安门扇→木面油漆→贴墙纸→电气面板、风口安装→床头灯及过道灯安装→清理修补→铺地毯→竣工验收。

4．选择施工方法和施工机械

选择施工方法和施工机械是施工方案中的关键问题，它直接影响施工质量、进度、安全以及工程成本，因此在编制施工组织设计时必须加以重视。

（1）施工方法的选择

在选择建筑装饰工程施工方法时，应着重考虑影响整个建筑装饰工程施工的重要部分；如对工程量大的，施工工艺复杂的或采用新技术、新工艺及对装饰工程质量起关键作用的施工方法，对不熟悉的或特殊的施工细节的施工方法都应作重点要求，应有施工详图。应注意内外装饰工程施工顺序，特别是应安排好湿作业、干作业、管线布置、吊顶等的施工顺序。要明确提出样板制度的具体要求，如哪些材料做法需做样板、哪些房间需作为样板间。对材料的采购、运输、保管亦应进行明确的规定，便于现场的操作；对常规做法和工人熟悉的装饰装修工程，只需提出应注意的特殊问题。建筑装饰工程施工方法的选择主要包括：室内外水平运输、垂直运输；脚手架选择；外加工及加工方法；特殊项目施工及技术措施；临时设施、临时水、电；主要装饰项目的操作方法及要求等的选择。

（2）施工机械的选择

施工机具是建筑装饰工程施工中保证质量和工效的基本条件。现代化的建筑装饰工程施工要求精细程度很高，单靠手工是满足不了要求的，必须配备先进的施工机具，这样不仅可以提高施工工效，而且能保证施工进度和质量。建筑装饰工程施工所用的机具，除垂直运输和设备安装以外，主要是小型电动工具，如电锤、冲击电钻、电动曲线锯、型材切割机、风车锯、电刨、云石机、射钉枪、电动角向磨光机等。在选择施工机具时，要从以下几个方面进行考虑：

① 选择适宜的施工机具以及机具型号。如涂料的弹涂施工，当弹涂面积小或局部进行弹涂施工时，宜选择手动式弹涂器；电动式弹涂器工效高，适用于大面积弹涂施工。

② 在同一装饰工程施工现场，应力求使装饰工程施工机具的种类和型号尽可能少一些，选择一机多能的综合性机具，便于机具的管理。

③ 机具配备时注意与之配套的附件。如风车锯片有三种，应根据所用材料厚度配备不同的锯片；云石机锯片可分为干式和湿式两种，根据现场条件选用。

④ 充分发挥现有机具的作用。当本单位的机具能力不能满足装饰工程施工需要时，则应购置或租赁所需机具。

4.4 建筑装饰工程施工进度计划

建筑装饰工程施工进度计划是建筑装饰工程施工组织设计的重要组成部分，它是按照组织施工的基本原则，在确定了施工方案的基础上，根据工期要求和资源供应条件，按照合理的施工顺序和组织施工的原则，对工程项目从开始施工到工程竣工的全部施工过程在时间上和空间上进行的合理安排，达到以最少的人力、物力和财力，在合同规定的工期内保质保量地完成施工任务。

4.4.1 施工进度计划的作用及分类

1. 建筑装饰工程施工进度计划的作用

（1）控制工程施工进程和工程竣工期限等各项装饰工程施工活动的依据。
（2）确定建筑装饰工程各个工序的施工顺序及需要的施工持续时间。
（3）组织协调各个工序之间的衔接、穿插、平行搭接、协作配合等关系。
（4）指导现场施工安排，控制施工进度和确保施工任务的按期完成。
（5）为制定各项资源需用量计划和编制施工准备工作计划提供依据。
（6）是施工企业计划部门编制月、季、旬计划的基础。
（7）反映了安装工程与装饰装修工程的配合关系。

因此，装饰工程施工进度计划的编制，有利于装饰企业领导抓住关键，统筹全局，合理地布置人力、物力，正确地指导施工生产；有利于职工明确工作任务和责任，更好地发挥创造精神；有利于各专业的及时配合、协调组织施工。若装饰工程为新建工程，其施工进度计划应在建筑工程施工进度计划规定的工期控制范围内编制；若为改造项目时，应在合同规定的工期内进行编制，以确在施工进度计划范围内组织施工。

2. 施工进度计划的分类

单位装饰工程施工进度计划根据施工项目划分的粗细程度可分为控制性施工进度计划和指导性施工进度计划两类。

(1) 控制性施工进度计划。控制性施工进度计划是以分部工程作为施工项目划分对象，控制各分部工程的施工时间及它们之间相互配合、搭接关系的一种进度计划。它主要适用于结构较复杂、规模较大、工期较长需跨年度施工的工程，同时还适用于虽然工程规模不大，结构不算复杂，但各种资源（劳动力、材料、机械）没有落实，或者由于装饰设计的部位、材料等可能发生变化以及其他各种情况。

(2) 指导性施工进度计划。指导性施工进度计划按分项工程或施工过程来划分施工项目，具体确定各施工过程的施工时间及其相互搭接、相互配合的关系。它适用于任务具体明确、施工条件基本落实、各项资源供应正常、施工工期不太长的工程。

编制控制性施工进度计划的工程，当各分部工程的施工条件基本落实之后，在施工之前还应编制各分部工程的指导性施工进度计划。

4.4.2 施工进度计划编制的依据和程序

1. 施工进度计划编制的依据

建筑装饰工程施工进度计划编制的主要依据如下。

(1) 施工组织总设计中有关对该工程规定的内容及要求。

(2) 建筑装饰工程设计施工图及详图、设备工艺配置图等有关资料。

(3) 建筑装饰工程施工合同规定的开、竣工日期，即规定工期。

(4) 施工准备工作的要求、施工现场的条件、劳动力、材料、施工机械、预制构件等的供应情况，交通运输情况以及分包单位的情况。

(5) 当地的地质、水文、气象资料。

(6) 确定的单位工程施工方案，包括主要施工机械、施工顺序、施工段划分、施工流向、施工方法、质量要求和安全措施等。

(7) 本单位工程所采用的预算文件，现行的劳动材料消耗定额、机械台班定额、施工预算等及有关规范、规程及其他要求和资料。

(8) 其他有关要求和资料。如工程承包合同、分包及协作单位对施工进度计划的意见和要求等。

2. 施工进度计划编制的程序

单位建筑装饰工程施工进度计划的编制程序如图 4-6 所示。

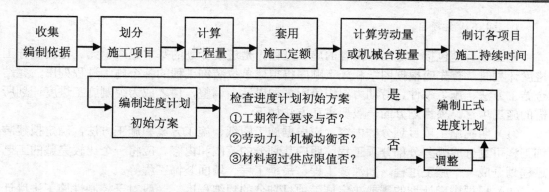

图 4-6 单位建筑装饰工程施工进度计划的编制程序

4.4.3 施工进度计划的表示方法

施工进度计划的表达方式有多种,常用的有横道图和网络计划两种形式。

(1)横道图。横道图通常按照一定的格式编制,如表 4-1 所示,一般应包括下列内容:各分部分项工程名称、工程量、劳动量、每天安排的人数和施工时间等。表格分为两部分,左边是各分部分项工程的名称、工程量、机械台班数、每天工作人数、施工时间等施工参数,右边是时间图表,即画横道图的部位。有时需要绘制资源消耗动态图,可将其绘在图表下方,并可附以简要说明。

表 4-1 单位工程施工进度计划

序号	分部分项工程名称	工程量		劳动量		机械需要量		每天工作班次	每天工人数	工作天数	施工进度(月)			
		单位	数量	工种	数量(工日)	名称	台班数				日	日	日	日
1														
2														
…														

(2)网络计划。网络计划的形式有两种:一是双代号网络计划;另一是单代号网络计划。目前,国内工程施工中,所采用的网络计划大都是双代号网络计划,且多为双代号时标网络计划。

4.4.4 施工进度计划编制的步骤

根据装饰工程施工进度计划的编制程序,现将其主要方法和步骤分述如下。

1. 划分施工项目

施工项目是包括一定工作内容的施工过程，是进度计划的基本组成单元。在编制施工进度计划时，首先应根据图纸和施工顺序将拟建单位装饰工程的各个施工过程列出，并结合施工方法、施工条件、劳动力组织等因素加以适当调整，使之成为编制施工进度计划所需的施工项目。项目划分的一般要求和方法如下：

（1）明确施工项目划分的内容。应根据施工图纸、施工方案和施工方法，确定拟建装饰工程可划分成哪些分部分项工程，明确其划分的范围和内容。应将一个比较完整的工艺过程划分成一个施工过程，如油漆工程、吊顶工程、墙面装饰工程等。

（2）根据进度计划的需要决定施工项目划分的粗细程度。一般对于控制性施工进度计划，其施工项目可以粗一些，通常只列出施工阶段及各施工阶段的分部工程名称，如群体工程进度计划的项目可划分到单位工程，单位工程进度计划的项目应明确到分项工程或工序；对于指导性施工进度计划，其施工项目的划分可细一些，特别是其中主导工程和主要分部工程，应尽量做到详细、具体、不漏项，以便于掌握施工进度，起到指导施工的作用。

（3）结合施工方案和施工机械的要求划分施工过程。由于装饰工程施工方案的不同，施工过程的名称、数量、内容也不相同，而且也影响施工顺序的安排。

（4）水、电、暖、卫工程和设备安装工程，通常由专业工程队负责施工。因此，在单位工程的施工进度计划中，只要反映出这些工程与土建工程衔接配合关系即可，不必细分。

（5）将施工项目适当合并。为了使计划简明清晰、突出重点，一些次要的施工过程应合并到主要的施工过程中去，如门窗工程可以合并到墙面装饰工程中；对于在同一时间内由同一施工班组施工的过程可以合并，如门窗油漆、家具油漆、墙面油漆等油漆均可并为一项。

（6）根据施工顺序的需要划分施工过程。多层建筑的内、外抹灰应分别根据情况列出施工项目，内、外有别，分合结合。外墙抹灰工程可能有若干种装饰抹灰的做法，但一般情况下合并为一项，如有石材干挂等装饰可分别列项；室内的各种抹灰，一般来说，要分别列项，如楼地面（包括踢脚线）抹灰、天棚及地面抹灰、楼梯间及踏步抹灰等，以便组织安排指导施工开展的先后顺序。

（7）区分直接施工与间接施工。直接在拟建装饰装修工程的工作面上施工的项目，经过适当合并后均应列出。不在现场施工而在拟建装饰工程工作面之外完成的项目，如各种构件在场外预制及其运输过程，一般可不必列项，只要在使用前运入施工现场即可。

（8）所有划分的施工过程应按施工顺序的先后排列，所采用的工程项目名称，应与现行定额手册上的项目名称一致。

2. 确定施工顺序

在合理划分施工项目后，还需确定各装饰工程施工项目的施工顺序，主要考虑施工工艺的要求、施工组织的安排、施工工期的规定以及气候条件的影响和施工安全技术的要求，使装饰工程施工在理想的工期内，质量达到标准要求。

（1）施工工艺的要求。各种施工过程在客观上存在着工艺顺序关系，这种关系是在技术规律约束下的各划分项目之间的先后顺序，只有充分遵循这种关系，才能保证工程质量和安全。

（2）施工组织的要求。根据施工组织的要求来考虑各项目之间的相互关系，这种关系是可变的，也可进行优化，以提高经济效益。

（3）施工方法和施工机械的要求。装饰工程施工方案和施工机械的不同，不仅影响施工过程的名称、数量和内容，而且影响施工内容的安排。

（4）施工工期的要求。合理地安排施工顺序将带来理想的施工工期。

（5）施工质量的要求。不同的施工顺序对施工质量的影响不同，因此，确定施工顺序时要充分考虑，保证施工质量。

（6）气候条件的影响。不同的地理环境和气候条件对施工顺序和施工质量有不同影响，如南方地区施工时主要考虑雨季影响，而北方地区则主要考虑冬季寒冷气候对施工的影响。

（7）安全技术的要求。合理的施工顺序将保证施工过程的安全搭接。

3. 计算工程量

单位工程工作量的计算是一项十分繁琐的工作，但一般在工程概算、施工图预算、投标报价、施工预算等文件中，已有详细的计算，数值是比较准确的，故在编制单位工程施工进度计划时不需要重新计算，只要将预算中的工程量总数根据施工组织要求，按施工图上工程量比例加以划分即可。施工进度中的工程量，仅是作为计算劳动力、施工机械、建筑材料等各种施工资源需要的依据。但在工程量的计算时，应注意以下几个问题：

（1）各分部分项工程量的计量单位应与现行装饰工程施工定额的计量单位一致，以便计算劳动量和机械台班量时直接套用定额。

（2）工程量计算应结合选定的施工方法和安全技术要求，使计算所得工程量与施工实际情况相符合。

（3）结合施工组织的要求，分区、分段、分层计算工程量，以便组织流水作业层，每段上的工程量相等或相差不大时，可根据工程量总数分别除以层数、段数，可得每层、每段上的工程量。

（4）正确取用预算文件中的工程量，如已编制预算文件，则施工进度计划中的施工项目大多可直接采用预算文件中的工程量，可按施工过程的划分情况将预算文件中有关项目的工程量汇总。如"墙面工程"一项的工程量，可先分析它包括哪些内容，再把这些内容从预算的工程量中查出并汇总求得。如有些施工项目与预算文件中的项目不完全相同或局部有出入（计算规则、计量单位、采用定额不同），则应根据施工中的实际情况加以调整、修改或重新进行计算。

4. 施工定额的套用

根据已划分的施工过程、工程量和施工方法，即可套用施工定额，以确定劳动量和机械台班数量。施工定额一般有两种形式，即时间定额和产量定额。时间定额是指某种专业、某种技术等级工人在合理的技术组织条件下，完成单位合格产品所必需的工作时间。它是以劳动工日数为单位，便于综合计算，故在劳动量统计中用得比较普遍。产量定额是指在合理的技术组织条件下，某种专业、某种技术等级工人在单位时间内所完成的合格产品的数量。它以产品数量来表示，具有形象化的特点，故在分配任务时用得比较普遍。时间定额和产量定额互为倒数关系，即：

$$H_i = \frac{1}{S_i} \quad 或 \quad S_i = \frac{1}{H_i} \tag{4-1}$$

式中 S_i——某施工过程采用的产量定额（m^3/工日、m^2/工日、m/日、kg/工日）；

H_i——某施工过程采用的时间定额（工日/m^3、工日/m^2、工日/m、工日/kg）。

套用国家或当地颁发的定额，必须结合本单位工人的技术等级、实际施工技术操作水平、施工机械情况和施工现场条件等因素，确定完成定额的实际水平，使计算出来的劳动量、台班量符合实际需要，为准确编制施工进度计划打下基础。有些采用新技术、新工艺、新材料或特殊施工方法的项目，定额中尚未编入，这样可以参考类似项目的定额、经验资料，按实际情况确定。

5. 确定劳动量和机械台班数量

劳动量和机械台班数量的确定，应当根据各分部分项工程的工程量、施工方法、机械类型和现行施工定额等资料，并结合当时当地的实际情况进行计算。人工作业时，计算所需的工作日数量；机械作业时，计算所需的机械台班数量。一般可按下式计算：

$$P = \frac{Q}{S} \tag{4-2}$$

或

$$P = QH \tag{4-3}$$

式中 P——完成某施工过程所需的劳动量（工日）或机械台班数量（台班）；

Q——完成某施工过程所需的工程量；

S——某施工过程采用的人工或机械的产量定额；

H——某施工过程采用的人工或机械的时间定额。

【例4-1】 已知某楼层进行花岗岩石材板楼地面铺设，其工程量为556.5m^2时，时间定额为63.24工日/100m^2，计算完成楼地面工程所需劳动量。

【解】 按式（4-3）有：

$$P = QH = 556.5 \times 0.6324 = 352 （工日）$$

若每工日产量定额为1.58 m^2/工日，则完成楼地面铺花岗岩石材板工程所需劳动量按式(4-2)计算为：

$$P = \frac{Q}{S} = \frac{556.1}{1.58} = 352 \text{（工日）}$$

在使用定额时，通常采用定额所列项目的工作内容与编制施工进度计划所列项目不一致的情况，可根据实际按下述方法处理。

（1）计划中的某个项目包括了定额中的同一性质的不同类型的几个分项工程，可用其所包括的各分项工程的工程量与其产量定额（或时间定额）分别计算出各自的劳动量，然后求和，即为计划中项目的劳动量。可用下式计算。

$$P = \frac{Q_1}{S_1} + \frac{Q_2}{S_2} + \frac{Q_3}{S_3} + \cdots + \frac{Q_n}{S_n} = \sum_{i=1}^{n} \frac{Q_i}{S_i} \tag{4-4}$$

式中　P——计划中某一工程项目的劳动量；

　　　Q_1，Q_2，…，Q_n——同一性质各个不同类型分项工程的工程量；

　　　S_1，S_2，…　S_n——同一性质各个不同类型分项工程的产量定额。

（2）当某一分项工程由若干个具有同一性质不同类型的分项工程合并而成时，按合并前后总劳动量不变的原则计算合并后的综合劳动定额，计算公式为：

$$S = \frac{\sum_{i=1}^{n} Q_i}{\frac{Q_1}{S_1} + \frac{Q_2}{S_2} + \cdots + \frac{Q_n}{S_n}} = \frac{\sum_{i=1}^{n} Q_i}{\sum_{i=1}^{n} \frac{Q_i}{S_i}} \tag{4-5}$$

式中　S——综合产量定额；

　　　Q_1，Q_2，…，Q_n——合并前各分项工程的工程量；

　　　S_1，S_2，…，S_n——合并前各分项工程的产量定额。

在实际工作中，应特别注意合并前各分项工程工作内容和工程量单位。当合并前各分项工程的工作内容和工程量的计量单位完全一致时，公式中$\sum Q_i$应等于各分项工程的工程量之和；反之应取与综合产量定额单位一致且工作内容也基本一致的各分项工程的工程量之和。

（3）工程施工中有时遇到采用新技术或特殊施工方法的分项工程，因缺乏足够的经验和可靠资料，定额手册中尚未列入，计算时可参考类似项目的定额或经过实际测算，确定临时定额。

（4）对于施工进度计划中的"其他工程"项目所需的劳动量，不必详细计算，可根据其内容和数量，并结合工地具体情况，取总劳动量的10%～20%列入。

（5）水、电、暖、卫和设备安装工程项目，一般不必计算劳动量和机械台班需要量，仅安排其与土建工程进度的配合关系即可。

6. 确定各施工过程的持续时间

计算各施工过程的持续时间的方法通常有经验估算法、定额计算法和倒排计划法。具体方法详见第 2 章的相关内容。

7. 编制单位工程施工进度计划的初始方案

流水施工是组织施工、编制施工进度计划的主要方式，在第 2 章中已作了详细介绍。编制施工进度计划时，必须考虑各分部分项工程的合理施工顺序，尽可能组织流水施工，力求主要工种的施工班组连续施工，具体方法如下：

（1）首先，对主要施工阶段（分部工程）组织流水施工。先安排其中主导施工过程的施工进度，使其尽可能连续施工，其他穿插施工过程尽可能与主导施工过程配合、穿插、搭接。

（2）配合主要施工阶段，安排其他施工阶段（分部工程）的施工进度。

（3）按照工艺的合理性和施工过程间尽量配合、穿插、搭接的原则，将各施工阶段（分部工程）的流水作业图表搭接起来，即得到了单位工程施工进度计划的初始方案。

如 U 型轻钢龙骨吊顶工程，一般由固定吊挂件、安装调整龙骨、安放面板、饰面处理等施工过程组成，其中安装调整龙骨是主导施工过程。在安排施工进度计划时，应先考虑安装调整龙骨的施工速度，而固定吊挂件、安放面板、饰面处理等施工过程的进度均应在保证安装调整龙骨的进度和连续性的前提下进行安排。

8. 施工进度计划的检查与调整

初始施工进度计划编制后，不可避免会存在一些不足之处，必须进行调整。检查与调整的目的在于使初始方案满足规定的目标，确定相对理想的施工进度计划。一般应从以下几个方面进行检查与调整：

（1）各施工过程的施工顺序、互相搭接、平行作业和技术间歇是否合理。

（2）施工进度计划的初始方案中工期是否满足要求。

（3）劳动力方面，主要工种工人是否连续施工，劳动力消耗是否均衡。劳动力消耗的均衡性是针对整个单位工程或各个工种而言，应力求每天出勤的工人人数不发生过大变动。为了反映劳动力消耗的均衡情况，通常采用劳动力消耗动态图来表示。

如图 4-7（a）中出现短时间的高峰，即短时间施工人数剧增，相应需增加各项临时设施为工人服务，说明劳动力消耗不均衡。图 4-7（b）中出现劳动力长时间的低陷，如果工人不调出，将发生窝工现象；如果工人调出，则临时设施不能充分利用，同样也将产生不均匀。图 4-7（c）中出现短时期的低陷，即使是很大的低陷，也是允许的，只需把少数工人的工作重新安排一下，窝工情况就能消除。

劳动力消耗的均衡性可以用均衡系数来表示，即：$K=R_{max}/R$

式中：K——劳动力均衡系数；

R_{max}——施工期间工人的最大需要量；

R——施工期间工人的平均需要量，即为总工期所需人数除以施工总工日数。

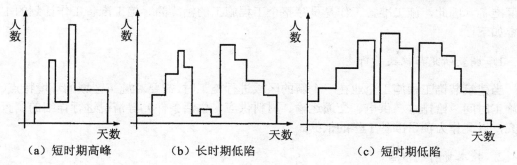

(a) 短时期高峰　　　　(b) 长时期低陷　　　　(c) 短时期低陷

图 4-7　劳动力消耗动态图

劳动力均衡系数 K 一般应控制在 2 以下，超过 2 则不正常。K 愈接近 1，说明劳动力安排愈合理。如果出现劳动力不均衡的现象，可通过调整次要施工过程的施工人数、施工过程的起止时间以及重新安排搭接等方法来实现均衡。

（4）在物资方面，主要机械、设备、材料等的使用是否基本均衡，施工机械是否充分利用。

（5）进度计划在绘制过程中是否有错误。

经过检查，对于不符合要求的部分，需进行调整。对施工进度计划调整的方法一般有：增加或缩短某些分项工程的施工时间；在施工顺序允许的情况下，将某些分项工程的施工时间向前或向后移动；必要时，还可以改变施工方法或施工组织措施。

应当指出，建筑装饰工程施工过程是一个很复杂的过程，会受各种条件和因素的影响，每个施工过程的安排都不是孤立的，它们必然相互联系、相互依赖、相互影响。在编制施工进度计划时，虽然作了周密的考虑、充分的预测、全面的安排、精心的计划，但在实际的装饰工程施工中受客观条件的影响较大，受环境变化的制约因素也很多，故在编制施工进度计划时应留有余地。在施工进度计划的执行过程中，当进度与计划发生偏差时，对施工过程应不断地进行计划→执行→检查→调整→重新计划，真正达到指导施工的目的，增加计划的可行性。

4.5　施工准备工作计划及各项资源需用量计划

4.5.1　施工准备工作计划

施工准备是完成单位工程施工任务的重要环节，也是单位工程施工组织设计中的一项重要内容。施工人员必须在工程开工之前，根据施工任务、开工日期和施工进度的需要，结合各地区的规定和要求，做好各方面的准备工作。施工准备工作不仅在单位工程正式开工前需要，而且在开工后，随着工程施工的进展，在各阶段施工之前仍要为各阶段的施工做好准备。因此，施工准备工作是贯穿整个工程施工的始终的。施工准备工作计划的主要内容如下。

1. 调查研究与收集资料

当建筑装饰工程施工企业在一个新的区域进行施工时，需要对施工区域的环境特点（如可施工时间、给排水、供电、交通运输、材料供应、生活条件）等情况进行详细的调查和研究，以此作为项目准备工作的依据。

2. 技术资料的准备

技术资料的准备工作是施工准备工作的核心。任何技术工作的失误和差错都可能引起工程质量事故或造成生产、财产的巨大损失，因此，必须做好技术准备工作。其主要内容有：

（1）熟悉和会审图纸。施工图纸是施工的依据，在施工前必须熟悉图纸中的各项要求。对于建筑装饰工程施工，不仅要熟悉本专业的施工图，而且要熟悉与之有关的建筑结构、水、电、暖、风、消防等设计图纸。在熟悉图纸的基础上，由建设、施工、设计三家单位共同对施工图纸进行会审。会审时，先由设计单位进行图纸交底，然后各方提出问题，对某些不合理的地方或施工单位依照目前的施工条件还达不到要求的，要提出并进行协商，将统一意见形成图纸会审纪要，做好原始记录。在日后的施工过程中，如遇到某些情况与原设计不符，须征得设计单位和建设单位的同意，方能更改设计，并由设计单位出具设计变更通知，切不可任意更改。

（2）编制施工组织设计。施工组织设计对施工的全过程起指导作用，它既要体现设计的要求，又要符合施工活动的客观规律，对施工全过程起到部署和安排的双重作用，因此，编制施工组织设计本身就是一项重要的施工准备工作。

（3）编制施工预算。施工预算是施工单位以每一个分部工程为对象，根据施工图纸和国家或地方有关部门编制的施工预算定额等资料编制的经济计划文件。它是控制工程消耗和施工中成本支出的重要依据。施工预算的编制，可以确定人工、材料、机械费用的支出，并确定人工数量、材料消耗和机械台班使用量，以便在施工中对用工、用料实行切实有效的控制，从而能够实现工程成本的降低与施工管理水平的提高。

（4）各种加工品、成品、半成品的技术准备。对材料、设备、制品等的规格、性能、加工图纸等进行说明；对国家控制性的材料（如金、银）还需先进行申报，方可在施工中使用。

（5）新技术、新工艺、新材料的试制试验。建筑装饰装修工程随着时间的变化，技术、材料的更新速度非常快，在施工中遇到新材料、新技术、新工艺时，往往是通过制作样板间来总结经验或通过试验来了解材料性能，以满足施工的需要。

3. 施工现场的准备

建筑装饰工程在开工前除了做好各项经济技术的准备工作外，还必须做好现场的施工准备工作。其主要内容有：做好施工现场的清理工作，拆除障碍物，特别是改造工程，进行装饰工程施工项目的工程测量、定位放线，必要时应设永久性坐标；做好水、电、道路等施工所必需的各项作业条件的准备；对现场办公用房、工人宿舍、仓库等临时设施，不得随意搭建，尽可能利用永久性设施。

4. 劳动力及物资的准备

（1）劳动力的准备。根据编制的劳动力需用量计划，进行任务的具体安排。集结施工力量，调整、健全和充实施工组织机构，建立健全管理制度；建立精干的施工专业队伍，对特殊工种、稀缺工种进行专业技术培训；落实外包施工队伍的组织；及时安排和组织劳动力进场。

（2）物资的准备。各种技术物资只有运到现场并进行必要的储备后，才具备开工条件。因此，要根据施工方案确定的施工机械和机具需用量进行准备，按计划进场安装、检修和试运转，同时根据施工组织设计，计算所需的材料、半成品和预制构件的数量、质量、品种、规格等，按计划组织订货和进货，并在指定地点堆放或入库。

5. 冬、雨季施工的准备

建筑装饰工程施工主要分为室外装饰和室内装饰两大部分。而室外装饰工程受季节的影响较大，为了保质、保量地按期完成施工任务，施工单位必须做好冬、雨季的施工准备工作。当室外平均气温低于5℃及最低气温低于－3℃时，即转入冬季施工阶段，当次年初春连续七昼夜不出现负温度时，即转入常温施工阶段。北方地区多考虑冬季对施工的影响，而南方则雨季对施工的影响较大。

（1）冬季施工准备工作

① 合理安排冬季施工的项目。冬季施工条件差、技术要求高，还需增加施工费用。因此，对一般不列入冬季施工的项目（如外墙的装饰装修工程），力争在冬季前施工完成，对已完成的部分要注意加以保护。

② 做好室内施工的保温。冬季来临前，应完成供热系统的调试工作，安装好门窗玻璃，以保证室内的其他施工项目能顺利进行。

③ 做好冬季施工期间材料、机具的储备。在冬季来临之前，储存足够的物资，有利于节约冬季施工费用。

④ 做好冬季施工的检查和安全防范工作。

（2）雨季施工准备工作

① 合理安排雨季的施工项目。如雨天做室内装饰装修，晴天做室外装饰装修。

② 做好施工现场的防水工作。无论是新建工程还是改造工程，都须在雨季来临之前做好主体结构的屋面防水工作。

③ 做好物资的储存工作。

④ 做好机具设备的保护工作。机械设备要注意防止雨雪淋湿，必须装置漏电保安器及安全接地，高度很大的井架要设置避雷装置等。

⑤ 加强雨季施工的管理。对施工人员进行安全教育，避免各种事故的发生。

建筑装饰工程施工准备工作计划如表 4-2 所示。

表 4-2 施工准备工作计划表

序号	施工准备项目	简要内容	负责单位	负责人	开始日期	完成日期	备注
1	人员准备						
2	材料准备						
…	…						

4.5.2 资源需要量计划

单位工程施工进度计划编制完成后，可以着手编制各项资源需要量计划，这是确定施工现场的临时设施、按计划供应材料、配备劳动力、调动施工机械，以保证施工按计划顺利进行的主要依据。

1. 劳动力需要量计划

劳动力需要量计划，主要是作为安排劳动力的平衡、调配和衡量劳动力耗用指标、安排生活和福利设施的依据。其编制方法是将单位工程施工进度计划表内所列的各施工过程每天（或旬、月）所需工人人数按工种汇总而得。表格形式如表 4-3 示。

表 4-3 劳动力需要量计划表

序号	工程名称	工种名称	需要量（工日）	月份						
				1	2	3	4	5	6	…

2. 主要材料需要量计划

主要材料需要量计划，是材料备料、计划供料和确定仓库、堆场面积及组织运输的依据。其编制方法是根据施工预算的工料分析表、施工进度计划表、材料的储备量和消耗定额，将施工中所需材料按品种、规格、数量、使用时间计算汇总而得。如表4-4所示。

表4-4 主要材料需要量计划表

序号	材料名称	规格	需要量		供应时间	备注
			单位	数量		

对于某分部分项工程是由多种材料组成时，应对各种不同材料分类计算。如混凝土工程应变换成水泥、砂、石、外加剂和水的数量分别列入表格。

3. 构件和半成品需要量计划

编制构件、配件和其他计划半成品的需要量计划，主要用于落实加工订货单位，并按照所需规格、数量、时间，做好组织加工、运输和确定仓库或堆场等工作，可根据施工图和施工进度计划编制。如表4-5所示。

表4-5 构件和半成品需要量计划表

序号	品名	规格	图号	需要量		使用部位	加工单位	供应日期	备注
				单位	数量				

4. 施工机械需要量计划

编制施工机械需要量计划，主要用于确定施工机械的类型、数量、进场时间，并可据此落实施工机具的来源，以便及时组织进场。其编制方法是将单位工程施工进度计划表中的每一个施工过程，每天施工所需的机械类型、数量和施工时间进行汇总，以便得到施工机械需要量计划。其表格形式如表4-6所示。

表4-6 施工机械需要量计划表

序号	机械名称	型号	需要量		货源	使用起止时间	备注
			单位	数量			

4.6 施工平面图设计

建筑装饰单位工程施工平面图是建筑装饰工程施工组织设计的重要内容，是根据拟建装饰工程的规模、施工方案、施工进度及施工生产中的需要，结合现场的具体情况和条件，对施工现场做出的规划和布置。将此规划和布置绘制成图，即建筑装饰工程的施工平面图。施工平面图应标明单位工程施工所需机械、加工场地，材料、成品、半成品堆场，临时道路，临时供水、供电、供热管网和其他临时设施的合理布置场地位置。绘制施工平面图一般用1∶500～1∶200的比例。对于工程量大、工期较长或场地狭小的工程，往往按基础、结构、装修分不同施工阶段绘制施工平面图。建筑装饰施工，要根据施工的具体情况灵活运用，可以单独绘制，也可与结构施工阶段的施工平面图结合，利用结构施工阶段的已有设施。

建筑装饰施工阶段一般属于工程施工的最后阶段。有些在基础、结构阶段需要考虑的内容已经在这两个阶段中予以考虑。因此，建筑装饰施工平面图中规定的内容要因时、因需要，结合实际情况来决定。

4.6.1 施工平面图的设计内容

建筑装饰工程施工平面图的内容与装饰工程的性质、规模、施工条件、施工方案有着密切的关系。在设计时要因时、因需要、结合实际情况进行。具体包括以下内容。

（1）建筑总平面上已建和拟建的地上和地下的房屋、构筑物及地下管线的位置和尺寸。

（2）测量放线标桩、渣土及垃圾堆放场地。

（3）垂直运输设备的平面位置，脚手架、防护棚位置。

（4）材料、加工成品、半成品、施工机具设备的堆放场地。

（5）生产、生活用临时设施（包括搅拌站、木工棚、仓库、办公室、临时供水、供电、供暖线路和现场道路等）并附一览表。一览表中应分别列出名称、规格、数量及面积大小。

（6）安全、防火设施。

4.6.2 施工平面图的设计依据

单位工程装饰工程施工平面图的设计主要有4个方面的依据：

（1）设计和施工的原始资料。主要包括建筑物所处的地理位置、气候条件、供水供电条件、生产生活基地情况、交通运输条件等资料。用它来确定易燃易爆品仓库的位置及防水、防冻材料的堆放场所，临时用生产和生活设施的布置场所。

（2）建筑装饰工程的性质。如果建筑装饰工程为新建工程，则其施工平面图在充分利用土建施工平面图的基础上，作适当调整、补充即可；对于改造装饰工程或局部装饰工程，由于可利用的空间较小，应根据具体情况妥善安排布置。

（3）建筑装饰工程的施工图。根据总平面图确定临时建筑物和临时设施的平面位置，考虑利用现有的管道，若其对施工有影响，应采取一定措施予以解决。

（4）施工方面的资料。主要包括工程的施工方案、施工方法和施工进度计划。根据施工进度计划，确定材料、机具的进场时间和堆放场所。

4.6.3 施工平面图的设计原则

（1）在满足施工条件下，尽可能减少施工用地。减少施工用地，可以使施工现场布置紧凑，便于管理，减少施工用管线。

（2）对于局部改造工程，尽可能减少对其他部位的影响，这样可以为业主带来较好的经济效益。

（3）在保证施工顺利的情况下，尽可能减少临时设施的费用，尽量利用施工现场原有的设施。

（4）最大限度地减少场内运输，注意材料和机具的保护。各种材料尽可能按计划分期分批进场，充分利用场地，尽量靠近施工场地，避免二次搬运，保证工程的顺利进行，这样既节约了劳动力，也减少了材料在多次转运中的损耗，提高了经济效益。如石材的堆放应考虑室外运输及使用时便于查找，以及防雨措施；木制品的堆放场所要考虑防雨淋、防潮和防火；贵重物品应放在室内，以防丢失。

（5）临时设施的布置，应便于施工管理及工人的生产和生活，同时要考虑业主的要求，注意成品的保护。

（6）垂直运输设备的位置、高度，要结合建筑物的平面形状、高度和材料、设备的重量、尺寸大小，考虑机械的负荷能力和服务范围，做到便于运输，便于组织分层分段流水施工。

（7）要符合劳动保护、安全技术和防火的要求。如井架、外用电梯、脚手架等较高的施工设施，在雨季应有避雷设施，顶部应装有夜间红灯。

4.6.4 施工平面图的设计步骤

单位工程施工平面图设计的一般步骤如图4-10所示。

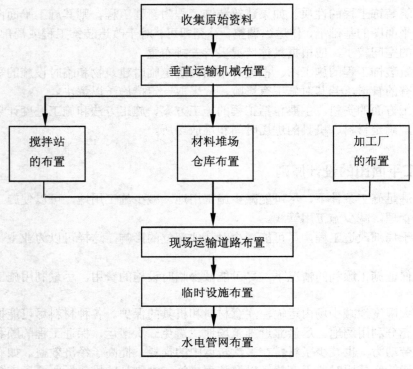

图 4-8 施工平面图设计步骤

1. 垂直运输机械位置的确定

垂直运输机械的位置,直接影响着仓库、混凝土搅拌站、材料堆场、预制构件堆放位置,以及场内道路、水电管网的布置等。因此,垂直运输机械的布置是施工平面布置的核心,必须首先考虑。

由于各种起重机械的性能不同,其机械布置的位置也不同。总体来讲,起重机械的布置,主要根据机械性能、建筑物平面的形状和大小、施工段划分情况、材料来向、运输道路、吊装工艺等而定。

(1) 有轨式起重机(塔吊)的布置。有轨式起重机是集起重、垂直提升、水平运输三种功能为一身的起重机械设备。一般按建筑物的长度方向布置,其位置尺寸取决于建筑物的平面尺寸和形状、构件重量、起重机的性能及四周的施工场地条件等。通常轨道的布置方式有单侧布置、双侧或环形布置、跨内单行布置和跨内环形布置四种方案。

① 单侧布置。当建筑物宽度较小,构件重量不大,选择起重力矩在 50 kN·m 以下的塔式起重机时,可采用单侧布置形式。其优点是轨道长度较短,不仅可节省工程投资,而且有较宽敞的场地堆放构件和材料。当采用单侧布置时,其起重半径 R 应满足下式要求:

$$R \geqslant B + A \tag{4-6}$$

式中：R —— 塔式起重机的最大回转半径（m）；

B —— 建筑物平面的最大宽度（m）；

A —— 建筑物外墙皮至塔轨中心线的距离。一般无阳台时，A=安全网宽度+安全网外侧至轨道中心线距离；当有阳台时，A=阳台宽度+安全网宽度+安全网外侧至轨道中心线距离。

② 双侧或环形布置。当建筑物宽度较大，构件重量较重时，应采用双侧布置或环形布置起重机。此时，其起重半径 R 应满足下式要求：

$$R \geqslant \frac{B}{2} + A \tag{4-7}$$

③ 跨内单行布置。由于建筑物周围场地比较狭窄，不能在建筑物的外侧布置轨道，或由于建筑物较宽、构件重量较大时，采用跨内单行布置塔式起重机才能满足技术要求。此时，最大起重半径 R 应满足下式要求：

$$R \geqslant \frac{B}{2} \tag{4-8}$$

④ 跨内环形布置。当建筑物较宽、构件重量较大时，采用跨内单行布置塔式起重机已不能满足构件吊装要求，且又不可能在建筑物周围布置时，可选用跨内环形布置。此时，其最大起重半径也应满足公式（4-8）的要求。

塔式起重机的位置和型号确定之后，应对起重量、回转半径、起重高度等三项工作参数进行复核，看其是否能够满足建筑物吊装技术要求。如果复核不能满足要求时，则需要调整上述公式中 A 的距离；如果 A 已是最小距离时，则必须采用其他技术措施。然后绘制出塔式起重机的服务范围。塔吊的服务范围是以塔轨两端有效端点的轨道中点为圆心，以最大回转半径为半径画出两个半圆，连接两个半圆，即为塔式起重机的服务范围。

在确定塔式起重机的服务范围时，最好将建筑物的平面尺寸全部包括在塔式起重机的服务范围之内，以保证各种预制构件与建筑材料可以直接吊运到建筑物的设计部位。如果无法避免出现死角，则不允许在死角上出现吊装最重、最高的构件，同时要求死角越小越好。在确定吊装方案时，对于出现的死角，应提出具体的技术措施和安全措施，以保证死角部位的顺利吊装。当采取其他配合吊装方案时，要确保塔吊回转时不要有碰撞的可能。

可以看出，无论采取何种布置方式，有轨式起重机在布置时应满足 3 个基本要求：

① 服务范围大，力争将构件和材料运送到建筑物的任何部位，尽量避免出现死角；

② 争取布置成最大的服务范围、最短的塔轨长度，以降低工程费用；

③ 做好轨道路基四周的排水工作。

（2）自行无轨式起重机的布置。这类起重机常分为履带式、轮胎式和汽车式 3 种起重机。一般不作垂直提升运输和水平运输之用，专作构件装卸和起吊各种构件之用，适用于装配式单层工业厂房主体结构的吊装，也可用于混合结构大梁及楼板等较重构件的吊装。

其吊装的开行路线及停机位置，主要取决于建筑物的平面形状、构件重量、吊装高度、回转半径和吊装方法等，尽量使起重机在工作幅度内能将建筑材料和构件运送到操作地点，避免出现死角。

（3）固定式垂直运输机械。固定式垂直运输机械（如井架、龙门架、固定式塔式起重机等）的布置，主要根据机械性能、建筑物的形状和尺寸、施工段划分、起重高度、材料和构件重量、运输道路等情况而定。布置的原则是：使用方便、安全，便于组织流水作业，便于楼层和地面运输，充分发挥起重机械的能力，并使其运距最短，在具体布置时，应考虑以下几个方面：

① 建筑物各部位的高度相同时，应布置在施工段的分界线附近；建筑物各部位的高度不相同或平面较复杂时，应布置在高低跨分界处或拐角处；当建筑物为点式高层建筑时，固定式塔式起重机应布置在建筑物中部或转角处；

② 采用井架、龙门架时，其位置以布置在窗间墙处为宜，以减小墙体留槎和拆除后的墙体修补工作；

③ 井架、龙门架的数量，要根据施工进度、垂直提升构件和材料的数量、台班工作效率等因素计算确定，其服务范围一般为 50~60 m；

④ 井架、龙门架所用的卷扬机位置，不能离井架太近，一般应大于或等于建筑物的高度，以便使司机的视线比较容易看到整个升降过程；

⑤ 井架应立在外脚手架之外，并有 5~6 m 的距离为宜；

⑥ 布置塔式起重机时，应考虑塔机安装拆卸的场地，当有多台塔式起重机时，应避免相互碰撞。

（4）外用施工电梯。外用施工电梯又称人货两用电梯，是一种安装在建筑外部，施工期间用于运送施工人员及建筑材料的垂直提升机械。外用施工电梯是高层建筑施工中不可缺少的重要设备之一。在施工时应根据建筑类型、建筑面积、运输量、工期及电梯价格、供货条件等选择外用电梯，其布置的位置，应方便人员上下和物料集散，便于安装附墙装置，并且由电梯口至各施工处的平均距离应较短等。

（5）混凝土泵。混凝土泵是在压力推动下沿管道输送混凝土的一种设备，它能一次完成水平运输和垂直运输，配以布料杆或布料机还可有效地进行布料和浇筑，在高层建筑施工中已得到广泛应用。选择混凝土泵时，应根据工程结构特点，施工组织设计要求，泵的主要参数及技术经济比较进行选择。通常在浇筑基础或高度不大的结构工程时，如在泵车布料杆的工作范围内，采用混凝土泵车最为适宜。在使用中，混凝土泵设置处应场地平整、道路畅通、供料方便、距离浇筑地点近，便于配管、排水和供电方便，在混凝土泵作用范围内不得有高压线等。

2. 搅拌站、加工厂、材料及周转工具堆场、仓库的布置

砂浆及混凝土搅拌站的位置要根据房屋类型、现场施工条件、起重运输机械和运输道

路的位置等来确定。搅拌站应尽量靠近使用地点或在起重机的服务范围以内，使水平运输距离最短，并考虑到运输和装卸料的方便；加工厂、材料及周转工具堆场、仓库的布置，应根据施工现场的条件、工期、施工方法、施工阶段、运输道路、垂直运输机械和搅拌站的位置及材料储备量综合考虑。

堆场和库房的面积可按下式计算：

$$F = \frac{q}{p} \tag{4-9}$$

式中：F——堆场或仓库面积（m^2），包括通道面积；

P——每平方米堆场或仓库面积上可存放的材料数量，见表4-7；

q——材料储备量，可按下式计算：

$$q = \frac{nQ}{T} \tag{4-10}$$

式中：n——储备天数；

Q——计划期内的材料需要量；

T——需用该材料的施工天数，大于n。

表4-7 仓库及堆场面积计算用参数表

序号	材料名称	单位	储备天数 n	每 m^2 储备量 P	堆置高度（m）	仓库类型	备注
1	水泥	t	20～40	1.4	1.5	库房	
2	石、砂	m^3	10～30	1.2	1.5	露天	
3	石、砂	m^3	10～30	2.4	3.0	露天	
4	石膏	T	10～20	1.2～1.7	2.0	棚	
5	砖	千块	10～30	0.5～0.7	1.5	露天	
6	卷材	卷	20～30	0.8	1.2	库房	
7	钢管 $\phi200$	t	30～50	0.5～0.7	1.2	露天	
8	钢筋成品	t	3～7	0.36～0.72	—	露天	
9	钢筋骨架	t	3～7	0.28～0.36	—	露天	
10	钢筋混凝土板	m^3	3～7	0.14～0.24	2.0	露天或棚	
11	钢模板	m^3	3～7	10～20	1.8	露天	
12	钢筋混凝土梁	m^3	3～7	0.3	1～1.5	露天	
13	钢筋混凝土柱	m^3	3～7	1.2	1.2～1.5	露天	
14	大型砌块	m^3	3～7	0.9	1.5	露天	
15	轻质混凝土	m^3	3～7	1.1	2.0	露天	

根据起重机械的类型，搅拌站、加工厂、材料及周转工具堆场、仓库的布置，有以下几种：

（1）当起重机的位置确定后，再确定搅拌站、加工厂、材料及周转工具堆场、仓库的位置。材料、构件的堆放，应在固定式起重机械的服务范围内，避免产生二次搬运。

（2）当采用固定式垂直运输机械时，首层、基础和地下室所用的材料，宜沿建筑物四周布置，并距坑、槽边的距离不小于0.5 m，以免造成坑（槽）土壁的塌方事故；二层以上的材料、构件，应布置在垂直运输机械的附近。

（3）当多种材料和构件同时布置时，对大量的、重量大的和先期使用的材料，应尽可能靠近使用地点或起重机械附近布置；而少量的、重量轻的和后期使用的材料，可布置得稍远一些。混凝土和沙浆搅拌机，应尽量靠近垂直运输机械。

（4）当采用自行式有轨起重机械时，材料和构件堆场位置及搅拌站的出料口位置，应布置在自行有轨式起重机械的有效服务范围内。

（5）当采用自行式无轨起重机械时，材料和构件堆场位置及搅拌站的位置，应沿着起重机的开行路线布置，同时堆放区距起重机开行路线不小于1.5 m，且其所在的位置应在起重臂的最大起重半径范围内。

（6）在任何情况下，搅拌机应有后台上了的场地，所有搅拌站所用的水泥、砂、石等材料，都应布置在搅拌机后台附近。当基础混凝土浇注量较大时，混凝土的搅拌站可以直接布置在基坑边缘附近，待基础混凝土浇注完毕后，再转移搅拌站，以减少混凝土的运输距离。

（7）混凝土搅拌机每台需要的面积，冬季施工时为50 m^2/台，其他时间为25 m^2/台；沙浆搅拌机需要的面积，冬季施工时为30 m^2/台，其他时间为15 m^2/台。

（8）预制构件的堆放位置，要考虑到其吊装顺序，尽量力求做到送来即吊，避免二次搬运。

（9）按不同的施工阶段使用不同的材料的特点，在同一位置上可先后布置不同的材料。如砖混结构基础施工阶段，建筑物周围可堆放毛石，而在主体结构施工阶段，在建筑物周围可堆放标准砖。

3. 运输道路的布置

现场主要运输道路应尽可能利用永久性道路，或预先修建好规划的永久性道路的路基，在土建工程结束之前再铺筑路面。

现场主要运输道路的布置，应保证行驶畅通，并有足够的转弯半径。运输路线最好围绕建筑物布置成环形道路，主干道路和一般道路的最小宽度，不得低于表4-8中的规定，道路两侧一般应结合地形设置排水沟，沟深不得小于0.4 m，底宽不小于0.3 m。道路在布置上应尽量避开地下管道，以免管线施工时使道路中断。

表 4-8 施工现场道路最小宽度表

序号	车辆类型及要求	道路宽度（m）
1	汽车单行道	≥3.0
2	汽车双行道	≥6.0
3	平板拖车单行道	≥4.0
4	平板拖车双行道	≥8.0

4. 临时设施的布置

临时设施分为生产性临时设施（如钢筋加工棚、木工棚、水泵房、维修站等）和生活性临时设施（如办公室、食堂、浴室、开水房、厕所等）两大类。临时设施的布置原则是使用方便、有利施工、合并搭建、安全防火。一般应按以下方法布置。

（1）生产性临时设施（钢筋加工棚、木工棚等）的位置，宜布置在建筑物四周稍远的地方，且应有一定的材料、成品的堆放场地。

（2）石灰仓库、淋灰池的位置，应靠近沙浆搅拌站，并应布置在下风向。

（3）沥青堆放场和熬制锅的位置，应远离易燃物品仓库或堆放场，并宜布置在下风向。

（4）工地办公室应靠近施工现场，并宜设在工地入口处；工人休息室应设在工人作业区；宿舍应布置在安全、安静的上风向一侧；收发室宜布置在入口处等。

临时宿舍、文化福利、行政管理房屋面积参考定额，如表 4-9 所示。

表 4-9 临时宿舍、文化福利、行政管理房屋面积定额表

序号	行政生活福利建筑物名称	单位	面积定额参考
1	办公室	m²/人	3.5
2	单层宿舍（双层床）	m²/人	2.6~2.8
3	食堂兼礼堂	m²/人	0.9
4	医务室	m²/人	0.06（≥30 m²）
5	浴室	m²/人	0.10
6	俱乐部	m²/人	0.10
7	门卫室	m²/人	6~8

5. 临时供水、供电设施的布置

（1）施工水网的布置。现场临时供水包括生产、生活、消防等，通常施工现场临时用水应尽量利用工程的永久性供水系统，以减少临时供水费用。因此在做施工现场准备工作时，应先修建永久性给水系统的干线，至少把干线修至施工工地入口处。若施工对象为高层建筑，必要时可增加高压泵以保证施工对水压的要求。

① 施工用临时给水管一般由建设单位的干管或自行设置的干管接到用水地点，布置时

力求管网的总长度最短。管线不应布置在将要修建的建筑物或室外管沟处，以免这些项目施工时因切断水源而影响施工用水。管径的大小和水龙头的数量，应根据工程规模大小和实际需要经计算确定。管道最好铺设于地下，防止机械在其上行走时将其压坏。施工水网的布置形式有环形、枝形和混合式三种。

② 供水管网应按放火要求布置室外消火栓，消火栓应沿道路设置，距路边不应大于 2 m，距建筑物外墙应不小于 5 m，也不得大于 25 m，消火栓的间距不得超过 120 m，工地消火栓应设有明显的标志，且周围 2 m 以内不准堆放建筑材料和其他物品，室外消火栓管径不得小于 100 mm。

③ 为保持干燥环境中施工，提高生产效率，缩短施工工期，应及时排除地面水和地下水，修通永久性下水道，并结合施工现场的地形情况，在建筑物的周围设置排泄地面水和地下水的沟渠。

④ 为防止用水的意外中断，可在建筑物附近设置简易蓄水池，储备一定数量的生产用水和消防用水。

（2）施工用电的布置。随着机械化程度的不断提高施工中的用电量也在不断增加。因此，施工用电的布置，关系到工程质量和施工安全，必须根据需要，符合规范和总体规划，正确计算用电量，并合理选择电源。

① 为了维修方便，施工现场一般应采用架空配电线路。架空配电线路与施工建筑物的水平距离不小于 10 m，与地面距离不小于 5 m，跨越建筑物或临时设施时，垂直距离不小于 2.5 m。

② 现场供电线路应尽量架设在道路的一侧，以便线路维修；架设的线路尽量保持水平，以避免电杆和电线受力不均；在低压线路中，电杆的间距一般为 25～40 m；分支线及引入线均应由电杆处接出，不得在两杆之间接线。

③ 单位工程的施工用电，应在全工地施工总平面图上进行布置。一般情况下，计算出施工期间的用电总量，提供给建设单位解决，不另设变压器。独立的单位工程施工时，应当根据计算出的施工总用电量，选择适宜的变压器，其位置应远离交通要道口处，布置在施工现场边缘高压线接入处，距地面大于 30 cm，在四周 2 m 外用高于 1.7 m 钢丝网围绕，以避免发生危险。

施工平面图是对施工现场科学合理的布局，是保证单位工程工期、质量、安全和降低成本的重要手段。施工平面图不但要设计好，且应管理好，忽视任何一方面，都会造成施工现场混乱，使工期、质量、安全受到严重影响。因此，加强施工现场管理对合理使用场地，保证现场运输道路、给水、排水、电路的通畅，建立连续均衡的施工顺序，都有很重要的意义。要做到严格按施工平面图布置施工道路，水电管网、机具、堆场和临时设施；道路、水电应有专人管理维护；各施工阶段和施工过程中应做到工完料尽、场清；施工平面图必须随着施工的进展及时调整补充以适应变化情况。

必须指出，建筑施工是一个复杂多变、动态的生产过程，各种施工机械、材料、构件等，随着工程的进展而逐渐进场，又随着工程的进展而不断消耗、变动，因此工地上的实际布置情况会随时改变，如基础施工、主体施工、装饰施工等各阶段在施工平面图上是经常变化的；同时，不同的施工对象，施工平面图布置也不尽相同。但是对整个施工期间使用的一些主要道路、垂直运输机械、临时供水供电线路和临时房屋等，则不要轻易变动以节省费用。例如工程施工如果采用商品混凝土，混凝土的制备可以在场外进行，这样现场的平面布置就显得简单多了；对于大型建筑工程，施工期限较长或建设地点较为狭小的工程，要按不同的施工阶段分别设计几张施工平面图，以便更有效地知道不同施工阶段平面布置；对于较小的建筑物，一般按主要施工阶段的要求来布置施工平面图即可。设计施工平面图时，还应广泛征求各专业施工单位的意见，充分协商，以达到最佳布置。某装修施工平面图如图4-9所示。

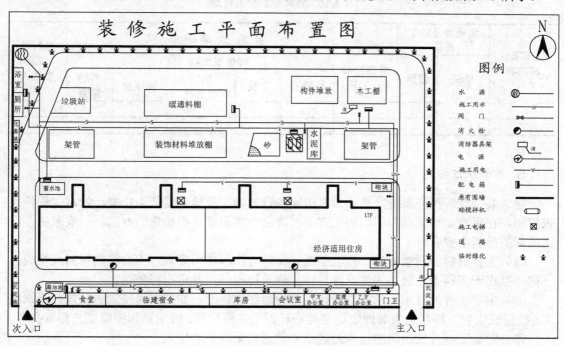

图4-9 某工程装修施工平面布置图

4.7 主要技术组织措施及技术经济分析指标

4.7.1 技术与组织措施的制定

技术与组织措施是建筑装饰企业施工组织设计的一个重要组成部分，它的目的是通过技术与组织措施确保工程的进度、质量和投资目标。

技术措施主要包括质量措施、安全措施、进度措施、降低成本措施、季节性施工措施和文明施工措施等，其主要项目如：怎样提高项目施工的机械化程度；采用先进的施工技术方法；选用简单的施工工艺方法和廉价质高的建筑材料；采用先进的组织管理方法提高劳动效率；减少材料消耗，节省材料费用；确保工程质量，防止返工等。各项技术组织措施最终效果反映在加快施工进度、保证节省施工费用上。

单位工程的技术组织措施，应根据施工企业施工组织设计，结合具体工程条件，参照表 4-10 逐项拟定。

表 4-10 技术组织措施计划

施工项目和内容	措施涉及的工程量		经济效果						执行单位及负责人
	单位	数量	劳动量节约（工日）	降低成本额（元）					
				材料费	工资	机械台班费	间接费	节约总额	

1. 质量保证措施

建筑装饰工程保证质量措施必须以国家现行的施工及验收规范为依据，针对工程特点来编制，在审查工程图纸和编制施工方案时就应考虑保证工程质量的办法。一般来说，保证质量的措施主要有：

（1）主要材料的质量标准、检验制度、保管方法和使用要求，不合格的材料及半成品一律不准用于工程上，破损构件未经设计单位及技术部门鉴定不得使用。

（2）主要工种的技术要求、质量标准和检验评定标准。如按国家施工验收规范组织施工；按建筑安装工程质量检验评定标准检查和评定工程质量；施工操作按照工艺标准执行。

（3）对施工中可能出现的技术问题或质量通病采取主动措施。

（4）认真做好自检、互检、交接检，隐蔽项目未经验收不得进行下道工序施工。

（5）认真组织中间检查，施工组织设计中间检查和文明施工中间检查，并做好检查验收记录。

（6）各分部分项工程施工前，应进行认真的书面交底，严格按图纸及设计变更要求施工，发现问题及时上报，以技术部门和设计单位核定后再处理。

（7）加强试块试样管理，按规定及时制作，取样送试。有关资料的收集要完整、准确和及时。

（8）确保关键部位施工质量的技术措施。如选择与装饰等级相匹配的施工队伍及项目班子；做好深化设计图。合理安排工序搭接，新材料、新工艺、新技术应先行试验，明确质量标准后再大面积施工等。

（9）保证质量的组织措施，如建立健全质保体系、明确责任分工、人员培训、样板引路、编制操作工艺卡及行之有效的"三检制"、"材料和工程报验制"等。

（10）保证质量的经济措施，如建立奖罚制度等。

2. 安全保证措施

建筑装饰工程施工安全控制的重点是防火、安全用电及装饰机械、机具的安全使用。在编制安全措施时应做到具有及时性，工程施工前要编制安全技术措施，如有特殊情况来不及编制完整的，必须编制单项的安全施工要求；同时，编制的内容应具有针对性，要针对不同的施工现场和不同的施工方法，从防护上、技术上和管理上提出相应安全措施；最后是所编制的安全措施应具体化，能指导施工。保证安全的措施主要有以下几点。

（1）严格执行各种安全操作规程，施工前要有安全交底，每周定期进行安全教育。

（2）各工种工人须经安全培训和考核合格后方准进行施工作业。

（3）高空作业、主体交叉作业的安全措施。

（4）施工机械、设备、脚手架、上人电梯的安全措施。

（5）防火、防爆、防坠落、防冻害、防坍塌的措施等。

3. 进度保证措施

保证进度措施主要有以下几个方面。

（1）组织措施。在项目班子中设置施工进度控制专门人员，具体调度、控制安排施工；施工前，进行分析并进行项目分解，如按项目进展阶段分、按合同结构分，并建立编码体系；确定进度协调工作制度；对影响进度目标实现的干扰因素和风险因素进行分析，并加以排除。

（2）技术措施。利用现代施工手段、工艺、技术，加快施工进度。

（3）合同措施。需外分包的项目提前分段发包、提前施工，并使各合同的合同期与进度计划协调。

（4）经济措施。参加施工的各协作单位及人员提出进度要求，制订奖罚措施并及时兑现。

4. 降低成本措施

由于建设工程的投资主要发生在施工阶段，这一阶段需要投入大量的人力、物力、资金等，是工程项目建设费用消耗最多的，浪费投资的可能性比较大。所以精心地组织施工，挖掘各方面潜力，节约资源消耗，仍可以收到降低成本的明显效果。主要措施如下。

（1）在项目管理班子中落实从降低成本角度进行施工跟踪的人员、任务分工和职能分工。

(2) 编制单位工程成本控制工作计划和详细的工作流程图。

(3) 编制资金使用计划,确定、分解成本控制目标。并对成本目标进行风险分析,制订防范性对策。

(4) 在施工过程中进行成本跟踪控制,定期地进行投资实际支出值与计划目标值的比较;发现偏差,分析原因,采取纠偏措施。

认真做好施工组织设计,对主要施工方案进行技术经济分析。

5. 文明施工措施

拟定各项技术措施时,应有针对性,具体明确,切实可行,确定专人负责并严格检查监督执行。主要措施有。

(1) 及时清理施工垃圾,施工垃圾应集中堆放,及时清运,严禁随意凌空抛撒。

(2) 拆除旧的装饰物时,要随时洒水,减少扬尘污染。

(3) 进行现场施工搅拌作业时,搅拌机前台应设置沉淀池以防污水遍地。

(4) 限制施工,必须控制污水流向,污水经沉淀后,方可排入下水管道。

(5) 施工现场注意噪声的控制,应制订降噪制度和措施。

6. 成品保护措施

装饰装修工程所用材料比较贵重,成品保护工作十分重要,在编制技术组织措施时应考虑如何对成品进行保护。建筑装饰装修工程对成品保护一般采取"防护"、"包裹"、"覆盖"、"封闭"等保护措施,以及采取合理安排施工顺序等来达到保护成品的目的。

(1) "防护"是针对保护对象,采取各种保护措施。如对进出口台阶搭设脚手板,供人通行,来进行保护。

(2) "包裹"是将被保护物包裹起来以防损伤或污染。如不锈钢墙、柱等金属饰面在未交付使用前,其外侧防护薄膜不得撕开,并应有防碰撞保护措施。

(3) "覆盖"是指用表面覆盖的方法防止堵塞或损伤。如石材地面达到强度后需进行其他施工时,其上部可用锯末等覆盖以防止污染。

(4) "封闭"是指采取局部封闭的办法进行保护。如某项工程完毕后,可将该房间临时封闭,防止人们随意进入造成破坏。

7. 冬雨期施工措施

当室外平均的气温低于5 ℃及最低气温低于−3 ℃时,即转入冬期施工阶段。当次年初春连续7昼夜不出现负温度时,即转入常温施工阶段。我国地域宽广,各地的气候相差较大,因此转入冬期施工的时间及长短不同。南方许多地区由于气温较高,季节虽处冬天,但气温很少在零度以下,但雨期时间较长、阴雨潮湿天气较多。

建筑装饰工程和建筑结构工程一样,也须考虑冬期施工及雨期施工,以加快施工进度,提高经济效益。

8. 消防、保卫措施

（1）消防措施

① 施工现场的消防安全，由施工单位负责。施工现场实行逐级防火责任制，施工单位应明确一名施工现场负责人为防火负责人，全面负责施工现场的消防安全管理工作，并且应根据工程规模配备消防干部和义务消防员，规模较大的装饰工程现场应组织义务消防队。

② 实行施工总承包的装饰装修工程，总承包单位与分包单位签订分包合同时应规定分包单位的消防安全责任，由总承包单位监督检查。分包单位同样应按规定实行逐级防火责任制，接受总承包单位和业主方的监督检查。

③ 临建应符合防火要求，不得使用易燃材料。

④ 施工作业用火必须经保卫部门审查批准，领取用火证。用火证只在指定地点和限定时间内有效，动火时（如电焊、气割、使用无齿锯等）必须有专人看火。

⑤ 施工材料的存放、保管应符合防火安全要求。油漆、柴油等易燃品必须专库储存，尽可能采取随用随进，专人保管、发放、回收。

⑥ 施工现场要配备足够的消防器材，并做到布局合理，经常检查、维护、保养，确保消防器材灵敏有效。

⑦ 施工现场严禁吸烟。

⑧ 各类电气设备、线路不准超负荷运行，防止过热或打火短路。

⑨ 现场材料堆放中，木料堆放不宜过多，废料应及时清理，防止自燃。线路接头要接实、接牢，设备线路过垛之间保持一定防火间距。

⑩ 防水涂料及油漆施工时须注意通风，严禁明火。

（2）保卫措施

① 实行总承包单位负责的保卫工作责任制，各分包单位应接受总承包单位的统一领导和监督检查；

② 施工现场应建立门卫和巡逻制度，护场人员要佩戴执勤标志，重点工程、重要工程要实行凭证出入制度；

③ 做好分区隔离，明确人员标志，防止无关人员进入；

④ 做好成品保护工作，严防被盗、破坏及治安灾害事故发生。

4.7.2 技术经济指标分析

任何一个分部分项工程，都会有多种施工方案，技术经济分析的目的，就是论证施工组织设计在技术上是否先进、经济上是否合理。通过计算、分析比较，从诸多施工方案中选出一个工期短、质量好、材料省、劳动力安排合理、工程成本低的最优方案，为不断改进施工组织设计提供信息，为施工企业提高经济效益、加强企业竞争能力提供途径。对施工方案进行技术经济分析，是选择最优施工方案的重要环节之一，对不断提高建筑业技术、组织和管理水平，提高基本建设投资效益大有益处。

1. 技术经济分析的基本要求

（1）全面分析施工技术方法、组织手段和经济效果，以及施工具体环节及全过程。

（2）应抓住"一图、一案、一表"三大重点。即施工平面图、施工方案和施工进度表，并以此建立技术经济分析指标体系。

（3）灵活运用定性方法和有针对性的定量方法。但在做定量分析时，应针对主要指标、辅助指标和综合指标区别对待。

（4）应以设计方案的要求、有关国家规定及工程实际需要为依据。

2. 技术经济分析的重点

技术经济分析应围绕质量、工期、成本三个主要方面，即在保证质量的前提下，使工期合理，费用最少，效益最好。单位工程施工组织设计的技术经济分析重点是工期、质量、成本、劳动力安排、场地占用、临时设施、节约材料、新技术、新设备、新材料、新工艺的采用，但是在进行单位工程施工组织设计时，要针对不同的设计内容有不同的技术经济分析重点，如：装饰工程应以安排合理的施工顺序，保证工程质量，组织流水施工，节省材料，缩短工期为重点。

3. 技术经济分析的方法

技术经济分析的方法主要有定性分析和定量分析两种。

定性分析是结合工程实际经验，对每一个施工方案的优缺点进行分析比较，主要考虑：工期是否符合要求，技术上是否先进可行，施工操作上的难易程度，施工安全可靠性如何，劳动力和施工机械能否满足，保证工程质量措施是否完善可靠，是否能充分发挥施工机械的作用，为后续工程提供有利施工的可能性，能否为现场文明施工创造有利条件，对冬雨季施工带来的困难等等。评价时受评价人的主观因素影响较大，因此只用于施工方案的初步评价。

定量分析是通过计算各施工方案中的主要技术经济指标，进行综合分析比较，从中选择技术经济指标最优的方案。由于定量分析是直接进行计算、对比，用数据说话，因此比较客观，是方案评价的主要方法。

4. 技术经济分析指标

单位工程施工方案的主要技术经济分析指标有：单位面积建筑造价、降低成本指标、施工机械化程度、单位面积劳动消耗量、工期指标；另外还包括质量指标、安全指标、三大材料节约指标、劳动生产率指标等。

(1) 工期指标

工期是从施工准备工作开始到产品交付用户所经历的时间。它反映国家一定时期的和当地的生产力水平。选择某种施工方案时，在确保工程质量和安全施工的前提下，应当把缩短工期放在首要位置来考虑。工期长短不仅严重影响着企业的经济效益，而且也涉及建筑工程能否及早发挥作用。在考虑工期指标时，要把上级的指令工期、建设单位要求的工期和工程承包协议中的合同工期有机地结合起来，根据施工企业的实际情况，确定一个合理的工期指标，作为施工企业在施工进度方面的努力方向，并与国家规定的工期或建设地区同类型建筑物的平均工期进行比较。

(2) 单位面积装饰造价

装饰造价是建筑产品一次性的综合货币指标，其内容包括人工、材料、机械费用和施工管理费等。为了正确评价施工方案的经济合理性，在计算单位面积建筑造价时，应采用实际的施工造价。

$$单位面积建筑造价 = \frac{建筑实际总造价}{建筑总面积(元/平方米)} \tag{4-11}$$

(3) 降低成本指标

降低成本指标是工程经济中的一个重要指标，它综合反映了工程项目或分部工程由于采用施工方案不同，而产生不同经济效果。其指标可采用降低成本额或降低成本率表示。

$$降低成本额 = 预算成本 - 计划成本 \tag{4-12}$$

$$降低成本率 = \frac{降低成本额}{预算成本 \times 100\%} \tag{4-13}$$

预算成本是根据施工图按预算价格计算的成本。计划成本是按采用的施工方案所确定的施工成本。

(4) 施工机械化程度

提高施工机械化程度是建筑施工的发展趋势。根据中国的国情，采用土洋结合、积极扩大机械化施工范围，是施工企业努力的方向。在工程招投标中，也是衡量施工企业竞争实力的主要指标之一。

$$施工机械化程度 = \frac{机械完成的实物量}{工程全部实物量 \times 100\%} \tag{4-14}$$

(5) 单位面积劳动消耗量

单位面积劳动消耗量是指完成单位工程合格产品所消耗的活劳动，它包括完成该工程所有施工过程主要工种、辅助工种及准备工作的全部劳动。单位面积劳动消耗量的高低，标志着施工企业的技术水平和管理水平，也是企业经济效益好坏的主要指标。其中，劳动工日数包括主要工种用工、辅助用工和准备工作用工。

$$\text{单位面积劳动消耗量} = \frac{\text{完成该工程的全部劳动工日数}}{\text{总建筑面积}} (\text{工日}/\text{m}^2) \qquad (4\text{-}15)$$

不同的施工方案进行技术经济指标比较，往往会出现某些指标较好，而另一些指标较差，所以评价或选择某一种施工方案不能只看某一项指标，应当根据具体的施工条件和施工对象，实事求是地，客观地进行分析，从中选出最佳方案。

4.8 复习思考题

1. 简述编制单位装饰工程施工组织设计的依据和程序。
2. 试述选择施工方案的基本要求。
3. 确定建筑装饰工程流向时，需考虑哪些因素？
4. 选择施工机械应着重考虑哪些问题？
5. 如何选择建筑装饰工程的施工方法？
6. 单位工程施工进度计划的作用有哪些？可分为哪两类？
7. 试述单位工程施工进度计划的编制依据。
8. 施工项目划分时应注意哪些问题？
9. 如何确定一个施工项目的劳动量、机械台班量？
10. 如何确定各分部分项工程的持续时间？
11. 试述施工平面图的设计步骤和应遵循的原则。

第 5 章　建筑装饰工程招标与投标

5.1　概　　述

招标投标是在市场经济条件下进行工程建设、货物买卖、财产出租、中介服务等经济活动的一种竞争形式和交易方式，是引入竞争机制订立合同（契约）的一种法律形式。

招标投标的交易方式，是市场经济的产物，采用这种交易方式，须具备两个基本条件：一是要有能够开展公平竞争的市场经济运行机制。二是必须存在招标采购项目的买方市场，对采购项目能够形成卖方多家竞争的局面，买方才能够居于主导地位，有条件以招标方式从多家竞争者中择优选择中标者。

建筑装饰工程是建筑工程的组成部分，根据国际惯例和国家政府主管部门的规定，建筑装饰工程的招标投标仍属于建筑工程的招标投标范围，由国家和地方建委招投标主管部门统一管理。实践证明，建筑装饰工程实施招标投标制度，对于降低工程造价、缩短建设工期、确保工程质量，提高工程项目投资的经济效益，促进建筑装饰企业提高企业素质、改进经营管理等方面都具有明显的作用。

5.1.1　建筑装饰工程招标与投标的基本概念

建筑装饰工程招标，是招标人在发包建筑装饰工程项目之前，公开招标或邀请投标人，根据招标人的意图和要求提出报价，择日当场开标，以便从中择优选定中标人的一种经济活动。

建筑装饰工程投标，是建筑装饰工程招标的对称概念，指具有合法资格和能力的投标人根据招标条件，经过初步研究和估算，在指定期限内填写标书，提出报价，并等候开标，决定能否中标的经济活动。

5.1.2　建筑装饰工程招标与投标的性质

我国法学界一般认为，建筑装饰工程招标是要约邀请，而投标是要约，中标通知书是承诺。《中华人民共和国合同法》也明确规定，招标公告是要约邀请。也就是说，招标实际上是邀请投标人对其提出要约。投标则是一种要约，它符合要约的所有条件，如具有缔结合同的主观目的，一旦中标，投标人将受投标书的约束；投标书的内容具有足以使合同成立的主要条件等。招标人向中标的投标人发出的中标通知书,则是招标人同意接受中标的投标人的投标条件,即同意接受该投标人的要约的意思表示,应属于承诺。

5.1.3　建筑装饰工程招标与投标的范围和标准

（1）符合 2000 年 1 月 1 日施行的《中华人民共和国招标投标法》(以下简称《招标投标法》及《工程建设项目招标范围和规模标准规定》(2000 年 5 月 1 日国家发展计划委员会第 3 号令发布)的有关规定,必须实行装饰工程招标投标活动。

（2）根据我国的实际情况,允许各地区自行确定本地区招标的具体范围和规模标准,但不得缩小原国家计划委员会所确定的必须招标的范围。在此范围之外的工程,本着业主自愿的原则决定是否招标,但建设行政主管部门,不得拒绝其招标要求。

（3）中华人民共和国建设部在《建筑装饰装修管理规定》(1995 年 8 月 7 日发布)中规定,下列大中型装饰装修工程应当采取公开招标或邀请招标的方式发包。

① 政府投资的工程。
② 行政、事业单位投资的工程。
③ 国有企业投资的工程。
④ 国有企业控股的企业投资的工程。

上述规定范围内不宜公开招标或邀请招标的军事设施工程、保密设施工程、特殊专业等工程,可以采取议标或直接发包。其他装饰装修工程的发包方式,由建设单位或房屋所有权人、房屋使用人自行确定。

5.1.4　建筑装饰工程招标与投标的基本原则

建筑装饰工程招投标活动必须遵守的原则是公开、公平、公正和诚实信用。
公开：具体表现在建设工程招标投标的信息公开、条件公开、程序公开和结果公开。
公平：就是要求给予所有投标人平等的机会,使其享有同等的权利并履行相应的义务,不歧视任何一方。
公证：要求评标时按事先公布的标准对待所有的投标人。
诚实信用：不得有欺骗、背信的行为,这是民事活动的基本准则。

5.1.5　建筑装饰工程招标与投标的作用

（1）可以提高装饰施工企业的经营管理水平。实行建筑装饰工程招投标制,打破了部门、地区、城乡和所有制的界限,发包单位和承包单位必须进入市场,使双方都有选择的余地。这就促使企业必须转变经营机制,提高企业的管理水平,依靠自身的能力在市场上进行竞争,并谋求长远发展。

（2）可以提高施工企业的施工技术水平。为了在竞争中取胜，这就要求企业必须不断地提高施工技术水平，力图从质量、价格、交货期限等方面提高自己的市场竞争能力，尽可能将其他投标者挤出市场。

（3）可以加快施工速度，缩短工期。由于承包商管理水平和技术水平的不断提高，势必会提高单位时间的生产效率，从而有利于加快施工进度，缩短工期。

（4）可以降低造价，节约建设资金。由于价格竞争往往成为招标投标的重要内容，为了提高中标率，建筑装饰企业必然会以低而合理的报价取胜。

（5）可以避免甲乙双方的矛盾。通过招标投标，严格依照招标投标法的规定执行，较好地保护了国家利益、社会公共利益和招标投标活动当事人的合法权益，提高经济效益，保证项目质量。避免了甲乙双方的矛盾。

5.2 建筑装饰工程招标

5.2.1 建筑装饰工程招标的类型

（1）建筑装饰设计招标。建筑装饰设计招标一般是对大型高档建筑的公共部分如大堂、多功能厅、高级办公空间、娱乐空间等精装饰部分进行装饰设计招标。一般要求先绘制平面图、主要立面图、剖面图和彩色效果图及设计估算报价书等方案设计文件，待方案设计中标后，再进行施工图绘制。

（2）建筑装饰施工招标。建筑装饰施工招标一般是对建筑高级装饰部分进行施工招标，如室内的公共空间工程，建筑外部装饰，如玻璃幕墙工程、外墙石材饰面工程和外墙复合铝板工程等。建筑装饰施工招标的工程内容又分为包工包料、包工不包料和建设方供主材、承包方供辅料等几种形式。

（3）建筑装饰设计、施工招标。建筑装饰设计、施工招标模式也称为"设计—施工连贯模式"。建筑装饰企业在明确项目使用功能和竣工期限的前提下，完成工程项目的设计、施工等环节。这种方式使设计施工密切配合，有利于施工项目的管理。招标的工程内容同上面的设计招标和施工招标。

5.2.2 建筑装饰工程招标的方式

国际上通行的为公开招标、邀请招标和议标，但《招标投标法》未将议标作为法定的招标方式，即法律所规定的强制招标项目不允许采用议标方式，主要因为我国国情与建筑市场的现状条件，不宜采用议标方式，但法律并不排除议标方式。

1. 公开招标

公开招标又称为无限竞争招标，是由招标单位通过报刊、广播、电视等方式发布招标广告，有投标意向的承包商均可参加投标资格审查，审查合格的承包商可购买或领取招标文件，参加投标的招标方式。

优点：投标的承包商多、竞争范围大，业主有较大的选择余地，有利于降低工程造价，提高工程质量和缩短工期。

缺点：由于投标的承包商多，招标工作量大，组织工作复杂，需投入较多的人力、物力，招标过程所需时间较长，因而此类招标方式主要适用于投资额度大、工艺等较复杂的工程建设项目。

适用范围：公开招标符合市场经济的要求，因此各类工程项目和实施任务均可采用公开招标的方式，择优选择实施者。

2. 邀请招标

邀请招标又称为有限竞争性招标。这种方式不发布广告，业主根据自己的经验和所掌握的各种信息资料，向有承担该项工程施工能力的三个以上（含三个）承包商发出投标邀请书，收到邀请书的单位有权利选择是否参加投标。邀请招标与公开招标一样都必须按规定的招标程序进行，要制订统一的招标文件，投标人都必须按招标文件的规定进行投标。

优点：投标单位少，招标工作量小，招标费用少；由于招标者对邀请招标的投标人比较了解，有利于合同的履行，保证工程质量和工期。

缺点：由于参加的投标单位相对较少，竞争性范围较小，限制在有技术和报价上有竞争力的潜在投标人，使招标单位对投标单位的选择余地较少，工程造价可能较高。

适用范围：鉴于邀请招标的优缺点，国际上和我国都对邀请招标的适用范围和条件，做出有别于公开招标的指导性规定。邀请招标方式适用于可能响应招标的投标人较少，如采用公开招标达不到预期目的的工程项目或实施任务

3. 议标

议标（又称协议招标、协商招标）是一种以议标文件或拟议的合同草案为基础的，直接通过谈判方式，分别与若干家承包商进行协商，选择自己满意的一家，签订承包合同的招标方式。这种方法仅适用于不宜公开招标的国家重要机关、专业性强、特殊要求多和保密性强的装饰工程，并应报县级以上建设行政主管部门，经批准后方可进行。

5.2.3 建筑装饰工程招标的程序

建筑装饰工程招标程序一般分为三个阶段：一是招标准备阶段，从办理招标申请开始，

到发出招标公告或投标邀请函为止的时间段;二是招标阶段,从发布招标公告之日起到投标截止之日的时间段;三是决标阶段,从开标之日起到与中标人签订合同为止的阶段。

一般的招标程序流程图如图 5-1 所示。

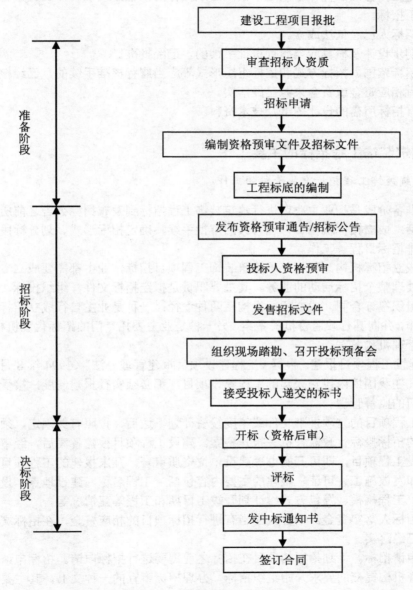

图 5-1　公开招标工作流程图

5.2.4 招标项目应具备的条件

拟建的工程项目只有具备一定的条件才能招标。如《工程建设项目施工招标投标办法》第 8 条对施工招标的条件作了规定：依法必须招标的工程建设项目，应当具备下列条件才能进行施工招标。

（1）招标人已经依法成立。
（2）初步设计及概算应当履行审批手续的，已经批准。
（3）招标范围、招标方式和招标组织形式等应当履行核准手续的，已经核准。
（4）有相应资金或资金来源已经落实。
（5）有招标所需的设计图纸及技术资料。

5.2.5 建筑装饰工程招标的主要工作

1. 建筑装饰工程招标准备阶段的工作

招标准备阶段是指业主决定进行建筑装饰工程招标到发布招标公告之前所做的准备工作，它包括：成立招标机构、办理有关的审批手续、确定招标形式、划分标段、编制招标文件、安排招标日程等工作。

（1）成立招标机构。任何一项建筑装饰工程项目招标，业主都需要成立专门的招标机构，全权处理整个招标活动的业务。其主要职责是拟定招标文件，组织投标、开标、评标和定标、组织签订合同。成立招标机构有两种途径：一种是业主自行成立招标机构，组织招投标工作，并向其行政监督机关备案，另一种是业主委托专门的招标代理机构组织招标，并报招标管理机构备案。

（2）建设工程项目报建。根据《工程建设项目报建管理办法》（1994 年 8 月 13 日施行）的规定，凡在我国境内投资兴建的工程建设项目，都必须实行报建制度，接受当地建设行政主管部门的监督管理。

建设工程项目的立项批准文件或年度投资计划下达后，按照有关规定，须向建设行政主管部门的招标投标行政监管机关报建备案。建设工程项目报建备案后，经审批具备招标条件的建设工程项目，即可开始办理建设单位资质审查。凡未报建的工程项目，不得办理招标手续和发放施工许可证。报建的主要内容包括：工程名称、建设地点、投资规模、资金投资额、工程规模、发包方式、计划开竣工日期和工程筹建情况等。

（3）招标人落实资金。招标人应当有进行招标项目的相应资金，在招标文件中要说明资金来源已经落实。

（4）申请招标。计划招标的项目在招标之前需要进行招标申请。招标申请书是招标人向政府主管机构提交的要求开始组织招标、办理招标事宜的一种文书。其主要内容包括：招标单位的资质、招标工程具备的条件、拟采用的招标方式和对投标人的要求等。建筑装饰工程招标申请表的格式参见表 5-1。

表 5-1 建筑装饰工程招标申请表　　　　　　　　　　　招审字第_号

工程名称				建设地点			
结构类型				招标建设规模			
报建批准文号				概（预）算/万元			
计划开工日期		年　月　日		计划竣工日期		年　月　日	
招标方式				发包方式			
要求投标单位资质等级				设计单位			
工程招标范围							
招标前期准备情况	施工现场条件	水		电		场地平整	
		路					
	建设单位供应的材料或设备	如有附材料、设备清单					
招标工作组人员名单	姓名	工作单位	职务	职称	从事专业年限	负责招标内容	
	...						
招标单位	（公章） 年　月　日			负责人：（签字、盖章）			
建设单位意见	（公章） 年　月　日			负责人：（签字、盖章）			
建设单位上级主管部门意见	（盖章） 年　月　日						
招标管理机构意见	（盖章） 年　月　日						
备注							

（5）确定招标方式。根据建筑装饰工程项目的条件和特点招标人须确定工程项目的招标方式，招标人应当依法选定公开招标或邀请招标方式。

（6）标段的划分。招标项目需要划分标段的，招标人应当合理划分标段。一般情况下，一个项目应当作为一个整体进行招标。但是，对于大型的项目，作为一个整体进行招标将大大降低招标的竞争性。可将招标项目划分成若干个标段分别进行招标，但也不能将标段划分得太小，太小的标段将失去对实力雄厚的潜在投标人的吸引力。如建设项目的施工招标，一般可以将一个项目分解为单位工程及特殊专业工程分别招标，但不允许将单位工程肢解为分部、分项工程进行招标。

2. 建筑装饰工程招标实施阶段的工作

(1) 编制招标文件

建筑装饰工程招标文件，是建筑装饰工程招标人单方面阐述自己的招标条件和具体要求的意思表示，是招标人确定、修改和解释有关招标事项的各种书面表达形式的统称。

《招标投标法》第 19 条规定："招标人应当根据招标项目的特点和需要编制招标文件。招标文件应当包括招标项目的技术要求、对投标人资格审查的标准、投标报价要求和评标标准等所有实质性要求和条件以及拟签订合同的主要条款。国家对招标项目的技术、标准有规定的，招标人应当按照其规定在招标文件中提出相应要求。招标项目需要划分标段、确定工期的，招标人应当合理划分标段、确定工期，并在招标文件中载明。"

建设工程招标文件是由招标单位或其委托的咨询机构编制发布的。它既是投标单位编制投标文件的依据，也是招标单位与将来中标单位签订工程承包合同的基础，招标文件中提出的各项要求，对整个招标工作乃至承发包双方都有约束力。

一般来说，招标文件在形式上的构成，主要包括正式文本、对正式文本的解释和对正式文本的修改三个部分。

① 招标文件正式文本一般包括以下内容：投标须知、合同条件、合同协议条款、合同格式、技术规范、投标书和投标书附录、工程量清单与报价表、辅助资料表、资格审查表（有资格预审的不再采用）、图纸等内容。

编制招标文件应当注意的事项：

- 招标文件的编制应遵循公平原则；
- 招标文件的内容应当完备、准确；
- 如果设有标底，招标人须对标底保密；
- 不得随意变更修改已经发售的招标文件。

② 对招标文件正式文本的解释（澄清）

其形式主要是书面答复、投标预备会议记录等。投标人如果认为招标文件有问题需要澄清，应在收到招标文件后以文字、电传、传真或电报等书面形式向招标人提出，招标人将以文字、电传、传真或电报等书面形式或以投标预备会的方式给予解答。解答包括对询问的解释，但不说明询问的来源。解答意见经招标投标管理机构核准，由招标人送给所有获得招标文件的投标人。

③ 对招标文件正式文本的修改

其形式主要是补充通知、修改书等。在投标截止日前，招标人可以自己主动对招标文件进行修改，或为解答投标人要求澄清的问题而对招标文件进行修改。修改意见经招标投标管理机构核准，由招标人以文字、电传、传真或电报等书面形式发给所有获得招标文件的投标人。对招标文件的修改，也是招标文件的组成部分，对投标人起约束作用。投标人收到修改意见后应立即以书面形式（回执）通知招标人，确认已收到修改意见。为了给投标人合理的时间，使他们在编制投标文件时将修改意见考虑进去，招标人可以酌情延长递交投标文件的截止日期。

(2) 编制工程标底

标底是指招标人根据招标项目的具体情况，编制的完成招标项目所需的全部费用，是根据国家规定的计价依据和计价办法计算出来的工程造价，是招标人对建设项目的期望价格。标底由成本、利润、税金等组成，一般应该控制在批准的总概算及投资包干限额内。当招标文件中的商务条款一经确定，即可进入标底编制阶段。

① 标底的作用
- 标底是招标单位确定工程总造价的依据，是进行招标、评标和定标主要依据之一。
- 标底是衡量投标单位对报价高低的标准。凡经审定的标底反映的是社会平均水平。
- 标底是保证工程质量的基础。防止投标单位故意低于成本报价，影响工程质量。

② 标底编制的原则
- 标底价格应由成本、利润、税金等组成。
- 标底价格不仅应考虑人、材、机等价格变动的因素，而且还应考虑施工不可预见费、包干费和措施费。
- 一个工程只能编制一个标底。且经审定的标底在开标前保密，不得泄露。

③ 标底编制的主要依据包括：
- 设计图纸及有关资料；
- 招标文件；
- 国家和省市现行的装饰定额、参考定额和费用定额及政策性文件；
- 地区材料、设备预算价格价差；
- 工程现场施工情况及运输条件。

(3) 招标公告和投标邀请书的发布

招标公告是指采用公开招标方式的招标人（包括招标代理机构）向所有潜在的投标人发出的一种广泛的通告。招标公告的目的是使所有潜在的投标人都具有公平的投标竞争的机会。招标人采用公开招标方式的，应当发布招标公告。招标公告应当通过国家指定的报刊、信息网络或其他媒介发布。如《经济日报》、中国采购与招标网（www.Chinabidding.gov.cn）等都可以进行招标信息的发布。

投标邀请书是指采用邀请投标方式的招标人，向3个以上具备承担招标项目能力的、资信良好的特定法人或其他组织发出的参加投标的邀请。

采用议标方式的，由招标人向拟邀请参加议标的承包商发出投标邀请书（也有称之为议标邀请书的），向参加议标的单位介绍工程情况和对承包商的资质要求等。

根据原国家发改委发布的《工程建设项目施工招标投标办法》（2003年5月1日起实施）规定，招标公告或投标邀请书应当至少载明以下内容：

① 招标人的名称和地址。
② 招标项目的内容、规模、资金来源。

③ 招标项目的实施地点和工期。
④ 获取招标文件或资格预审文件的地点和时间。
⑤ 对招标文件或资格预审文件收取的费用。
⑥ 对投标人的资质等级要求。

例如采用资格预审方式的建筑装饰工程公开招标的招标公告格式如下：

招 标 公 告

招标工程项目编号：（项目编号）

1. ＿＿（招标人名称）＿＿ 的 ＿＿（招标工程项目名称）＿＿，已由＿＿（项目批准机关名称）＿＿批准建设。现决定对该项目的工程施工进行公开招标，选定承包人。

2. 本次招标工程项目的概况如下：

2.1（说明招标工程项目的性质、规模、结构类型、招标范围、标段及资金来源和落实情况等）；

2.2 工程建设地点为＿＿＿＿＿（工程建设地点）＿＿＿＿＿；

2.3 计划开工日期为＿＿（开工年）＿＿年＿＿（开工月）＿＿月＿＿（开工日）＿＿日，计划竣工日期为＿＿（竣工年）＿＿年＿＿（竣工月）＿＿月＿＿（竣工日）＿＿日，工期（工期）日；

2.4 工程质量要求符合＿＿（工程质量标准）＿＿标准。

3. 凡具备承担招标工程项目的能力并具备规定的资格条件的施工企业，均可对上述＿＿（一个或多个）＿＿招标工程项目（标段）向招标人提出资格预审申请，只有资格预审合格的投标申请人才能参加投标。

4. 投标申请人须是具备建设行政主管部门核发的（行业类别）（资质类别）（资质等级）以上资质的法人或其他组织。自愿组成联合体的各方均应具备承担招标工程项目的相应资质条件；相同专业的施工企业组成的联合体，按照资质等级低的施工企业的业务许可范围承揽工程。

5. 投标申请人可从（获取预审文件地址）处获取资格预审文件，时间为（获取开始年）年（获取开始月）月（获取开始日）日至（获取结束年）年（获取结束月）月（获取结束日）日，每天上午（获取上午开始时）时（获取上午开始分）分至（获取上午结束时）时（获取上午结束分）分，下午（获取下午开始时）时（获取下午开始分）分至（获取下午结束时）时（获取下午结束分）分（公休日、节假日除外）。

6. 资格预审文件每套售价为（币种，金额，单位）＿＿元，售后不退。如需邮购，可以书面形式通知招标人，并另加邮费每套（币种，金额，单位）＿＿元。招标人在收到邮购款后＿＿＿＿＿日内，以快递方式向投标申请人寄送资格预审文件。

7. 资格预审申请书封面上应清楚地注明"＿＿（招标工程项目名称）（标段名称）＿＿＿投标申请人资格预审申请书"字样。

8. 资格预审申请书须密封后，于＿（预审文件提交截止年）年＿（预审文件提交截止月）月＿（预审文件提交截止日）日＿（预审文件提交截止时）时以前送至＿＿（提交预审文件地址）＿＿处，逾期送达或不符合规定的资格预审申请书将被拒绝。

9. 资格预审结果将及时告知投标申请人，并预计于＿＿＿年＿＿＿月＿＿＿日发出资格预审合格通知书。

10. 凡资格预审合格的投标申请人，请按照资格预审合格通知书中确定的时间、地点和方式获取招标文件及有关资料。

  招 标 人：＿＿＿＿（招标人名称）
  办公地址：＿＿＿＿（招标人办公地址）
  邮政编码：（招标人邮编） 联系电话：＿（招标人电话）
  传 真：（招标人传真） 联 系 人：＿（招标人联系人）
  招标代理机构：＿＿＿＿（招标代理机构名称）
  办公地址：＿＿＿＿（招标代理机构地址）
  邮政编码：（代理邮编） 联系电话（代理电话）
  传 真：（代理传真） 联 系 人：（代理联系人）
  日 期：＿＿＿年＿＿＿月＿＿＿日

（4）对投标人进行资格审查，并将审查结果通知各申请投标者

《招标投标法》第18条规定："招标人可以根据招标项目本身的要求，在招标公告或者投标邀请书中，要求潜在投标人提供有关资质证明文件和业绩情况并对潜在投标人进行资格审查；国家对投标人的资格条件有规定的，依照其规定。招标人不得以不合理的条件限制或者排斥潜在投标人，不得对潜在投标人实行歧视待遇。"

资格预审文件一般应当包括资格预审申请书格式、申请人须知，以及需要投标申请人提供的企业资质、业绩、技术装备、财务状况和拟派出的项目经理与主要技术人员的简历、业绩等证明材料。

经资格预审后，招标人应当向资格预审合格的投标申请人发出资格预审合格通知书，告知获取招标文件的时间、地点和方法，并同时向资格预审不合格的投标申请人告知资格预审结果。

在资格预审合格的投标申请人过多时，可以由招标人从中选择不少于7家资格预审合格的投标申请人。

招标人对投标人的资格审查可以分为资格预审和资格后审两种方式。

① 资格预审是指招标人在发出招标公告或招标邀请书以前，先发出资格预审的公告或邀请，要求潜在投标人提交资格预审的申请及有关证明资料，经资格预审合格的，方可参

加正式的投标竞争。

② 资格后审是指招标人在投标人提交投标文件后或经过评标已有中标人选后,再对投标人或中标人选是否有能力履行合同义务进行审查。

(5) 分发招标文件和有关资料,收取投标保证金

招标人向经审查合格的投标人分发招标文件及有关资料,并向投标人收取投标保证金。公开招标实行资格后审的,直接向所有投标报名者分发招标文件和有关资料,收取投标保证金。投标保证金的额度,根据工程投资大小由业主在招标文件中确定。

招标人应当确定投标人编制招标文件所需要的合理时间;依法必须进行招标的项目,自招标文件开始发出日起至投标人提交截止之日止,最短不得少于20日。招标文件发出后,招标人不得擅自变更其内容。确需进行必要的澄清、修改或补充的,应当在招标文件要求提交投标文件截止时间至少15天前,书面通知所有获得招标文件的投标人。该澄清、修改或补充的内容是招标文件的组成部分,对招标人和投标人都有约束力。

(6) 组织投标单位踏勘现场,并对招标文件答疑

《招标投标法》第21条规定:"招标人根据招标项目的具体情况,可以组织潜在投标人踏勘项目现场。"招标人组织投标人进行踏勘现场,主要目的是让投标人了解工程现场和周围环境情况,获取必要的信息。

① 招标人工作

招标文件发售后,招标人要在招标文件规定的时间内组织投标人踏勘现场并对潜在投标人针对招标文件及现场提出的问题进行答疑。招标人组织投标人进行踏勘现场的主要目的是让投标人了解工程现场和周围环境情况,获取必要的信息。

② 投标人工作

投标人拿到招标文件后,应进行全面细致的调查研究。若有疑问或不清楚的问题需要招标人予以澄清和解答的,应在收到招标文件后的一定期限内以书面形式向招标人提出。

为获取与编制投标文件有关的必要的信息,投标人要按照招标文件中注明的现场踏勘和投标预备会的时间和地点,积极参加现场踏勘和投标预备会。

投标人在去现场踏勘之前,应先仔细研究招标文件有关概念的含义和各项要求,特别是招标文件中的工作范围、专用条款以及设计图纸和说明等,然后有针对性地拟订出踏勘提纲,确定重点需要澄清和解答的问题,做到心中有数。

③ 对投标人疑问的解答

投标人对招标文件或者在现场踏勘中如果有疑问或有不清楚的问题,应当用书面的形式要求招标人予以解答。招标人收到投标人提出的疑问或不清楚的问题后,应当给予解释和答复,并将解答同时发给所有获取招标文件的投标人。

(7) 签收投标文件

招标文件在规定的投标截止日期前,招标人对投标人送达的投标文件应予以接收,并给投标文件签发回执。在招标文件要求提交投标文件的截止时间后送达的投标文件,招标

人应当拒收。开标会议前所有投标文件不得开封,做好保密工作。

提交投标文件的投标人少于3个的,招标人应当依法重新招标。重新招标后投标人仍少于3个的,属于必须审批的工程建设项目,报经原审批部门批准后可以不再进行招标;其他工程建设项目,招标人可自行决定不再进行招标。

3. 建筑装饰工程施工决标阶段的工作

在建设项目招投标中,开标、评标和定标是招标程序中极为重要的环节。只有做出客观、公正的评标、定标,才能最终选择最合适的承包商,从而顺利进入到建设项目的实施阶段。我国《招标投标法》及建设部第89号令《房屋建筑和市政基础设施工程施工招标投标管理办法》中,对于开标的时间和地点、出席开标会议的一系列规定、开标的顺序及无效标等,对于评标原则和评标委员会的组建、评标程序和方法,对于定标的条件与做法,均做出了明确而清晰的规定。

5.3 建筑装饰工程投标

5.3.1 建筑装饰工程投标人

1. 建筑装饰工程投标人

建筑装饰工程投标人是建筑装饰工程招投标活动中的另一方当事人,是响应招标、参加投标竞争的法人或者其他组织。

《招标投标法》第26条规定:"投标人应当具备承担招标项目的能力;国家有关规定对投标人资格条件或者招标文件对投标人资格条件有规定的,投标人应当具备规定的资格条件。"

参加工程投标的施工企业,根据《工程建设施工招标投标管理办法》的规定,一般具备下列条件:

(1)必须具有权利机关批准的营业执照,执照上应注明业务范围;
(2)必须具有社会法人资格,能独立承担民事权利和行为能力;
(3)符合招标单位提出的条件和要求,中标后能及时进行施工。

具备投标条件的装饰企业,向招标单位提出投标申请,必须接受资格审查,通过后向招标单位购买招标文件,进行工程投标。

2. 共同投标的联合体的基本条件

(1)联合体各方均应具备承担招标项目的相应的能力。
(2)国家有关规定或者招标文件对投标人资格条件有规定的,联合体各方均应当具备规定的相应资格条件。

（3）有同一专业的单位组成的联合体，按照资质等级较低的单位确定资质等级。

（4）联合体各方应当签订共同投标协议，明确约定各方拟承担的工作和责任，并将共同投标协议连同投标文件一并提交招标人。联合体中标的，联合体各方应当共同与招标人签订合同，就中标项目向招标人承担连带责任，但是共同投标协议另有约定的除外。

（5）联合体应该指定一家联合体成员作为主办人，由联合体各成员法定代表人签署提交一份授权书，证明其主办人资格。

（6）参加联合体的各成员不得再以自己的名义单独投标，也不得同时参加两个和两个以上的联合体投标。

5.3.2 建筑装饰工程投标的程序

根据建筑装饰工程招标程序的要求，投标人的投标工作程序可按图 5-2 所示的步骤进行。

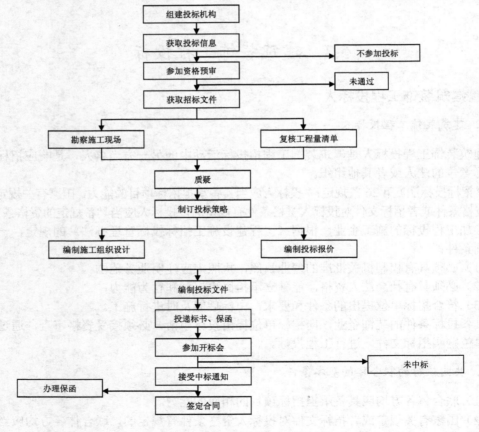

图 5-2 投标工作程序流程图

5.3.3 建筑装饰工程投标人在投标阶段的主要工作

1. 组建投标机构

投标人应建立一个精干高效的投标工作机构。投标工作机构在平时要注意投标信息资料的收集与分析,研究投标策略。当有招标项目时,则承担起选择投标对象,研究招标文件和勘查现场,确定投标报价,编制投标文件等工作,中标后负责或参与合同谈判、合同条款的起草及合同的签订等工作。

(1) 专职的投标机构。建筑装饰施工企业一般应设立专职的投标工作机构,人员不一定多,但要求素质较高、经验丰富,有较强的预测和应变能力。人员知识结构大体应涵盖以下几个方面:具有法律知识,熟悉合同管理、有丰富的施工经验、熟悉工程造价、了解物资采购和供应等。

(2) 投标机构的主要职责。投标机构的工作可以分为平时的资料收集和整编工作,以及获得招标项目信息后的投标工作两大类,平时工作是投标的基础。

2. 获取投标信息

搜集并跟踪投标信息是投标人的重要工作,投标人应建立广泛的信息网络,不仅要关注各招标机构公开发行的招标公告和公开发行的报刊、网络媒体,还要建立与建设管理部门、建设单位、设计单位、咨询机构的良好关系,以便尽早了解建设项目的信息,为投标工作早做准备。投标人还要注意了解国家和省市发改委的有关政策,预测投资动向和发展规划。

获取投标信息的另一途径是直接得到招标人的邀请。这需要企业有先进的技术手段、较高的管理水平和良好的声誉。

3. 分析投标项目风险

工程建设项目的特点是大型化、技术复杂、建设周期长,以及受外界自然环境条件和人为因素条件影响大,这就决定了每一个项目实施过程中所遇到的问题均不相同,即通常所说的工程项目建设具有不可复制性。风险因素存在于实施的各个阶段和各工作环节中,因此风险分析应贯彻于从投标开始至竣工完成的整个过程,故应不断地分析可能发生的风险并采取相应对策。建筑装饰工程项目施工的风险大体可以分为技术性风险和非技术性风险两大类。

(1) 技术性风险

① 施工工艺水平达不到合同规定的要求。
② 施工质量存在严重缺陷。
③ 施工组织不当导致不能按计划完成工程。
④ 质量保证体系存在严重缺陷。
⑤ 受人力、物力资源的限制不能按期完工。

⑥ 施工中遇到不利的气候条件影响而延误工期或增大成本。
⑦ 对水文和地质资料研究不够而导致额外投入和工期延误等。
（2）非技术性风险
① 物价浮动影响。
② 发包人的信誉不好。
③ 后续法规政策变化的不利影响。
④ 监理工程师处理合同问题不公平受到的损害。
⑤ 合同管理不够严格带来的损失。
⑥ 选任的项目经理不称职。
⑦ 财务管理失误而带来的损失等。

建筑装饰项目施工可能发生的风险因素众多，通过风险评价找出主要风险，并要采用相应的对策。可以采用的措施包括以下几点。

（1）风险转移。在保险公司承保范围内，将施工过程中可能存在的重大损害风险转移给保险公司承担，将投保的费用计入成本，并包括在报价中。

（2）风险分散。联合体投标时，在联合体协议书中应明确风险分担的责任。如果中标后准备将部分工作分包，则应将主合同中发包人要求承包人所承担风险责任的条款，原封不动地写入分包合同之中，要求分包商同样承担他所实施项目中主合同规定的风险责任。

（3）风险控制。主要通过在编制投标书的施工方案和进度计划时，采取合理有效的组织措施、技术措施和管理措施，以防止风险事件的发生或发生后尽可能减少损失。这些措施导致的成本增加，应计入报价之内。

（4）风险自留。通过以上方式仍不能解决的风险，应以预留风险基金的形式计入报价，一旦风险事件发生以其弥补损害。计入报价的风险基金额度需慎重考虑，估计过多则会导致投标报价失去竞争力，过低则会发生由于对风险估计不足而产生的施工亏损。

（5）风险减轻。通过增加投标报价、争取合理的合同条款、加强经营管理、提高职工素质等方式减轻风险。

4. 投标决策

建筑装饰施工企业的决策层在投标过程需要有两个重要的决策，以便工作人员按照决策进行投标工作。一是对投标工程项目的选择；二是对工程项目的投标决策。前者从整个施工企业角度出发，基于对企业内部条件和竞争环境的分析，为实现经营目标而考虑的；后者是就某一项具体工程投标而言，一般称为工程项目投标决策，其包括工程项目成本估算决策和投标报价决策两大方面。

（1）投标工程项目的决策

对于建筑装饰企业而言，并不是所有的招标项目都适合企业去参加投标。如果参加中标机率小或赢利能力差的项目投标，既浪费经营成本，又可能失去其他更好的机会。所以装饰企业的投标班子的负责人应该在众多的招标信息中选择适合的项目投标。

由于项目实施必然存在风险，没有无风险的施工合同，因此对项目风险进行合理评估后，对风险在可接收范围内的招标项目应积极参与竞争。一般情况下，应放弃的投标项目可能为：

① 本企业主营和兼营能力之外的招标项目。
② 招标工程的规模、技术要求超过本企业技术等级的招标项目。
③ 本企业目前生产任务饱满，而招标工程的盈利水平较低或风险较大的项目。
④ 本企业的技术等级、信誉、施工水平明显不如竞争对手的项目。

（2）工程项目的投标决策

确定投标项目后，决策层还应对本次投标的指导思想作出决策，即投盈利标、正常标或是保本标，以便工作人员按照决策的原则执行。

① 赢利标

指投标人单从本企业利益出发，不考虑竞争对手可能的报价情况，追求较丰厚利润的报价。投赢利标通常适用于以下两种情况：

- 本企业有技术优势，尤其项目施工需要采用本企业有专利的施工技术，其他投标人的水平与自己的差距较大，估计项目的实施非我莫属时，可以投赢利标。
- 本企业目前施工任务饱满，又收到邀请招标项目发来的投标邀请函，一方面是为了与招标人保持良好的关系，以便后续工程招标时还能作为邀请对象，而本次投标又不想中标故投赢利标，即通常所说的"陪标报价"；另一方面若能中标，由于利润丰厚，企业可以通过合理调配后在超负荷条件下运转。

② 正常标

又称保险标，即对可以预见的情况从技术、设备、资金等重大问题都有了解决对策后再进行投标报价。通常用于招标项目没有二期工程的施工招标，施工期间在项目的周边地区也没有可能招标的工程。项目的人力、机械设备、临时工程都属于一次性投入，为了获得合理的利润可以投正常标。

③ 保本标

又称为无利润标，即在报价中仅计入间接费、风险费和税金，但不考虑利润，力争以较低价格中标。通常适用于以下情况。

- 为了企业度过暂时的难关。企业目前生产任务严重不足，人力和设备大量闲置，以低价中标以利于部分人力和设备得到发挥和利用，这样可在施工期间再寻找其他招标项目以争取赢利。
- 为了占领市场。预计招标项目有后续工程的招标或施工企业准备打入一个新的市场时，经常采用这种投标方式。在施工期间的后续工程或其他工程招标时，再投正常标，这时为了使报价有竞争力还可以适当降低预期利润。由于人力、机械设备和临时工程已在现场，因此中标后计入报价中的施工前期动员费用将全部或部分转为利润，以达到前期损失后期补的目的。另外，在施工中与发包人建立了良好的合作关系，也易于在后续施工招标时中标。

当选择工程投标项目时，在综合考虑各方面因素后，可用权数计分评价法、决策树法、概率分析法等方法进行选择。

①权数计分评价法就是对影响决策的不同因素设定权重，对不同投标工程的这些因素评分，最后加权平均得到总分，选择得分最高者。

②决策树法是确定投标报价策略时常采用的一种定量的概率分析方法。

③概率分析法是在对不确定因素概率大致估计的情况下，研究和计算各种经济效益指标的期望值及其风险程度的分析方法。

一般情况下，常用决策树来确定方案的各种状态的收益及概率。

决策树是以方框和圆圈为结点，并用直线连接而成的一种树状结构图。在决策树中，方框结点代表决策点，从决策点伸出的树枝为方案枝；圆圈点代表机会点，从机会点伸出的树枝为概率枝，每条树枝代表该方案可能的一种状态及其发生的概率大小，在各树枝末端列出状态的损益值及其概率大小。

决策树的绘制应从左到右，首先从决策点出发绘制所有的方案枝，再根据每个方案可能出现的状态画出各自的概率枝，并标明其发生概率的大小，在各树枝末端列出各状态的损益值。按从左往右，从上到下的顺序给机会点编号。

决策树从右向左计算各机会点的期望值，从最后的树枝所连接的机会点，到上一个树枝连接的机会点，最后到最左边的机会点，其计算采用概率和（即损益值与概率的乘积和）的形式。最左边的机会点中，概率和最大的机会点所代表的方案为最佳方案。

【例 5-1】 某投标单位面临 A、B 两项装饰工程投标，因条件限制只能选择其中一项工程投标，或者两项装饰工程均不投标。根据过去类似工程投标的经验数据，A 装饰工程投高标的中标概率为 0.3，投低标的中标概率为 0.6，编制投标文件的费用为 3 万元，B 装饰工程投高标的中标概率为 0.4，投低标的中标概率为 0.7，编制投标文件的费用为 2 万元。各方案承保的概率及损益情况如表 5-2 所示。试运用决策树法进行投标决策。

表 5-2 各投标方案概率及损益表

方　案	中 标 概 率	损 益 值
A 高	0.3	105
A 低	0.6	64
B 高	0.4	82
B 低	0.7	26

【过程分析】

（1）画出决策树，标明各方案的概率和损益值，如图 5-3 所示。

(2) 计算图中各机会点的期望值（将计算结果标在各机会点上方）

点②：105×0.3－3×0.7=29.4（万元）

点③：64×0.6－3×0.4＝37.2（万元）

点④：82×0.4－2×0.6＝31.6（万元）

点⑤：26×0.7－2×0.3＝17.6（万元）

点⑥：0

(3) 选择最优方案

因为点③的期望值最大。故应投 A 工程低标。

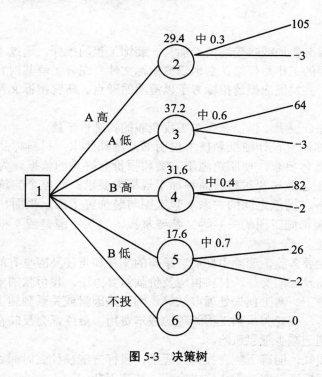

图 5-3　决策树

5. 参加资格预审

在决定投标项目后，投标人员要注意招标公告何时发布。在招标公告发布后，按照招标公告要求及时报名，严格依据招标公告要求的资料准备，并要突出企业的优势。资格预审文件应简明准确、装帧美观大方。特别注意要严格按照要求的时间和地点报送资格预审文件，否则将失去参加资格预审的资格。

能否通过资格预审是投标过程的第一关，在资格预审中应注意以下事项：

（1）平时应注意对有关资料的积累工作，有些资料可以存储在计算机内，等到针对某个项目需要资格预审时,再将资料调出来,并加以补充完善。如果平时不积累资料,完全靠临时搜集,则往往会达不到业主的要求而失去机会。

(2)加强填表时的分析,既要针对工程特点,下工夫填好重点部位。同时要反映出本企业的施工经验、施工水平和施工组织能力,这往往是业主考虑的重点。

(3)在研究并确定今后本企业发展的地区和项目时,注意收集信息,如果有合适的项目,及早动手作资格预审的申请准备,如果发现某个方面的缺陷本企业不能解决,则应考虑寻找适宜的伙伴,组成联合体来参加资格预审。

(4)做好递交资格预审表后的跟踪工作,发现问题及时解决。

6. 分析招标文件

建筑装饰企业报名参加或接受邀请参加某一装饰工程的投标,通过了资格审查,取得招标文件以后,首要的工作是仔细认真地研究招标文件,充分了解其内容和要求,以便安排投标工作的部署,并发现应提请招标方予以澄清的疑点。研究招标文件的着重点,通常放在以下几方面:

(1)研究工程综合说明,借以获得对工程全貌的轮廓性了解。

(2)熟悉并详细研究设计图纸和技术说明书及特殊要求,材料样品。目的在于弄清工程的技术细节和具体要求,使制定施工方案和报价有确切的依据。为此,要详细了解设计规定的各部位工艺做法和对材料品种加工规格的要求;对整个建筑装饰设计及其各部位详图的尺寸,各种图纸之间的关系(建筑图与装饰施工图,平面、立面与剖面图,设备图与建筑图、装饰施工图的关系等)都要掌握,发现不清楚或互相矛盾之处,要提请招标方解释或订正。

(3)研究合同主要条款,明确中标后应承担的义务和责任及应享有的权利。重点是承包方式、开竣工时间及工期奖惩、材料供应及价款结算办法,预付款的支付和工程款结算办法,工程变更及停工、窝工损失处理办法等。因这些因素或关系到施工方案的安排,或者关系到资金的周转,或者关系到工程管理的成本费用,最终都会反映在标价上,所以都必须认真研究,以利于减少承包风险。

(4)熟悉投标须知,明确了解在投标过程中,投标方应在什么时间做什么事和不允许做什么事,目的在于提高效率,避免造成废标,徒劳无功。

全面研究了招标文件,对工程本身和招标方的要求有了基本的了解之后,投标单位就可以制定自己的投标工作计划,以争取中标为目标,有秩序地开展工作。

7. 现场考察

虽然招标文件中给出了施工现场的相关资料,但内容较为粗略,而且投标人只有取得第一手资料才能编制好投标文件。投标人的现场考察是为了获得编制投标书所需的各种基础资料和数据,也是做出投标决策的基础,因此要通过现场考察以便对实施过程可能存在的风险要素进行较全面的调查。

建筑装饰工程施工是在土建施工和水、暖、电、通风、烟感、喷淋、音像电视、消防监视等各专业系统施工基本完成后进行的。因常常要在土建施工的基础上进行装饰施工，故而要勘测土建施工的质量情况；又因要同各专业设备系统工程配合协调施工，各设备专业施工进度的情况，直接关系到装饰施工进场条件和装饰施工进度计划表的制订。另外，还需了解的主要项目有：进入场地的道路，施工用水、用地，通信设施，冬季施工的供暖情况，一次搬运，垂直运输，材料堆放场地，临时设施（加工车间材料库、办公室、工人住房等）情况。

8. 投标环境调查

所谓投标环境，实质就是中标后工程施工的自然、经济和社会条件。这些条件是工程施工的制约或有利因素，必然影响工程成本，是投标单位报价必须考虑的，所以要在报价前尽可能了解清楚。调查的重点通常是以下几方面：

（1）自然条件。主要是当地常年最高和最低气温，风、雨的频率、强度等影响施工的因素。这些资料可请招标方提供，或者从当地气象、防汛等部门取得。

（2）装饰材料供应条件。包括当地高档石材、木板材、轻钢龙骨、石膏板材、电器、装饰辅料、卫生洁具、五金件的配套供应能力和价格，当地租赁建筑机械、脚手架等可能性及价格等。

（3）水、暖、电、通风空调等各专业分包商的分包能力及分包条件。水、暖、电、通风各专业材料设备的供应能力及价格。

（4）了解当地及其同外省市的交通运输条件和有关事项。

9. 对招标文件的质疑

投标人在分析招标文件和勘察施工现场后，若有疑问需要澄清，应于收到招标文件后规定的时间内以书面形式向招标人提出，招标人将以书面形式予以解答，所有问题的解答，将邮寄或传真给所有投标人，由此而产生的对招标文件内容的修改，将视为招标文件的组成部分，对于双方均具有法律约束力。

在质疑过程中，主要对影响造价和施工方案的疑问进行澄清，但对于对自己有利的模糊不清、模棱两可的情况，可以故意不提出澄清，以利于灵活报价。

10. 确定投标策略

投标策略是指承包商在投标竞争中的指导思想与系统工作部署及其参与投标竞争的方式和手段。投标策略作为投标取胜的方式，手段和艺术，贯穿于投标竞争的始终，内容十分丰富。在投标与否、投标项目的选择、投标报价等方面，无不包含投标策略。常用的投标策略有：

(1) 以信取胜。这是依靠投标人长期形成的良好社会信誉,技术和管理上的优势,优良的工程质量和服务措施,合理的价格和工期等因素争取中标。

(2) 以快取胜。通过采取有效措施缩短施工工期,并能保证进度计划的合理性和可行性,从而使招标工程早投产、早收益,以吸引招标人。

(3) 以廉取胜。其前提是保证施工质量,这对招标人一般都具有较强的吸引力。从投标人的角度出发,采取这一策略也可能有长远的考虑,即通过降价扩大任务来源,从而降低固定成本在各个工程上的摊销比例,既降低工程成本,又为降低新投标工程的承包价格创造了条件。

(4) 靠改进设计取胜。通过仔细研究原设计图纸,若发现明显不合理之处,可提出改进设计的建议和能切实降低造价的措施。在这种情况下,一般仍然要按原设计报价,再按建议的方案报价。

(5) 采用以退为进的策略。当发现招标文件中有不明确之处并有可能据此索赔时,可报低价先争取中标再寻找索赔机会。采用这种策略一般要在索赔事务方面具有相当成熟的经验。

(6) 用长远发展的策略。其目的不在于当前的招标工程上获利,而着眼于发展,争取将来的优势,如为了开辟新市场、掌握某种有发展前途的工程施工技术等,宁可在当前招标工程上以微利甚至无利的价格参与竞争。

以上这些策略投标人应根据具体情况灵活地加以使用。

11. 编制施工组织设计

在招标项目施工技术要求高,工期紧的情况下,施工组织设计对于能否中标有很大影响,施工组织设计不合格,可以被一票否决。并且施工组织设计对投标报价也有影响。

制订施工规划的依据是设计图纸,执行规范,经复核的工程量,招标文件要求的开竣工日期以及对市场材料、设备、劳力价格的调查。编制原则是在保证工期和工程质量的前提下,如何使工程成本最低,利润最大。

施工组织设计主要包括:工程概况、施工方法、质量控制和工期保证措施、施工进度计划、施工机械计划、材料设备计划和劳动力计划,以及临时生产、生活设施等。

12. 装饰材料及设备配件询价

目前,高档、优质的装饰材料生产厂家,在国内尚不多见,且有地域分布的不均匀性;加上不少高档装饰工程还选用国外装饰材料和设备配件,以及国内外装饰材料的品种、品质及价格千差万别,所以在投标报价时,对装饰材料和设备、配件的询价,非常重要,应着重注意以下几个方面:

(1) 在工程所在地可采购到的合格装饰材料及设备配件的品种、品质和价格。

(2) 须到外地采购的合格装饰材料及设备、配件的品种、品质和价格及交通运输条件、时间和费用。

（3）须到国外加工订货的装饰材料及设备、配件（如石材、高级木材、卫生洁具、灯具等）的品种、品质、交货时间及价格。

（4）本地和外地对半成品、成品（如石材圆柱、不锈钢制品、装饰灯具、家具等）的加工能力及价格。

13. 编制投标报价和投标文件

投标报价应是招标文件所确定的招标范围内的全部工作内容的价格体现，应包括分部分项工程费、措施项目费、其他项目费、规费、税金及政策性文件规定的各项应有费用，并且应考虑风险因素。这部分内容将在 5.3.5 节中详细说明。

编制投标文件应完全按照招标文件的各项要求编制，否则会导致废标。

14. 投标担保

投标担保，是指招标人为防止投标人不认真进行投标活动而设定的一种担保形式。因为招标人不希望投标人在投标有效期内随意撤回标书或中标后不能提供履约保证和签署合同。

《工程建设项目施工招标投标办法》第 36 条规定："招标人可以在招标文件中要求投标人提交投标保证金。投标保证金除现金外，可以是银行出具的银行保函、保兑支票、银行汇票或现金支票。

投标保证金一般不得超过投标总价的 2%。但最高不得超过 80 万元人民币。投标保证金有效期应当超出投标有效期 30 天。

投标人应当按照招标文件要求的方式和金额，将投标保证金随投标文件提交给招标人。投标人不按招标文件要求提交投标保证金的，该投标文件将被拒绝，作废标处理。"

如投标单位在投标有效期内有下列情况，将被没收投标保证金：

（1）投标人在投标截止日期后修改或撤回投标文件的，招标人有权没收其投标保证金。

（2）中标人未能在规定期限内提交履约保证金或签署合同协议。

5.3.4 投标技巧

在投标竞争中为了投标获胜并获得好的经济效益，不仅要制定正确的投标策略，还要重视投标技巧。策略是指导竞争的总方案，技巧则是竞争中的具体做法和行动。

寻求一个好的报价的技巧。报价的技巧研究，其实是在保证工程质量与工期条件下，为了中标并获得期望的效益，投标程序全过程几乎都要研究投标报价技巧问题。

1. 不平衡报价

不平衡报价，指在总价基本确定的前提下，如何调整内部各个子项的报价，达到既不影响总报价，又在中标后投标人可尽早收回垫支于工程中的资金和获取较好的经济效益。但要注意避免畸高畸低现象，避免失去中标机会。通常采用的不平衡报价有下列几种情况：

① 对能早期结账收回工程款的项目的单价可报以较高价，以利于资金周转；对后期项目单价可适当降低。

② 估计今后工程量可能增加的项目，其单价可提高，而工程量可能减少的项目，其单价可降低。

③ 图纸内容不明确或有错误，估计修改后工程量要增加的，其单价可提高。

④ 没有工程量只填报单价的项目，其单价宜高。这样，既不影响总的投标报价，又可多获利。

⑤ 对于暂定项目，其实施的可能性大的项目，价格可定高价；估计该工程不一定实施的可定低价。

2. 零星用工（计日工）一般可稍高于工程单价表中的工资单价

零星用工不属于承包有效合同总价的范围，发生时实报实销，也可多获利。

3. 多方案报价法

多方案报价法是利用工程说明书或合同条款不够明确之处，以争取达到修改工程说明书和合同为目的的一种报价方法。当工程说明书或合同条款有些不够明确之处时，往往使投标人承担较大风险。为了减少风险就必须扩大工程单价增加"不可预见费"，但这样做又会因报价过高而增加被淘汰的可能性；多方案报价法就是为对付这种两难局面而出现的。

其具体做法是在标书上报两个价目单价，一是按原工程说明书合同条款报一个价，二是加以注解，"如工程说明书或合同条款可作某些改变时"则可降低多少的费用，使报价成为最低，以吸引业主修改说明书和合同条款。

还有一种方法是对工程中一部分没有把握的工作，注明按成本加若干酬金结算的办法。但是，如有规定，政府工程合同的方案是不容许改动的，这个方法就不能使用。

4. 增加建议方案

有时招标文件中规定，可以提一个建议方案，即是可以修改原设计方案，提出投标者的方案。

投标人这时应抓住机会，组织一批有经验的设计和施工工程师，对原招标文件的设计和施工方案仔细研究，提出更合理的方案以吸引业主，促成自己的方案中标。这种新的建议方案可以降低总造价或提前竣工或使工程运用更合理，但要注意的是对原招标方案一定也要报价，以供业主比较。

增加建议方案时，不要将方案写得太具体，保留方案的技术关键，防止业主将此方案交给其他承包商，同时要强调的是，建议方案一定要比较成熟，或过去有实践经验，因为投标时间不长，如果仅为中标而匆忙提出一些没有把握的方案，可能引起后患。

5. 突然降价法

报价是一件保密的工作，但是对手往往通过各种渠道、手段来刺探情况；因之在报价时可以采取迷惑对方的手法。即先按一般情况报价或表现出自己对该工程兴趣不大，到投标快截止时，再突然降价。如鲁布革水电站引水系统工程招标时，日本大成公司知道他的主要竞争对手是前田公司，因而在临近开标前把总报价突然降低 8.04%，取得最低标，为以后中标打下基础。

采用这种方法时，一定要在准备投标报价的过程中考虑好降价的幅度，在临近投标截止日期前，根据情报信息与分析判断，再做最后决策。

如果由于采用突然降价法而中标，因为开标只降总价，在签订合同后可采用不平衡报价的思想调整工程量表内的各项单价或价格，以期取得更高的效益。

6. 先亏后盈法

有的承包商，为了打进某一地区，依靠国家、某财团或自身的雄厚资本实力，而采取一种不惜代价，只求中标的低价投标方案。应用这种手法的承包商必须有较好的资信条件，并且提出的施工方案也是先进可行，同时要加强对公司情况的宣传，否则即使低标价，也不一定被业主选中。

7. 开口升级法

将工程中的一些风险大、花钱多的分项工程或工作抛开，仅在报价单中注明，由双方再度商讨决定。这样大大降低了报价，用最低价吸引业主，取得与业主商谈的机会，而在议价谈判和合同谈判中逐渐提高报价。

8. 无利润投标

缺乏竞争优势的承包商，在不得已的情况下，只好在投标中根本不考虑利润去夺标。这种办法一般是处于以下条件时采用：

① 有可能在得标后，将大部分工程分包给索价较低的一些分包商；

② 对于分期建设的项目，先以低价获得首期工程，而后赢得机会创造第二期工程中的竞争优势，并在以后的实施中赚得利润。

③ 较长时间内，承包商没有在建的工程项目，如果再不得标，就难以维持生存。因此，虽然本工程无利可图，只要能有一定的管理费维持公司的日常运转，就可设法度过暂时困难，以图将来东山再起。

投标报价的技巧还可以再举出一些。聪明的承包商在多次投标和施工中还会摸索总结出对付各种情况的经验，并不断丰富完善。国际上知名的大牌工程公司，都有自己的投标策略和投标技巧,属于其商业机密,一般不会见诸于公开刊物。承包商只有通过自己的实践,积累总结,才能不断提高自己的投标报价水平。

【例 5-2】 某建筑装饰承包商在对招标文件进行了仔细分析,发现业主的对工期的要求过于苛刻,且合同条款中规定每拖延 1 天工期罚合同价的 0.1%。若要保证工期要求,必须采取特殊措施,从而大大增加成本。因此该承包商在投标文件中说明业主的工期要求难以实现,因而按照自己认为合理的工期(比业主要求的工期增加 4 个月)编制施工进度计划并据此报价;还建议将该装饰工程的外墙装饰构造进行修改,并将修改前后的构造进行了技术经济分析和比较,证明修改后的外墙构造不仅更加美观、安全而且可降低造价 5%。该承包商在投标截止日期前 1 天上午将投标文件报送业主。次日(即投标截止日当天)下午,在规定的开标时间前 1 小时,该承包商又递交了一份补充材料,其中声明将原报价降低 6%。

问题:该承包商运用了哪几种投标技巧?运用的是否得当?请逐一说明。

【过程分析】
该承包商运用了三种报价技巧,即多方案报价法、增加建议方案法和突然降价法。其中,多方案报价法运用不当,因为运用该报价技巧时,必须对原方案(即按业主的工期要求)报价,该承包商在投标时仅说明该工期要求难以实现,却并未报出相应的投标价。

增加建议方案法运用得当,因为承包商对修改前后的方案进行了技术经济分析和比较,这意味着对两个方案均报了价,论证了建议方案的技术可行性和经济合理性,对业主有很强说服力。

突然降价法也运用得当,原投标文件的递交时间比规定的投标截止时间仅提前 1 天多,这既是符合常理的,又为竞争对手调整、确定最终报价留有一定的时间,起到了迷惑竞争对手的作用。若提前太多,会引起竞争对手的怀疑,而在开标前 1 小时突然递交一份补充文件,这时竞争对手已不可能再调整报价了。

5.3.5 建筑装饰工程投标文件的编制

1. 建筑装饰工程投标文件的组成

建筑装饰工程投标文件,是投标人单方面阐述自己响应招标文件要求,旨在向招标人表示愿意订立合同的意思,是投标人确定、修改和解释有关投标事项的各种书面表达形式的统称。

投标人在投标文件中必须明确向招标人表示愿以招标文件的内容订立合同的意思;必须对招标文件提出的实质性要求和条件做出响应,不得以低于成本的报价竞标;必须由有资格的投标人编制;必须按照规定的时间、地点递交给招标人。否则该投标文件将被招标人拒绝。

投标文件一般包括投标函、商务标和技术标 3 个部分,主要由下列内容组成:
(1)投标函;
(2)投标函附录;

（3）投标保证金；
（4）法定代表人资格证明书；
（5）授权委托书；
（6）具有标价的工程量清单与报价表；
（7）辅助资料表；
（8）资格审查表（资格预审的不采用）；
（9）对招标文件中的合同协议条款内容的确认和响应；
（10）施工组织设计；
（11）招标文件规定提交的其他资料。

招标文件中拟定的供投标人投标时填写的一套投标文件格式，主要包括投标函及其附录、工程量清单与报价表、辅助资料表等。投标人必须使用此文件表格格式，但表格可以按同样格式扩展。

2. 编制工程投标文件的基本步骤

编制投标文件的一般步骤
① 熟悉招标文件、图纸、资料，对图纸、资料有不清楚、不理解的地方，可以用书面或口头方式向招标人询问、澄清；
② 参加招标人施工现场情况介绍和答疑会；
③ 调查当地材料供应和价格情况；
④ 了解交通运输条件和有关事项；
⑤ 编制施工组织设计，复查、计算图纸工程量；
⑥ 编制或套用投标单价；
⑦ 计算取费标准或确定采用取费标准；
⑧ 计算投标造价；
⑨ 核对调整投标造价；
⑩ 确定投标报价。

3. 投标文件的编制

（1）投标函部分的编制

投标函部分属于投标人提交的具有法律约束力的格式性承诺文件，包括"法定代表人身份证明书"、"投标文件签署授权委托书"、"投标函"、"投标函附录"、"投标保证金银行保函"和招标文件要求投标人提交的其他投标资料等。

（2）商务标部分的编制

投标书的商务标主要是说明投标报价的费用组成，也作为中标后施工期间对已完成工程量和工作内容的结算支付依据。工程报价是投标的关键性工作，也是整个投标工作的核心。

它不仅是能否中标的关键,而且对中标后的赢利多少,在很大程度上起着决定性的作用。

① 投标报价的原则

投标报价的编制主要是投标单位对承建招标工程所要发生的各种费用的计算。在进行投标计算时,必须首先根据招标文件进一步复核工程量。作为投标计算的必要条件,应预先确定施工方案和施工进度,此外,投标计算还必须与采用的合同形式相协调。报价是投标的关键性工作,报价是否合理直接关系到投标的成败。

- 以招标文件中设定的承发包双方责任划分,作为考虑投标报价费用项目和费用计算的基础;根据工程承发包模式考虑投标报价的费用内容和计算深度;
- 以施工方案、技术措施等作为投标报价计算的基本条件;
- 以反映企业技术和管理水平的企业定额作为计算人工、材料和机械台班消耗量的基本依据;
- 充分利用现场考察、调研成果、市场价格信息和行情资料,编制基价,确定调价方法;
- 报价计算方法要科学严谨、简明适用。

② 投标报价的计算依据

- 招标人提供的招标文件。
- 招标人提供的建筑装饰工程的施工图纸、工程量清单及有关的技术说明书等。
- 国家及地区颁发的现行建筑装饰工程预算定额或单位估价表及与之相配套执行的各种费用定额标准等。
- 地方现行材料、设备预算价格、采购地点和供应方式等。
- 因招标文件及设计图纸等不明确,经咨询后由招标单位书面答复的有关资料。
- 企业内部制定的有关取费、价格等的规定、标准。
- 施工方案及有关技术资料。
- 其他与投标报价计算有关的各项政策、规定及调整系数等。

在报价的计算过程中,对于不可预见费用的计算必须慎重考虑。

③ 影响投标报价计算的主要因素

认真计算工程价格,编制好工程报价是一项很严肃的工作。采用哪一种计算方法进行计价应视工程招标文件的要求。但不论采用哪一种方法都必须抓住编制报价的主要因素。

- 工程量。工程量是计算报价的重要依据。多数招标单位在招标文件中均附有工程实物量。因此,必须进行全面的或者重点的复核工作,核对项目是否齐全、工程做法及用料是否与图纸相符,重点核对工程量是否正确,以求工程量数量的准确性和可靠性。在此基础上再进行套价计算。另一种情况就是标书中根本没给工程量数字,在这种情况下就要组织人员进行详细的工程量计算工作,即使时间很紧迫也必须进行计算。否则,影响编制报价。
- 单价。工程单价是计算标价的又一个重要依据,同时又是构成标价的第二个重要因素。单价的正确与否，直接关系到标价的高低。因此，必须十分重视工程单价的制定或套用。制定的根据：一是国家或地方规定的预算定额、单位估价表及设备价格等；二是人工、材料、机械使用费的市场价格。
- 其他各类费用的计算。这是构成报价的第三个主要因素。这个因素占总报价的比重是很大的，少者占 20%～30%，多者占 40%～50%左右。因此，应重视其计算。

为了简化计算，提高工效，可以把所有的各种费用都折算成一定的系数计入到报价中去。计算出直接费后再乘以这个系数就可以得出总报价了。

工程报价计算出来以后，可用多种方法进行复核和综合分析。然后，认真详细地分析风险、利润、报价让步的最大限度，而后参照各种信息资料以及预测的竞争对手情况，最终确定实际报价。

④ 投标报价的编制方法
- 建筑装饰工程项目投标报价编制的基本模式见表 5-3。目前通常采用 2003 年 7 月 1 日起实施的《建设工程工程量清单计价规范》GB 50500—2003 进行投标报价（具体内容参见该规范）。

表 5-3 建筑装饰工程项目投标报价基本模式

定额计价模式		工程量清单计价模式		
单位估价法	实物量法	直接费单价法	全费用单价法	综合单价
1) 计算工程量 2) 查套定额单价 3) 计算直接费 4) 计算取费 5) 得到投标报价	1) 计算工程量 2) 查套定额消耗量 3) 套用市场价格 4) 计算直接费 5) 计算取费 6) 得到投标报价	1) 计算各分项工程资源消耗量 2) 套用市场价格 3) 计算直接费 4) 按实计算其他费用 5) 得到投标报价	1) 计算各分项工程资源消耗量 2) 套用市场价格 3) 计算直接费 4) 按实计算分摊费用 5) 分摊管理费用 6) 得到分项综合单价 7) 计算其他费用 8) 得到投标报价	1) 计算各分项工程资源消耗量 2) 套用市场价格 3) 计算直接费 4) 核实计算所有分摊费用 5) 分摊费用 6) 得到投标报价

（3）技术标部分编制

投标竞争不仅表现在价格上，投标人技术管理水平的高低，包括组织管理能力、质量保证、安全施工措施等方面也是投标竞争的重要内容。招标人在招标文件内提出的投标文件技术标的格式，就是要求投标人通过填报这些文件，反映出投标人在技术管理方面的能力，以此作为评标的重要依据。

技术标文件主要由施工组织设计（或施工方案）、项目管理机构配备情况和拟分包项目情况 3 部分组成。

① 施工组织设计

施工组织设计是指导拟建工程施工全过程各项活动的技术、经济和组织的综合性文件。

施工组织设计要根据国家的有关技术政策和规定、业主的要求、设计图纸和组织施工的基本原则，从拟建工程施工全局出发，结合工程的具体条件，合理地组织安排，采用科学的管理方法，不断地改进施工技术，有效地使用人力、物力，安排好时间和空间，以期达到耗工少、工期短、质量高和造价低的最优效果。

在投标过程中，必须编制施工组织设计，这件工作对于投标报价影响很大。但此时所编制的施工组织设计其深度和范围都比不上接到施工任务后由项目部编制的施工组织设计，因此，是初步的施工组织设计。如果中标，再编制详细而全面的施工组织设计。初步的施工组织设计一般包括进度计划和施工方案等。招标人将根据施工组织设计的内容评价投标人是否采取了充分和合理的措施，保证按期完成工程施工任务。另外，施工组织设计对投标人自己也是十分重要的，因为进度安排是否合理，施工方案选择是否恰当，对工程成本与报价有密切关系。

编制一个好的施工组织设计可以大大降低标价，提高竞争力。编制的原则是在保证工期和工程质量的前提下，尽可能使工程成本最低，投标价格合理。具体的内容和编制方法详见第4章（此处不再重复叙述）。

② 项目管理机构配备情况

本部分是编制派驻项目的组织机构，以及填写拟担任项目经理的人选和主要技术负责人的情况，使招标人确信投标人有强有力的组织，能够保证合同的顺利履行，并完成工程任务。主要包括以下内容：

- 项目管理机构配备情况表；
- 项目经理简历表；
- 项目技术负责人简历表；
- 项目管理机构配备表。

③ 项目拟分包情况

如果中标后计划将部分非主体和非关键工程交与分包商实施，应详细填报分包商的有关资料，以表明分包商的资质和能力与所承担的工作要求相适应。

5.4 建筑装饰工程开标、评标和定标

5.4.1 建筑装饰工程开标

1. 开标的概念

开标是指招标人按照招标公告或者投标邀请书规定的时间、地点，当众开启所有投标人的投标文件，宣读投标人名称、投标价格和投标文件的其他主要内容的活动。

2. 开标的时间与地点

《招标投标法》第 34 条对于开标的时间和地点作了规定,即开标应当在招标文件确定的提交投标文件截止时间的同一时间公开进行;开标地点应当为招标文件中预先确定的地点。

参加开标会议的人员,包括招标人或其代表人、招标代理人、投标人法定代表人或其委托代理人、招标投标管理机构的监管人员和招标人自愿邀请的公证机构的人员等。评标组织成员不参加开标会议。开标会议由招标人或招标代理人组织,由招标人或招标人代表主持,并在招标投标管理机构的监督下进行。

3. 开标的一般程序

(1) 参加开标会议的人员签名报到,表明与会人员已到会。

(2) 会议主持人宣布开标会议开始,宣读招标人法定代表人资格证明或招标人代表的授权委托书,介绍参加会议的单位和人员名单,宣布唱标人员、记录人员名单。唱标人员一般由招标方的工作人员担任,也可以由招标投标管理机构的人员担任。记录人员一般由招标方或其代理方的工作人员担任。

(3) 介绍工程项目有关情况,请投标人或其推选的代表检查投标文件的密封情况,并签字予以确认。也可以请招标人自愿委托的公证机构检查并公证。

(4) 由招标人代表当众宣布评标定标办法。

(5) 由招标人或招标投标管理机构的人员核查投标人提交的投标文件和有关证件、资料,检视其密封、标志、签署等情况。经确认无误后,当众启封投标文件,宣布核查检视结果。

(6) 由唱标人员进行唱标。唱标是指公布投标文件的主要内容,当众宣读投标文件的投标人名称、投标报价、工期、质量、主要材料用量、投标保证金、优惠条件等主要内容。唱标顺序按各投标人报送的投标文件时间先后的逆顺序进行。

(7) 由招标投标管理机构当众宣布审定后的标底。

(8) 由投标人的法定代表人或其委托代理人核对开标会议记录,并签字确认开标结果。

开标会议的记录人员应现场制作开标会议记录,将开标会议的全过程和主要情况,特别是投标人参加会议的情况、对投标文件的核查检视结果、开启并宣读的投标文件和标底的主要内容等,当场记录在案,并请投标人的法定代表人或其委托代理人核对无误后签字确认。开标会议记录应存档备查。投标人在开标会议记录上签字后,即退出会场。至此,开标会议结束,转入评标阶段。

4. 开标时,出现以下情形一般投标文件视为无效

(1) 未按招标文件的要求标志、密封的;

(2) 无投标人公章和投标人的法定代表人或其委托代理人的印鉴或签字的;

（3）投标文件标明的投标人在名称和法律地位上与通过资格审查时的不一致，且这种不一致明显不利于招标人或为招标文件所不允许的；

（4）未按招标文件规定的格式、要求填写，内容不全或字迹潦草、模糊，辨认不清的；

（5）投标人在一份投标文件中对同一招标项目报有两个或多个报价，且未书面声明以哪个报价为准的；

（6）逾期送达的；

（7）投标人未参加开标会议的；

（8）提交合格的撤回通知的；

（9）投标人未按照招标文件的要求提供投标保函或者投标保证金的；

（10）组成联合体投标的，投标文件未附联合体各方共同投标协议的。

有上述情形，如果涉及投标文件实质性内容的，应当留待评标时由评标组织评审、确认投标文件是否有效。实践中，对在开标时就被确认无效的投标文件，也有不启封或不宣读的做法。如投标文件在启封前被确认为无效的，不予启封；在启封后唱标前被确认为无效的，不予宣读。在开标时确认投标文件是否无效，一般应由参加开标会议的招标人或其代表进行，确认的结果投标当事人无异议的，经招标投标管理机构认可后宣布。如果投标当事人有异议的，则应留待评标时由评标组织评审确认。

5.4.2 建筑装饰工程评标

开标会结束后，招标人要接着组织评标。评标必须在招标投标管理机构的监督下，由招标人依法组建的评标组织进行。

评标是招投标过程核心环节。我国《招标投标法》和 2001 年 7 月 5 日，原国家计委、国家经贸委、建设部、铁道部、交通部、信息产业部、水利部联合发布了《评标委员会和评标方法暂行规定》对评标做出了相应的规定。

1. 评标的原则

（1）评标活动应遵循公平、公正、科学、择优的原则。

（2）招标人应当采取必要的措施，保证评标在严格保密的情况下进行。

（3）评标委员会成员名单一般应于开标前确定，而且该名单在中标结果确定前应当保密。

（4）评标委员会在评标过程中是独立的，任何单位和个人都不得非法干预、影响评标过程和结果。

2. 评标委员会

（1）评标委员会由招标人负责组建，负责评标活动，向招标人推荐中标候选人或根据招标人的授权直接确定中标人。

（2）评标委员会由招标人或其委托的招标代理机构熟悉相关业务的代表，以及有关技术、经济等方面的专家组成，成员人数为5人以上的单数，其中技术、经济等方面的专家不得少于成员总数的三分之二。评标委员会设负责人的，负责人由评标委员会成员推举产生或由招标人确定，评标委员会负责人与评标委员会的其他成员有同等的表决权。

（3）评标委员会的专家成员应当从省级以上人民政府有关部门提供的专家名册，或者招标代理机构专家库内的相关专家名单中确定。确定评标专家，可以采取随机抽取或直接确定的方式。一般项目，可以采取随机抽取的方式；技术特别复杂、专业性要求特别高或者国家有特殊要求的招标项目，采取随机抽取方式确定的专家难以胜任的，可以由招标人直接确定。

3. 对评标委员会成员的基本要求

（1）评标委员会中的专家成员应符合下列条件
① 从事相关专业领域工作满8年并具有高级职称或同等专业水平。
② 熟悉有关招标投标的法律、法规，并具有与招标项目相关的实践经验。
③ 能够认真、公正、诚实、廉洁地履行职责。

（2）有下列情形之一的，不得担任评标委员会成员
① 投标人或投标人主要负责人的近亲属。
② 项目主管部门或行政监督部门的人员。
③ 与投标人有经济利益关系，可能影响对投标公正评审的。
④ 曾因在招标、评标及其他与招标投标有关活动中从事违法行为而受过行政处罚或刑事处罚的。

评标委员会成员有上述情形之一的，应当主动提出回避。

（3）评标委员会成员的基本行为要求
① 评标委员会成员应当客观、公正地履行职责，遵守职业道德，对所提出的评审意见承担个人责任。
② 评标委员会成员不得与任何投标人或与招标结果有利害关系的人进行私下接触，不得收受投标人、中介人、其他利害关系人的财物或其他好处。
③ 评标委员会成员和与评标活动有关的工作人员不得透露对投标文件的评审、比较和中标候选人的推荐情况及与评标有关的其他情况。

4. 建筑装饰工程评标的准备与内容

（1）评标的准备

评标委员会成员应当编制供评标使用的相应表格，认真研究招标文件，至少应了解和熟悉以下内容：

① 招标的目标。
② 招标项目的范围和性质。
③ 招标文件规定的主要技术要求、标准和商务条款。
④ 招标文件规定的评标标准、评标方法和在评标过程中考虑的相关因素。
⑤ 招标人或其委托的招标代理机构应当向评标委员会提供评标所需的重要信息和数据。招标人设有标底的，标底应当保密，并在评标时作为参考。
⑥ 评标委员会应当根据招标文件规定的评标标准和方法，对投标文件进行系统地评审和比较。招标文件没有规定的标准和方法不得作为评标的依据。因此，评标委员会成员还应当了解招标文件规定评标标准和方法，这也是评标的重要准备工作。

（2）评标的内容

从评标的内容来看，通常可以将评标的程序分为两段三审。

两段即为初审和终审，三审即指对投标文件进行的符合性评审、技术性评审和商务性评审。

初审即对投标文件进行符合性评审、技术性评审和商务性评审，从未被宣布为无效或作废的投标文件中筛选出若干具备评标资格的投标人。

终审是指对投标文件进行综合评价与比较分析，对初审筛选出的若干具备评标资格的投标人进行进一步澄清、答辩，择优确定出中标候选人。

应当说明的是，终审并不是每一项评标都必须有的，如未采用单项评议法的，一般就可不进行终审。

5. 建筑装饰工程初步评审

（1）初步评审的内容

初步评审的内容包括对投标文件的符合性评审、技术性评审和商务性评审。

对投标文件进行符合性评审包括商务符合性和技术符合性评审。投标文件应实质上响应招标文件的要求。所谓实质上响应招标文件的要求，就是指投标文件应该与招标文件的所有条款、条件和规定相符，无显著差异或保留。如果投标文件实质上不响应招标文件的要求，招标人应予以拒绝，并不允许投标人通过修正或撤销其不符合要求的差异或保留，使之成为具有响应性的投标文件。

对投标文件进行技术性评审主要包括对投标人所报的方案或组织设计、关键工序、进度计划，人员和机械设备的配备，技术能力，质量控制措施，临时设施的布置和临时用地情况，施工现场周围环境污染的保护措施等进行评估。

对投标文件进行商务性评审指对确定为实质上响应招标文件要求的投标文件进行投标报价评估，包括对投标报价进行校核，审查全部报价数据是否有计算上或累计上的算术错误，分析报价构成的合理性。发现报价数据上有算术错误，修改的原则是：如果用数字表示的数额与用文字表示的数额不一致时，以文字数额为准；当单价与工程量的乘积与合价之间不一致时，通常以标出的单价为准，除非评标组织认为有明显的小数点错位，此时应以标出的合价为准，并修改单价。按上述原则调整投标书中的投标报价，经投标人确认同意后，对投标人起约束作用。如果投标人不接受修正后的投标报价，则其投标将被拒绝。

（2）评标过程中对于投标文件的澄清和说明

评标委员会可以要求投标人对投标文件中含义不明确的内容作必要的澄清或说明，但是澄清或说明不得超出投标文件的范围或改变投标文件的实质性内容。对招标文件的相关内容做出澄清和说明，其目的是有利于评标委员会对投标文件的审查、评审和比较。

（3）投标人废标的认定

① 弄虚作假。在评标过程中，评标委员会发现投标人以他人的名义投标、串通投标、以行贿手段谋取中标或以其他弄虚作假方式投标的，该投标人的投标应作废标处理。

② 报价低于其个别成本。在评标过程中，评标委员会发现投标人的报价明显低于其他投标报价或在设有标底时明显低于标底，使其投标报价可能低于其个别成本的，应当要求该投标人做出书面说明并提供相关证明材料。投标人不能合理说明不能提供相关证明材料的，由评标委员会认定该投标人以低于成本报价竞标，其投标应作废标处理。

③ 投标人不具备资格条件或投标文件不符合形式要求。此时，其投标也应当按废标处理。包括：投标人资格条件不符合国家有关规定和招标文件要求的，或者拒不按照要求对投标文件进行澄清、说明或补正的，评标委员会可以否决其投标。

④ 未能在实质上响应的投标。评标委员会应当审查每一投标文件是否对招标文件提出的所有实质性要求和条件做出响应。未能在实质上响应的投标，应作废标处理。

（4）响应性审查

评标委员会应当分别对投标书的技术部分和商务部分进一步评审，应当审查投标文件是否响应了招标文件的实质性要求和条件，并逐项列出投标文件的全部投标偏差。投标偏差分为重大偏差和细微偏差。

① 重大偏差

重大偏差不允许补正，应当作为废标处理。下列情况属于重大偏差：
- 没有按照招标文件要求提供投标担保或所提供的投标担保有瑕疵。
- 投标文件没有投标人授权代表签字和加盖公章。
- 投标文件载明的招标项目完成期限超过招标文件规定的期限。
- 明显不符合技术规格、技术标准的要求。
- 投标文件载明的货物包装方式、检验标准和方法等不符合招标文件的要求。
- 投标文件附有招标人不能接受的条件。
- 不符合招标文件中规定的其他实质性要求。

② 细微偏差

细微偏差是指投标文件在实质上响应招标文件要求，但在个别地方存在漏项或提供的技术信息和数据不完整等情况，并且补正这些遗漏或不完整不会对其他投标人造成不公平的结果。细微偏差不影响投标文件的有效性。

评标委员会应当书面要求存在细微偏差的投标人在评标结束前予以补正。拒不补正的，在详细评审时可以对细微偏差作不利于该投标人的量化，量化标准应当在招标文件中明确规定。

（5）有效投标不足三家的处理

投标人数量是决定投标有竞争性的最主要的因素。但是，如果投标人数量很多，但有效投标很少，则仍然达不到增加竞争性的目的。因此，《评标委员会和评标方法暂行规定》中规定，如果否决不合格投标或界定为废标后，因有效投标不足3个使得投标明显缺乏竞争的，评标委员会可以否决全部投标。投标人少于3个或所有投标被否决的，招标人应当依法重新招标。

6. 建筑装饰工程详细评审

详细评审也称为终审，经初步评审合格的投标文件，评标委员会应当根据招标文件确定的评标标准和方法，对其技术部分和商务部分作进一步评审、比较。详细评审是指对投标文件进行综合评价与比较分析，对初审筛选出的若干具备评标资格的投标人进行进一步澄清、答辩，择优确定出中标候选人。应当说明的是，终审并不是每一项评标都必须有的，如未采用单项评议法的，一般就可不进行终审。

7. 评标方法

评标方法包括经评审的最低投标价法、综合评估法、两阶段评审法或者法律、行政法规允许的其他评标方法。

（1）经评审的最低投标价法

经评审的最低投标价法也称为单项评议法，这种评标方法是按照评审程序，经初审后，以合理评标低标价作为中标的主要条件。合理的低标价必须是经过终审，进行答辩的评审价格。但不保证最低的投标价中标。

根据经评审的最低投标价法完成详细评审后，评标委员会应当拟定一份"标价比较表"，连同书面评标报告提交招标人。"标价比较表"应当载明投标人的投标报价、对商务偏差的价格调整和说明及以评审的最终投标价。

【例5-3】 某建筑装饰工程，标段划分为甲、乙两个标段。招标文件规定：国内投标人有7.5%的评标优惠价；同时投两个标段的投标人给予评标优惠；若甲标段中标，乙标段扣减4%作为评标价优惠；合理工期为24~30个月内，评标工期基准为24个月，每增加1月在评标价加0.1百万元。经资格预审有A、B、C、D、E五个承包商的投标文件获得通过，其中A、B两投标人同时对甲乙两个标段进行投标；B、D、E为国内承包商。承包商的投标情况，见表5-4。

表 5-4 承包商投标情况

投标人	报价（百万元）		投标工期（月）	
	甲 段	乙 段	甲 段	乙 段
A	10	10	24	24
B	9.7	10.3	26	28
C		9.8		24
D	9.9		25	
E		9.5		30

【问题】

1．若按经评审的最低投标价法评标，是否可以把质量承诺作为评标的投标价修正因素？为什么？
2．确定两个标段的中标人。

【过程分析】

问题 1：答：能，因为质量承诺是技术标的内容，可以作为最低投标价法的修正因素。
问题 2：评标结果甲段和乙段分别见表 5-5、表 5-6。

表 5-5 甲标段评议结果

投标人	报价（百万元）	修正因素		评标价（百万元）
		工期因素（百万元）	本国优惠（百万元）	
A	10		+0.75	10.75
B	9.7	+0.2		9.9
D	9.9	+0.1		10

因此，甲段的中标人应为投标人 B。

表 5-6 乙标段评标结果

投标人	报价（百万元）	修正因素			评标价（百万元）
		工期因素（百万元）	两个标段优惠（百万元）	本国优惠（百万元）	
A	10			+0.75	10.75
B	10.3	+0.4	−0.412		10.288
C	9.8			+0.735	10.535
E	9.5	+0.6			10.1

因此，乙段的中标人应为投标人 E。

(2) 综合评估法

综合评估法，是对价格、施工组织设计、项目经理的资历和业绩、质量、工期、信誉和业绩等因素进行综合评价从而确定中标人的评标定标办法。它是适用最广泛的评标定标方法，各地通常都采用这种方法。

根据综合评估法，最大限度地满足招标文件中规定的各项综合评价标准的投标，应当推荐为中标候选人。

在综合评估法中，最为常用的方法是百分法。这种方法是将评审各指标分别在百分之内所占比例和评标标准在招标文件内规定。开标后按评标程序，根据评分标准，由评委对各投标人的标书进行评分，最后以总得分最高的投标人为中标人。这种评标方法一直是建设工程领域采用较多的方法。

综合评估法的评标要求为：评标委员会对各个评审因素进行量化时，应当将量化指标建立在同一基础或者同一标准上，使各投标文件具有可比性。

对技术部分和商务部分进行量化后，评标委员会应当对这两部分的量化结果进行加权，计算出每一投标的综合评估价或者综合评估分。

根据综合评估法完成评标后，评标委员会应当拟定一份"综合评估比较表"，连同书面评标报告提交招标人。"综合评估比较表"应当载明投标人的投标报价、所作的任何修正、对商务偏差的调整、对技术偏差的调整、对各评审因素的评估及对每一投标的最终评审结果。

(3) 两阶段评议法

两阶段评议法，是指先对投标的技术方案等非价格因素进行评议确定若干中标候选人（第一段），然后再仅从价格因素对已入选的中标候选人进行评议，从中确定最后的中标人（第二段）。两阶段评议法主要适用于技术性要求高的比较复杂的工程建设项目。两阶段评议法中的第一阶段评议，可以采用定性或定量评议方法；第二阶段评议，则通常采用单项评议法。从一定意义上讲，两阶段评议法是前面两种方法的混合变通应用。

(4) 其他评标方法

在法律、行政法规允许的范围内，招标人也可以采用其他评标方法。如建设部在1996年发布的《建设工程施工招标文件范本》中规定，可以采用评议法。评议法不量化评价指标，通过对投标人的能力、业绩、财务状况、信誉、投标价格、工期、质量、施工方案（或施工组织设计）等内容进行定性的分析和比较，进行评议后，选择投标人在各指标都较优良者为中标单位，也可以用表决的方式确定中标人。当然，评议法是一种比较特殊的评标方法，只有在特殊情况下方可采用。

8. 评标中的其他要求

(1) 关于投备选标的问题。如果招标项目中的技术问题尚不十分成熟，或者某些要求尚不十分明确，则可以考虑允许投标人投备选标。但如果允许投备选标，必须在招标文件中做出规定。根据招标文件的规定，允许投标人投备选标的，评标委员会可以对排名中标人所投的备选标进行评审，以决定是否采纳备选标。不符合中标条件的投标人的备选标不予考虑。

（2）关于同时投多个单项合同（即多个标段）问题。对于划分有多个单项合同（即多个标段）的招标项目，招标文件允许投标人为获得整个项目合同而提出优惠的，评标委员会可以对投标人提出的优惠进行审查，以决定是否将招标项目作为一个整体合同授予中标人。将招标项目作为一个整体合同授予的，整体合同中标人的投标应当最有利于招标人。

（3）评标的期限和延长投标有效期的处理。评标和定标应当在投标有效期结束日 30 个工作日前完成。不能完成的，招标人应当通知所有投标人延长投标有效期。拒绝延长投标有效期的投标人有权收回投标保证金。同意延长投标有效期的投标人应当相应延长其投标担保的有效期，但不得修改投标文件的实质性内容。因延长投标有效期造成投标人损失的，招标人应当给予补偿，但因不可抗力需延长投标有效期的除外。

招标文件应当载明投标有效期。投标有效期从提交投标文件截止日起计算。

9. 否决所有投标

评标委员会经评审，认为所有投标均不符合招标文件要求，可以否决所有投标。当然，招标人不能轻易否决所有投标，这涉及招标人在社会公众（特别是投标人）中的信誉问题，也因为招标活动要有相当大的投入及时间消耗。如因下列原因之一将导致部分或全部完成了招标程序而无一投标人中标，将造成招标人被迫宣告招标失败：

（1）无合格的投标人前来投标或投标单位数量不足法定数。
（2）标底在开标前泄密。
（3）各投标人的报价均成为不合理标。
（4）在定标前发现标底有严重漏项而无效。
（5）其他在招标前未预料到，但在招标过程中发生并足以影响招标成功的事由。

所有投标被否决的，招标人应当按照我国《招标投标法》的规定重新招标。在重新招标前一定要分析所有投标都不符合招标文件要求的原因，有时候导致所有投标都不符合招标文件要求的原因，往往是招标文件要求过高（不符合实际），投标人无法达到要求。在这种情况下，一般需要修改招标文件后再进行重新招标。

10. 编制评标报告

评标委员会经过对投标人的投标文件进行初审和终审以后，评标委员会要编制书面评标报告。评标报告一般包括以下内容：

（1）基本情况和数据表。
（2）评标委员会成员名单。
（3）开标记录。
（4）符合要求的投标一览表。
（5）废标情况说明。

（6）评标标准、评标方法或评标因素一览表。
（7）经评审的价格或评分因素一览表。
（8）经评审的投标人排序。
（9）澄清、说明、补正事项纪要。

评标报告由评标委员会全体成员签字。对评标结论持有异议的评标委员会成员可以书面方式阐述其不同意见和理由。评标委员会成员拒绝在评标报告上签字且不陈述其不同意见和理由的，视为同意评标结论。评标委员会应当对此作出书面说明并记录在案。

5.4.3 建筑装饰工程定标

1. 中标候选人的确定

评标委员会推荐的中标候选人应当限定在 1~3 人，并标明排列顺序。在确定中标人之前，招标人不得与投标人就投标价格、投标方案等实质性内容进行谈判。根据《招标投标法》第 38 条规定：中标人的投标应当符合下列条件之一：

（1）能够最大限度满足招标文件中规定的各项综合评价标准；

（2）能够满足招标文件的实质性要求，并且经评审的投标价格最低，但是投标价格低于成本的除外。

经评标委员会论证，认定该投标人的报价低于其企业成本的，不能推荐为中标候选人或者中标人。

根据《工程建设项目施工招标投标办法》第 58 条：依法必须进行招标的项目，招标人应当确定排名第一的中标候选人为中标人。排名第一的中标候选人放弃中标、因不可抗力提出不能履行合同，或者招标文件规定应当提交履约保证金而在规定的期限内未能提交的，招标人可以确定排名第二的中标候选人为中标人。

招标人可以授权评标委员会直接确定中标人。国务院对中标人的确定另有规定的，从其规定。

招标人应当在投标有效期截止时限 30 日前确定中标人。依法必须进行施工招标的工程，招标人应当自确定中标人之日起 15 日内，向工程所在地的县级以上地方人民政府建设行政主管部门提交施工招标投标情况的书面报告。建设行政主管部门自收到书面报告之日起 5 日内未通知招标人在招标投标活动中有违法行为的，招标人可以向中标人发出中标通知书，并将中标结果通知所有未中标的投标人。

2. 发出中标通知书并订立书面合同

（1）中标人确定后，招标人应当向中标人发出中标通知书，并同时将中标结果通知所有未中标的投标人。中标通知书对招标人和中标人具有法律效力。中标通知书发出后，招标人改变中标结果，或者中标人放弃中标项目的，应当依法承担法律责任。

(2) 招标人和中标人应当自中标通知书发出之日起 30 日内,按照招标文件和中标人的投标文件订立书面合同。招标人和中标人不得再行订立背离合同实质性内容的其他协议。建设部还规定,招标人无正当理由不与中标人签订合同,给中标人造成损失的,招标人应当给予赔偿。招标文件要求中标人提交履约保证金的,中标人应当提交。招标人应当同时向中标人提供工程款支付担保。中标人不与招标人订立合同的,投标保证金不予退还并取消其中标资格,给招标人造成的损失超过投标保证金数额的,应当对超过部分予以赔偿;没有提交投标保证金的,应当对招标人的损失承担赔偿责任。

订立书面合同后 7 日内,中标人应当将合同送县级以上工程所在地的建设行政主管部门备案。

(3) 招标人与中标人签订合同后 5 个工作日内,应当向中标人和未中标的投标人退还投标保证金。

(4) 中标人应当按照合同约定履行义务,完成中标项目。中标人不得向他人转让中标项目,也不得将中标项目肢解后分别向他人转让。中标人按照合同约定或者经招标人同意,可以将中标项目的部分非主体、非关键性工程分包给他人完成。接受分包的人应当具备相应的资格条件,并不能再次分包。中标人应当就分包项目向招标人负责,接受分包的人就分包项目承担连带责任。

(5) 合同订立后,应将合同副本分送各有关部门备案,以便接受保护和监督。

5.5 复习思考题

1. 简述建筑装饰工程招标程序、投标程序。
2. 建筑装饰工程招标全过程分为哪几个工作阶段?
3. 试述建筑装饰工程投标文件的主要内容。
4. 标底价格在招标过程中起哪些作用?
5. 评标委员会成员的组成要求有哪些?
6. 在哪些情况下,投标文件应作为废标处理?
7. 建筑装饰工程在投标过程中需要做哪些决策?
8. 投标文件在何种情况下,属于重大投标偏差。应如何处理?
9. 招标人对已发出的招标文件进行必要的澄清或修改,应遵循哪些规定?
10. 案例分析

某大型建筑装饰工程,由于技术难度大,对施工单位的施工设备和同类工程施工经验要求高,而且对工期的要求也比较紧迫。业主在对有关单位和在建工程考察的基础上仅向甲、乙、丙 3 家承包单位发出了投标邀请书,招标人组织施工单位考察了施工现场,介绍设计情况，并及时以补遗书的形式回答了施工单位编标期间提出的各类问题。

在离投标截止时间还差 15 天时，招标人以书面形式通知甲、乙、丙 3 家承包商，考虑到该大型装饰工程关键是技术，技术方案如有失误，费用将难以控制，因此将原招标文件中关于评标的内容调整如下：原评标内容总价、单价、技术、资信权数分别由原来的 30%、30%、30%、10% 依次修正为 10%、40%、40%、10%，加大了单价和技术的评分权数。在评标中，甲、乙、丙各项评标内容得分如下：

投标单位	总价得分	单价得分	技术方案得分	资信得分
甲	95	90	95	93
乙	92	93	96	95
丙	96	90	98	92

问题：总价、单价、技术方案、资信各项评审内容的权数从原来的 30%、30%、30%、10% 依次修正为 10%、40%、40%、10% 时，甲、乙、丙三家施工单位的综合得分会发生怎样的变化？

第6章 建筑装饰工程合同管理

6.1 概 述

1993年3月15日，第九届全国人民代表大会第二次会议通过了《中华人民共和国合同法》（简称《合同法》），同年10月1日该部法律开始在我国实施，这对我国社会主义市场经济体制的建立和发展，维护市场经济秩序，促进我国现代化建设起着十分重要的作用。

6.1.1 建设工程合同的概念与分类

1. 建设工程合同的概念

《合同法》第269条定义了建设工程合同的概念："建设工程合同是承包人进行工程建设，发包人支付价款的合同"，"建设工程合同包括工程勘察、设计、施工合同"。

2. 建设工程合同的种类

（1）从承发包的工程范围进行划分

从承发包的不同范围进行划分，可以将建设工程合同分为建设工程总承包合同、建设工程承包合同和分包合同。

（2）从完成承包的内容进行划分

从完成承包的内容进行划分，建设工程合同可以分为建设工程勘察合同、建设工程设计合同和建设工程施工合同。

（3）从付款方式进行划分

以付款方式不同进行划分，建设工程合同可分为总价合同、单价合同和成本加酬金合同。总价合同，是指发承包人按商定的总价承包工程的合同。单价合同是指以工程单价结算工程价款的发承包方式的合同。成本加酬金合同又称成本补偿合同，是按工程实际发生的成本，加上商定的总管理费和利润，来确定工程总价的合同。三种合同形式的区别见表6-1。

表 6-1 三种合同形式比较

合同形式	具体做法	特　点	分　类	适用工程
总价合同	以图纸和工程说明书为依据，明确承包内容，总价一次包定，一般不予变更	优点：承包人比较好估算工程造价，发包人也容易筛选出最低报价，对发包人和承包人来说都比较简便。缺点：风险主要由承包商承担	①固定总价合同 ②调值总价合同 ③固定工程量总价合同 ④管理费总价合同	通常适用于规模较小、风险不大、技术不太复杂、工期不太长的工程
单价合同	双方在不清楚工程量的情况下，就施工项目的单价达成协定，并按实际完成并能够确认的工程量支付工程款	特点：工程量实量实算，以实际完成的数量乘单价结算。可以避免任何一方承担较大的风险	①按分部分项工程单价承包 ②按最终产品单价承包 ③按总价投标和定标，按单价结算工程价款	可以用于在没有施工图就需开工的工程，既不能比较准确地计算工程量，又要避免让任何一方承担较大的风险的工程
成本加酬金合同	成本费用按实报销，或由发包人与承包人事先估算、商定出一个工程成本，在此基础上，发包人向承包人支付一定酬金	优点：简便易行；缺点：发包人不易控制工程总价，承包人不关心降低成本	①成本加固定百分数酬金：计算式为 $C=C_d(1+P)$，其中 C 为总造价，C_d 为实际发生的工程成本；P 为固定的百分数。②成本加固定酬金承包：计算式为 $C=C_d+F$，F 代表固定酬金；③成本加浮动酬金承包：计算式分别为：如 $C_d=C_0$ 则 $C=C_d+F$ 如 $C_d<C_0$ 则 $C=C_d+F+\Delta F$ 如 $C_d>C_0$ 则 $C=C_d+F-\Delta F$，C_0 表示预期成本，ΔF 表示酬金增减部分，其他同上	适用于建设全过程合同（统包合同）；对工程内容尚不十分清楚的工程，如遭受自然灾害、战争等破坏后需修复的工程；边设计边施工的紧急工程等

6.1.2 建筑装饰工程合同的特点

建筑装饰工程合同属于建设工程合同中的一种，是建筑装饰工程承包人进行装饰工程建设，发包人支付价款的合同。为此，建筑装饰工程合同应以建设工程合同为基础，目前建筑装饰工程合同包括：建筑装饰工程设计合同、建筑装饰工程施工合同、家庭居室装饰装修工程施工合同等。

建筑装饰合同的特点主要体现在以下四个方面：

（1）建筑装饰合同当事人的资格严格受限。建筑装饰合同的当事人是指建筑装饰工程的发包人和承包人。依照相关法律，发包人和承包人应分别具备有关条件。

① 发包人应具备的基本条件
- 具有相应的民事权利能力和民事行为能力。

- 对建筑装饰工程的发包人而言，因一般其是经过批准进行工程项目建设的法人，所以必须持有国家批准的建设项目，且投资计划已落实；对家庭居室装饰工程的发包人而言，其应是该房屋的使用权人或其委托人。
- 具有支付建筑装饰工程价款的能力。

② 承包人应具备的基本条件
- 具备法人资格。
- 具备与所从事的建筑装饰工程设计或施工相应的资质。
- 其资质证书的等级应不低于所承揽建筑装饰工程的资质要求。

（2）建筑装饰合同标的特殊。建筑装饰合同的标的是附着在原建筑物或构造物内、外的装饰产品，该装饰产品的单件性，决定了它与一般生产线上的大批量可替代性产品相比，具有其特殊性。

（3）建筑装饰合同要求采用书面形式。由于建筑装饰工程投资较大，装饰结构复杂，所用装饰材料种类繁多，且合同履行期较长，《合同法》规定该合同应当采用书面形式。书面形式的合同既有利于工程合同履行和管理，也有利于保存相应的证据，维护当事人合法权益。

（4）建筑装饰合同渗透国家干预管理。建设部和国家工商行政管理局近十年发布了不同种类的建设工程合同的示范文本，引导合同双方当事人依法订立合同，以保障人民群众居住的房屋质量和居室环境安全舒适，维护建设市场交易秩序和交易安全。

6.1.3 建筑装饰合同订立应遵循的基本原则

建筑装饰合同作为建设工程合同的一种形式，应当遵循《合同法》的基本原则，即符合法律法规原则；平等、自愿原则；公平、诚实信用原则；等价有偿原则，这些基本原则是合同当事人在合同的订立、生效、履行、变更与转让、终止等全部活动中都应当共同遵守的，也是人民法院、仲裁机构在审理或仲裁合同纠纷时应当遵循的原则。

总之，《合同法》的基本原则是所有合同必须遵守的基本准则，建筑装饰合同也不例外。无论是建筑装饰工程还是家庭家居装饰，都需要签订书面的建筑装饰合同；订立合同要本着平等、自愿的原则，选择具有合格条件的当事人；双方应彼此怀有诚意进行充分协商，公平确定合同条款，公正约定合同当事人的权利、义务和责任；要自觉全面履行合同义务，不欺骗（诈）不胁迫，共同实现合同的目的。

6.2 建筑装饰工程合同类型

建筑装饰工程按承包内容不同可分为：建筑装饰工程设计、建筑装饰工程施工和建筑装饰工程监理等，为此建筑装饰合同也应包括建筑装饰工程设计合同、建筑装饰工程施工合同、家庭居室装饰装修工程施工合同和建筑装饰工程监理合同等。

6.2.1 建筑装饰工程设计合同

我国建设部与国家工商行政管理局于 2000 年 3 月颁布的《建设工程设计合同》示范文本有两种格式，一种适用于民用建筑工程设计（GF-2000-0209），另一种适用于专业建设工程设计（GF-2000-0210）。建筑装饰工程设计合同可以参照国家推荐的专业建设工程设计合同示范文本，结合建筑装饰工程设计的特点，双方当事人经充分协商，制定建筑装饰工程设计合同。

1. 建筑装饰工程设计合同的内容组成

建筑装饰工程设计合同的内容主要由合同签订的依据、设计依据、合同文件的优先次序、双方当事人约定的设计项目概况、发包人履行合同义务的承诺、设计人履行合同义务的承诺、设计费用、费用支付方式、合同双方的责任、保密、仲裁(争议解决)、合同生效及其他等条款组成。

2. 建筑装饰工程设计合同中双方的主要义务和责任

（1）发包人主要的义务与责任

① 发包人应在规定的时间内向承包人提供设计所需要的文件和资料。

② 发包人应向承包人明确设计的范围和深度。

③ 发包人应负责提供设计人员进入现场指导配合施工时必要的工作、生活及交通等便利条件。

④ 发包人要求设计人比合同规定时间提前交付设计资料及文件时，如果设计人员能够做到，发包人应向设计人员支付赶工费。

⑤ 发包人应按国家有关规定和合同的约定支付设计费用，并支付定金。

⑥ 发包人变更委托设计项目、规模、条件，或因提交的资料错误，或所提供的资料作较大的修改，以致造成设计人员需返工的，除双方需履行协商签订补充协议外，发包人应按设计人员所消耗工量向设计人员增付设计费。

⑦ 发包人应保护设计人的投标书、设计方案、文件、资料图纸、数据和软件等，未经设计人同意，发包人不得擅自修改、复制或向第三人转让设计人交付的设计资料及文件，否则设计人有权向发包人提出赔偿。发包人应承担保密责任。

（2）设计人主要的义务与责任

① 设计人要根据已批准的设计任务书及有关设计的技术文件、设计标准、技术规范与规程进行装饰设计，并应按合同约定的进度和质量提交设计文件，设计人对其提交的设计文件的质量负责。

② 设计人应配合项目施工单位，在施工前进行设计技术交底，解决工程施工过程中有

关的设计问题，负责设计变更和修改预算，参加工程竣工验收。

③ 设计总承包单位对发包人负责，总承包单位与各分包单位应签订分包合同。

④ 设计人不履行合同义务的，应双倍退还发包人支付的定金。

⑤ 因设计质量低劣，施工人已按低质施工导致不合格的工程需要返工时，视造成损失程度，发包人可减付或不支付设计费用。

⑥ 设计人未按期提交设计文件，应追究其违约责任。

⑦ 因设计错误造成工程重大事故的，设计人除可免收损失部分的设计费外，还应支付给发包人赔偿金。

6.2.2 建筑装饰工程施工合同

建筑装饰工程施工合同即建筑装饰工程承包合同，是发包人和承包人为完成商定的建筑装饰工程施工，明确相互权利、义务关系的协议。建筑装饰施工合同是装饰工程建设的主要合同，是进行装饰工程的质量控制、进度控制、费用控制的主要依据之一。

1996年建设部和国家工商行政管理局印发了《建筑装饰工程施工合同》（甲种本）（GF-96-0205）和《建筑装饰工程施工合同》（乙种本）（GF-96-0206）。1999年印发了《建设工程施工合同》示范文本，该文本既是各类公用建筑、民用住宅、工业厂房、交通设施及线路、管道施工和设备安装的施工合同示范文本，也是建筑装饰工程施工合同的示范文本。

1. 建筑装饰工程施工合同的文件组成及主要条款

建筑装饰工程施工合同文件不需要通过招标投标方式订立，合同文件常常就是一份合同或协议书，最多在正式的合同或协议书后附一些附件，并说明附件与合同或协议书具有同等的效力。

通过招标投标方式订立的装饰工程施工合同，因经过招标、投标、开标、评标、中标等一系列过程，合同文件不单单是一份协议书，而通常由以下文件共同组成。

（1）本合同协议书；

（2）中标通知书；

（3）投标书及其附件；

（4）本合同专用条款；

（5）本合同通用条款；

（6）标准、规范及有关技术文件；

（7）图样；

（8）工程量清单；

（9）工程报价书或预算书。

当上述文件间前后矛盾或表达不一致时，按上述排列顺序解释。

2. 建筑装饰工程施工合同的主要条款

一般合同应当具备如下条款：当事人的名称或姓名和住所、标的、数量、质量、价款或者酬金、履行期限、地点和方式、违约责任和争端的解决方法。装饰工程施工合同应当具备的主要条款如下。

（1）承包范围。建筑装饰工程通常分为楼地面工程、墙柱面工程、天棚工程、门窗工程、油漆、涂料、裱糊工程等，合同应明确哪些内容属于承包方的承包范围，哪些内容属于发包方另行发包。

（2）工期。承发包双方在确定工期的时候，应当以国家工期定额为基础，根据承发包双方的具体情况，并结合装饰工程的具体特点，确定合理的工期。工期是指自开工日期至竣工日期的期限，双方应对开工日期及竣工日期进行精确的定义，否则，日后易起纠纷。

（3）中间交工工程的开工和竣工时间。确定中间交工工程的工期，其要与装饰工程施工合同确定的总工期相一致。

（4）装饰工程质量等级。承发包双方可以约定装饰工程质量等级达到优良或更高标准，但是，应根据优质优价原则确定合同价款。

（5）合同价款。又称工程造价，通常采用国家或者地方定额的方法进行计算确定。随着市场经济的发展，承发包双方可以协商自主定价，而无须执行国家、地方定额。

（6）装饰工程施工图样的交付时间。施工图样的交付时间，必须满足装饰工程施工进度要求。为了确保工程质量，严禁随意性的边设计、边施工、边修改的"三边"工程。

（7）材料和设备供应责任。承发包双方需明确约定哪些材料和设备由发包方供应，以及在材料和设备供应方面双方各自的义务和责任。

（8）付款和结算。业主一般应在装饰工程开工前，支付一定的备料款（又称预付款），工程开工后按工程形象进度按月支付工程款，工程竣工后应当及时进行结算，扣除保修金后应按合同约定的期限支付尚未支付的工程款。

（9）竣工验收。竣工验收是装饰工程施工合同重要条款之一。实践中，常见有些业主为了达到拖欠工程款的目的，迟迟不组织验收或者验而不收。因此，承包人在拟定本条款时应设法预防上述情况的发生，争取主动。

（10）质量保修范围和期限。对建筑装饰工程的质量保修范围和保修期限，应当符合《建设工程质量管理条例》的有关规定。

（11）其他条款。装饰工程施工合同还包括隐蔽工程验收、安全施工、工程变更、工程分包、合同解除、违约责任、争端解决方式等条款，双方均要在签订合同时加以明确约定。

3. 建筑装饰工程施工合同中双方的主要义务与责任

（1）发包人主要的义务与责任

① 提供施工所需的场地，并清除施工场地内一切影响施工的障碍，或承担在未腾空的

场地内施工所采取相应措施发生的费用。

② 向施工方提供所需的水、电、热力、电信等管道线路,以保证施工的需要。

③ 负责本工程涉及的市政配套部门及当地有关部门联系和协调工作。

④ 协调施工现场内各交叉作业施工单位之间的关系,保证施工按合同约定进行。

⑤ 向施工方提供施工现场所需的管线资料,对资料的真实准确性负责。

⑥ 组织施工方和设计单位进行图纸会审及设计交底。

⑦ 向施工方有偿提供协议约定的施工设备和设施。

⑧ 发包人若未按协议约定的内容和时间完成相应的工作,造成工期延误应承担由此造成的追加合同价款,并赔付施工方有关损失,工期相应顺延。

⑨ 发包人应做的其他工作,双方在专用条款内约定。

(2) 承包人主要的义务与责任

① 以其相应资质等级和业务允许的范围内,完成施工图设计或与工程配套的设计,经发包人确认后使用,发包人承担由此发生的费用。

② 提供年、季、月度工程进度计划及相应进度统计报表。

③ 施工现场安全保卫管理工作。

④ 遵守政府有关主管部门对施工现场交通、噪声、环保和安全管理规定,按规定办理有关手续。

⑤ 按《专用条款》的约定保护好建筑物结构和相应的管线、设备。

⑥ 严格执行施工规范,安全操作规程,防火安全规定,环境保护规定。严格按照图纸或做法说明进行施工,做好各项质量检查记录。

⑦ 保证施工场地清洁,符合环境卫生管理的有关规定。

⑧ 已竣工工程未移交发包人前,承包人按《专用条款》的约定负责已完工程的保护工作。

6.2.3 家庭居室装饰装修工程施工合同

建设部和国家工商行政管理局在2000年印发了《家庭居室装饰装修工程施工合同》(示范文本)(GF-2000-0207),指导消费者以此合同作为示范,签订家庭居室装饰装修工程施工合同,以便使自己的权益得到有效保护,同时也可以约束装饰工程公司的施工行为。

1. 家庭居室装饰装修工程施工合同的组成

该施工合同主要由工程概况、工程监理、施工图纸、发包人义务、承包人义务、工程变更、材料的提供、工期延误、质量标准、工程验收和保修、工程款支付方式、违约责任、合同争议的解决方式、其他约定事项等条款组成。

需要说明的是,在该施工合同中的相应条款处,都分别附着需要填写的表格,以便使合同当事人确认工程施工的项目、工程内容和做法、工程报价单、材料明细表、工程设计图纸、工程变更单、工程验收单、工程结算单和工程保修单。

2. 家庭居室装饰装修工程施工合同双方的主要义务和责任

（1）发包人主要的义务和责任
① 为承包人入场施工创造条件。
② 提供施工期间的水、电、气源。
③ 负责协调施工队与邻里之间的关系。
④ 参与工程质量和施工进度的监督，负责材料进场验收，工程质量验收和竣工验收。
⑤ 按期支付工程款。
⑥ 不应拆动室内承重结构，若要改动设备管线或非承重结构需办理相关手续。

（2）承包人主要的义务和责任
① 施工中严格执行安全施工操作规范、防火规定、施工规范及质量标准，按期保质完成工程。
② 严格执行有关施工现场管理的规定，不得扰民及污染环境。
③ 保证施工现场的整洁，及时清扫施工现场。
④ 应尽到有关材料验收、质量验收等通知义务。
⑤ 因承包商自身原因造成的质量问题和工期延误承担责任。

6.3 建筑装饰工程施工合同的谈判、签订与履行

6.3.1 建筑装饰工程施工合同形成的基本条件

（1）符合规定的程序，并保证各项工作、各文件内容、各主体资格的合法性与有效性，签订一份合法的合同。

（2）在双方互相了解、互相信任，对合同有一致解释的基础上签订合同。一般做法如下：

① 业主应当通过资格预审等手段了解承包商的资信、能力、经验，以及承包商为工程实施所作的各项安排，并相信承包商是合格的，能圆满完成合同责任；通过竞争选择并接受承包商的报价，在所有的投标人中，承包商的报价是低而合理的。

② 承包商应当了解业主的资信，相信业主的支付能力；全面了解业主对工程、对承包商的要求和自己的责任，全面理解招标文件、合同文件；了解自己所面临的合同风险、工程难度，并已作了周密的安排；承包商的报价是有利的，已包括了合理的利润。

（3）签订一份完备的、周密的、含义清晰的同时又是责权利关系平衡的合同，以减少合同执行中的漏洞、争执和不确定性。

6.3.2 合同谈判

1. 合同谈判的概念

合同谈判，即建筑装饰工程施工合同签订双方对是否签订合同以及合同具体内容达成一致的协商过程。通过谈判，能够充分了解对方及项目的情况，为高层决策提供信息和依据。

2. 合同谈判

（1）谈判前准备工作

谈判活动的成功与否，通常取决于谈判准备工作的准备程度和在谈判过程中策略与技巧的运用。通常合同谈判的准备工作主要包括以下几个方面：

① 收集资料。谈判准备工作首先是要收集整理有关对方及项目的各种基础资料和背景材料。对发包方来说，重点要了解对方的资信状况、履约能力、发展阶段、已有成绩等。对承包方而言，则应重点掌握对方装饰工程项目的由来、项目目前的进展情况、资金来源等。这些资料可以通过合法调查手段获得，也可以从双方前期接触过程中已经达成的意向书、会议纪要、备忘录、合同以及双方前期评估印象和意见，双方参加前期阶段谈判的人员名单及其情况等方面获得。

② 具体分析。在获得了这些基础材料、背景材料的基础上，即可作一定分析。俗话说"知彼知己，百战不殆"。谈判的重要准备工作就是对己方和对方进行充分分析。

● 对己方的分析

对发包方来说：主要要分析自身的实际情况，如装饰工程准备工作情况、工程施工的难易程度、资金的准备情况等方面来确定工程合同谈判的目标。

对承包方来说：在获得发包方发出招标公告或通知的消息后，不应一味盲目地投标，首先应该作一系列调查研究工作。如装饰工程建设项目是否确实由发包方立项、项目的规模如何、是否适合自身的资质条件、是否和本单位的实际情况相符合，或自身在本项目上有何种优势，以及自身应对突发事件的能力如何，等等，在此基础上拟定谈判目标。

● 对对方的分析

对对方的分析主要包括对对方谈判人员和对对方实力的分析两部分。

对对方谈判人员的分析，即了解对手的谈判组由哪些人员组成，了解他们的身份、地位、权限、性格、喜好等。

对对方实力的分析，指的是对对方资信、技术、物力、财力等状况的分析。

对于承包方而言：一要注意审查发包方是否为装饰工程项目的合法主体，二要注意调查发包方的资信情况，是否具备足够的履约能力。如果发包方在开工初期就发生资金紧张问题，就很难保证今后项目的正常进行，就会出现目前建筑装饰市场上屡禁不止的拖欠工程款和垫资施工现象。

对于发包方而言：须注意承包方是否有承包工程项目的相应资质、履行合同的能力和相应的工程业绩等情况。
- 对谈判目标进行可行性分析。包括分析自身设置的谈判目标是否正确合理、是否切合实际、是否能为对方所接受，以及对方设置的谈判目标是否正确合理。如果自身设置的谈判目标有疏漏或错误，或盲目接受对方的不合理谈判目标，那么将会给装饰项目实施过程带来许多麻烦。在实际操作中，由于建筑装饰市场目前是发包方市场，承包方中标心切，故往往接受发包方不合理的要求，如带资垫资、工期极短等，这造成其在今后发生回收资金、获取工程款、工期反索赔等方面的问题。
- 对双方地位进行分析。对双方在装饰项目上所处的地位的分析也是必要的。这一地位包括整体与局部优劣势。如果己方在整体上存在优势，在局部存有劣势，则可以通过以后的谈判等弥补局部的劣势。但如果己方在整体上已显劣势，则除非能有契机转化这一情势，否则就不宜再耗时耗资去进行无利的谈判。
- 拟订谈判方案。在上述对己方与对方分析完毕的基础上，可总结出该装饰项目的操作风险、双方的共同利益、双方的利益冲突，以及双方在哪些问题上已取得一致，哪些问题还存在着分歧，甚至原则性的分歧等，从而拟订谈判的初步方案，决定谈判的重点，争取在运用谈判策略和技巧的基础上，获得谈判的胜利。

（2）合同正式谈判

合同正式谈判时，往往涉及以下内容，在谈判时应该注意。

① 关于装饰工程范围。承包商所承担的工作范围，包括施工、设备采购、安装和调试等。在签订合同时要做到明确具体、范围清楚、责任明确。
- 对于"不确定的内容，可作无限制解释的"，应该在合同中加以明确，或争取写明"未列入本合同中的工程量表和价格清单的工程内容，不包括在合同总价内"。
- 对于"可供选择的项目"，应力争在签订合同前予以明确，究竟选择与否。确实难以在签订合同时澄清，则应当确定一个具体的期限来选定这些项目是否需要施工。应当注意，如果这些项目的确定时间太晚，可能影响装饰材料设备的订货，承包商可能会受到不应有的损失。
- 对于现场管理工程师的办公设施、家具设备、车辆和各项服务，如果已包括在投标价格中而且招标书规定得比较明确和具体，则应当在签订合同时予以审定和确认。

② 关于合同文件。其谈判内容包括以下要点：
- 应使业主同意将双方一致同意的修改和补充意见整理为正式的"补遗"或"附录"，并由双方签字作为合同的组成部分。
- 应当由双方同意将投标前业主对各投标人质疑的书面答复或通知，作为合同的组成部分。因为这些答复或通知，既是标价计算的依据，也可能是今后索赔的依据。
- 承包商提供的施工图样是正式的合同文件内容，不能只认为"业主提交的图样属于合同文件"。应该表明"与合同协议同时由双方签字确认的图样属于合同文件"。以防业主借补图样的机会增加工程内容。

- 对于作为付款和结算工程价款依据的工程量及价格清单,应该根据议标阶段作出的修正重新整理和审定,并经双方签字。
- 尽管采用的是标准合同文本,在签字前都必须全面检查,对于关键词语和数字更应该反复核对,不得有任何差错。

③ 关于双方的一般义务,其谈判内容包括以下要点:

- 关于"工作必须使监理工程师满意"的条款,这是在合同条件中常常见到的。应该载明:"使监理工程师满意"只能是施工技术规范和合同条件范围内的满意,而不是其他。合同条件中还常常规定:"应该遵守并执行监理工程师的指示。"对此,承包商通常是书面记录下其对该指示的不同意见和理由,以作为日后索赔的依据。
- 关于履约保证,应该争取业主接受由国内银行直接开出的履约保证函。有些国家的业主一般不接受外国银行开出的履约担保,因此,在合同签订前,应与业主商选一家既与国内银行有往来关系,又能被对方接受的当地银行开具保函,并事先与当地银行或国内银行协商同意。
- 关于工程保险,应争取业主接受由中国人民保险公司出具的工程保险单,如业主不同意接受,可由一家当地有信誉的保险公司与中国人民保险公司联合出具保险单。
- 关于工人的伤亡事故保险和其他社会保险,应力争向承包商本国的保险公司投保。有些国家往往有强制性社会保险的规定,对于外籍工人,由于是短期居留性质,应争取免除在当地进行社会保险。否则,这笔保险金应计入在合同价格之内。
- 关于不可预见的自然条件和人为障碍问题,一般合同条件中虽有"可取得合理费用"的条款,但由于其措词含糊,容易在实施中引起争执。必须在合同中明确界定"不可预见的自然条件和人为障碍"的内容。对于招标文件中提供的气象、地质、水文资料与实际情况有出入,则应争取列为"非正常气象和水文情况",此时应增加由业主提供额外补偿费用的条款。

④ 关于劳务

有些合同条件规定:"不管什么原因,业主发现施工进度缓慢,不能按期完成本装饰工程时,有权自行增加必要的劳力以加快工程进度,而支付这些劳力的费用应当在支付给承包商的工程价款中扣除。"这一条需要承包商注意两点:其一,如当地有限制外籍劳务的规定,则须同业主商定取得入境、临时居住和工作的许可手续,并在合同中明确业主协助取得各种许可手续的责任的规定;其二,因劳务短缺而延误工期,如果是由于业主未能取得劳务人员入境、居留和工作许可,当地又不能招聘到价格合理和技术较好的劳力,则应归咎为业主的延误,而非承包商造成的延误。因此,应该争取修改这种不分析原因的惩罚性条款。

⑤ 关于材料和操作工艺,其谈判内容包括以下要点:

- 对于报送材料样品给监理工程师或业主审批和认可,应规定答复期限。业主或监理工程师在规定答复期限不予答复,即视为"同意"。经"同意"后再提出更换,应该由业主承担因延误工期和原报批的材料已订货而造成的损失。

- 对于应向监理工程师提供的现场测量和试验的仪器设备，应在合同中列出清单，写明型号、规格、数量等。如果超出清单内容，则应由业主承担超出的费用。
- 争取在合同或"补遗"中写明材料化验和试验的权威机构，以防止对化验结果的权威性产生争执。
- 如果发生材料代用、更换型号及其标准问题时，承包商应注意两点：其一，将这些问题载入合同"补遗"中去；其二，如有可能，可趁业主在议标时压价而提出材料代用的意见，更换那些原招标文件中规定的高价而难以采购的材料，用承包商熟悉货源并可获得优惠价格的材料代替。
- 关于工序质量检查问题。如果监理工程师延误了上道工序的检查时间，往往使承包商无法按期进行下一道工序，而使工程进度受到严重影响。因此，应对工序检验制度作出具体规定，不得简单地规定"不得无理拖延"了事。特别是对及时安排检验要有时间限制。超出限制时，监理工程师未予检查，则承包商可认为该工序已被接受，可进行下一道工序施工。

⑥ 关于装饰工程的开工和工期，其谈判内容包括以下要点：
- 区别工期与合同（终止）期的概念。合同期，表明一份合同的有效期，即从合同生效之日至合同终止之日的一段时间。而工期是对承包商完成其工作所规定的时间。在建筑装饰工程承包合同中，通常是施工期虽已结束，但合同期并未终止。
- 应明确规定保证开工的措施。要保证装饰工程按期竣工，首先要保证按时开工。对于业主影响开工的因素应列入合同条件之中。如果由于业主的原因导致承包商不能如期开工，则工期应顺延。
- 施工中，如因变更设计造成工程量增加或修改原设计方案，或工程师不能按时验收工程，承包商有权要求延长工期。
- 必须要求业主按时验收工程，以免拖延付款，影响承包人的资金周转和工期。
- 考虑到我国公司一般动员准备时间较长，应争取适当延长工程准备时间，并规定工期应由正式开工之日算起。
- 如果装饰工程项目付款中，规定有初期工程付款，其中包括临时工程占用土地的各项费用开支，则承包商应在投标前作出周密调查，尽可能减少日后额外占用的土地数量，并将所有费用列入报价之中。
- 应规定现场移交的时间和移交的内容。所谓现场移交应包括场地测量图样、文件和各种测量标志的移交。
- 承包商应有由于装饰工程变更、恶劣气候等的影响，或其他非承包商自身原因要求延长竣工时间的正当权利。

⑦ 关于工程维修，其谈判内容包括以下要点：
- 应当明确维修工程的范围、维修期限和维修责任。
- 一般装饰工程维修期届满应退还维修保证金。承包商应争取以维修保函替代工程价款的保留金。因为维修保函有保函有效期的规定，可以保障承包商在维修期满时自行撤销其维修责任。

⑧ 关于工程的变更和增减，其谈判内容包括以下要点：
- 装饰工程变更应有一个合适的限度。超过限度，承包商有权修改单价。
- 对于单项工程的大幅度变更，应在工程施工初期提出，并争取规定限期。超过限期大幅度增加单项工程，由业主承担材料、工资价格上涨而引起的额外费用；大幅度减少单项工程，业主应承担因材料已订货而造成的损失。

⑨ 关于施工机具、设备和材料的进口，其谈判内容包括以下要点：
- 承包商应争取用本国的机具、设备和材料去承包涉外工程。许多国家允许承包商从国外运入施工机具、设备和材料为该工程专用，工程结束后再将机具和设备运出国境。如有此规定，应列入合同"补遗"中。
- 应要求业主协助承包商取得施工机具、设备和材料进口许可。

⑩ 关于不可抗力的特殊风险。

⑪ 关于争端、法律依据及其他。其谈判内容包括以下要点：
- 应争取用协商和调解的方法解决双方争端。因为协商解决灵活性比较大，有利于双方经济关系的进一步发展。如果协商不成，需调解解决则争取由中国的涉外调解机构调解；如果调解不成，需仲裁解决，则争取由"中国国际经济贸易仲裁委员会"仲裁。
- 合同规定管辖的法律通常是当地法律。因此，应对当地有关法律有相当的了解。
- 应注意税收条款。在投标之前应对当地税收进行调查，将可能发生的各种税收计入报价中，并应在合同中规定，对合同价格确定以后由于当地法令变更而导致税收或其他费用的增加，应由业主按票据进行补偿。

⑫ 关于付款。承包商最为关心的问题就是付款问题。业主和承包商发生的争端，多数集中在付款问题上。付款问题可归纳为三个方面，即价格问题、货币问题、支付方式问题。
- 国际承包工程的合同计价方式有三类。如果是固定总价合同，承包商应争取订立"增价条款"，保证在特殊情况下，允许对合同价格进行自动调整。这样就将全部或部分成本增高的风险转移至业主承担。如果是单价合同，合同总价格的风险将由业主和承包商共同承担。其中，由于工程数量方面的变更引起的预算价格的超出，将由业主负担，而单位工程价格中的成本增加，则由承包商承担。对单价合同，也可带有"增价条款"。如果是成本加酬金合同，成本提高的全部风险由业主承担。但是承包商一定要在合同中明确哪些费用列为成本，哪些费用列为酬金。
- 货币问题主要是货币兑换限制、货币汇率浮动、货币支付问题。货币支付条款主要有：固定货币支付条款，即合同中规定支付货币的种类和各种货币的数额，今后按此付款，而不受货币价值浮动的影响；选择性货币条款，即可在几种不同的货币中选择支付，并在合同中用不同的货币标明价格。这种方式也不受货币价值浮动的影响，但关键在于选择权的归属问题，承包商应争取主动权。

- 支付方式问题主要有支付时间、支付方式和支付保证等问题。在支付时间上，承包商越早得到付款越好。支付的方法有：预付款、工程进度付款、最终付款和退还保证金。对于承包商来说，一定要争取到预付款，而且，预付款的支付按预付款与合同总价的同一比例每次在工程进度款中扣除为好。对于工程进度付款，应争取它不仅包括当月已完成的工程价款，还包括运到现场合格材料与设备的费用。最终付款，意味着工程的竣工，承包商有权取得全部工程的合同价款中一切尚未付清的款项。承包商应争取将工程竣工结算和维修责任予以区分，可以用一份维修工程的银行担保函来担保自己的维修责任，并争取早日得到全部工程价款。关于退还保留金问题，承包商争取降低扣留金额的数额，使之不超过合同总价的 5%；并争取工程竣工验收合格后全部退还，或者用维修保函代替扣留的应付工程款。

总之，需要谈判的内容非常多，而且双方均以维护自身利益为核心进行谈判，使得谈判更加复杂、艰难。因而，需要精明强干的投标班子或者谈判班子进行仔细、具体的策划。

（3）谈判的规则

在谈判中，如果注意谈判规则，将使谈判富有成效。

① 谈判前应作好充分准备。如备齐文件和资料，拟好谈判的内容和方案，对谈判对手的性格、年龄、嗜好、资历、职务均应有所了解，以便派出合适人选参加谈判。在谈判中，要统一口径，不得将内部矛盾暴露在对方面前。

② 谈判的重要负责人不宜急于表态。应先让副手主谈，主要责任人在旁边边听边分析对方谈话的内容，从中找出问题的症结，以备进攻。

③ 谈判中要抓住实质性问题，不要在枝节问题上争论不休。实质性问题不轻易让步，枝节问题要表现宽宏大量的风度。

④ 谈判要有礼貌，态度要诚恳、友好、平易近人；发言要稳重，当意见不一致时不能急躁，更不能感情冲动，甚至使用侮辱性语言。一旦出现僵局时，可暂时休会。

⑤ 少说空话、大话，但偶尔赞扬自己在国内、甚至国外的业绩是必不可少的。

⑥ 对等让步的原则。当对方已作出一定让步时，自己也应考虑作出相应的让步。

⑦ 谈判时必须记录。

3. 谈判的策略和技巧

谈判是通过不断的会晤确定各方权利、义务的过程，它直接关系到谈判桌上各方最终利益的得失。因此，谈判不是一项简单的机械性工作，而是集合了策略与技巧的艺术。以下介绍几种常见的谈判策略和技巧。

（1）掌握谈判议程，合理分配各议题的时间。建筑装饰工程建设这样的谈判往往会涉及诸多需要讨论的事项，而各谈判事项的重要性并不相同，谈判各方对同一事项的关注程度也不相同。成功的谈判者善于掌握谈判的进程，在充满合作气氛的阶段，展开自己所关注的议题的商讨，从而抓住时机，达成有利于己方的协议。而在气氛紧张时，则引导谈判进入双方具有共识的议题，一方面缓和气氛，另一方面缩小双方差距，推进谈判进程。同时，谈判者应懂得合理分配谈判时间。对于各议题的商讨时间应得当，不要过多拘泥于细节性问题。这样可以缩短谈判时间，降低交易成本。

（2）高起点战略。谈判的过程是各方妥协的过程，通过谈判，各方都或多或少会放弃部分利益以求得谈判的进展。而有经验的谈判者在谈判之初会有意识向对方提出苛刻的谈判条件，这样对方会过高估计本方的谈判底线，从而在谈判中更多作出让步。

（3）注意谈判氛围。谈判各方都要竭力维护自己的利益，有时只有经过一场"恶战"，才能获得谈判的成功。但有经验的谈判者会在各方分歧严重、谈判气氛激烈的时候采取润滑措施，舒缓压力。在我国最常见的方式是饭桌式谈判。通过餐宴，联络谈判方的感情，拉近双方的心理距离，进而在和谐的氛围中重新回到议题。

（4）拖延和休会。当谈判遇到障碍，陷入僵局的时候，拖延和休会可以使明智的谈判方有时间冷静思考，在客观分析形势后提出替代性方案。在一段时间的冷处理后，各方都可以进一步考虑整个项目的意义，进而弥合分歧，将谈判从低谷引向高潮。

（5）避实就虚。谈判各方都有自己的优势和弱点。谈判者应在充分分析形势的情况下，作出正确判断，利用对方的弱点，猛烈攻击，迫其就范，作出妥协。而对于己方的弱点，则要尽量注意回避。

（6）分配谈判角色。任何一方的谈判团都由众多人员组成，谈判中应利用各人不同的性格特征各自扮演不同的角色。有的唱红脸，积极进攻；有的唱白脸，和颜悦色。这样软硬兼施，可以事半功倍。

（7）充分利用专家的作用。现代科技发展使个人不可能成为各方面的专家。而工程项目谈判又涉及广泛的学科领域。充分发挥各领域专家的作用，既可以在专业问题上获得技术支持，又可以利用专家的权威性给对方以心理压力。

在限定的谈判空间和时限中，合理、有效地利用以上各谈判策略和技巧，将有助于获得谈判的优势。

6.3.3 合同签订

建筑装饰工程施工合同的订立，是指业主和承包人之间为了建立承发包合同关系，通过对装饰工程施工合同具体内容进行协商而形成合同的过程。

1. 订立装饰工程施工合同应具备的条件和基本原则

（1）订立装饰工程施工合同应具备的条件
① 初步设计已经批准；
② 建筑装饰工程项目已经列入年度建设计划；
③ 有能够满足施工需要的设计文件和有关技术资料；

④ 建设资金和重要材料设备来源已经落实；

⑤ 招标投标工程，中标通知书已经下达。

（2）订立装饰工程施工合同的原则

订立装饰工程施工合同的原则是指贯穿于订立施工合同的整个过程，对承发包双方签订合同起指导和规范作用的、双方应当遵守的准则。

① 合法的原则。即订立施工合同的主体、内容、形式、程序都要符合法律规定。唯有遵守法律法规，施工合同才受国家法律的保护，当事人预期的经济利益目的才有保障。

② 平等、自愿的原则。即业主与承包人在法律地位上的完全平等，施工合同当事人一方不得将自己的意志强加给另一方，当事人依法享有自愿订立施工合同的权利，任何单位和个人不得非法干预。

③ 公平、诚实信用的原则。公平即是业主与承包人的合同权利、义务要对等而不能显失公平，要合理分担责任。诚实信用即要求当事人要诚实，实事求是向对方介绍自己订立合同的条件、要求和履约能力，充分表达自己的真实意愿，不得有隐瞒、欺诈的成分。

2. 订立建筑装饰工程施工合同的形式和程序

（1）订立建筑装饰工程施工合同的形式。建筑装饰工程施工合同由于涉及面广、内容复杂、建设周期长、标的金额大，根据《合同法》第270条规定，应当采用书面形式。

（2）订立施工合同的程序。《合同法》第13条规定："当事人订立合同，采取要约、承诺方式。"

根据《招标投标法》对招标、投标的规定，招标、投标、中标实质上就是要约、承诺的一种具体方式。招标人通过媒体发布招标公告，或向符合条件的投标人发出招标文件，为要约邀请；投标人根据招标文件内容在约定的期限内向招标人提交投标文件，为要约；招标人通过评标确定中标人，发出中标通知书，为承诺；招标人和中标人按照中标通知书、招标文件和中标人的投标文件等订立书面合同时，合同成立并生效。

6.3.4 合同的履行

1. 合同履行定义

建筑装饰工程施工合同的履行，是指合同双方当事人，共同完成施工合同所约定的装饰施工任务的过程，也即一个装饰工程项目从施工准备、实施、竣工直至质量保修期结束的全过程。

建筑装饰工程施工合同一旦签订，即具有法律效力，双方当事人必须严格履行合同全部条款，并承担各自的义务。合同不得因承包商或法人代表的变动而变更或解除。

为了保证合同的顺利进行，双方往往采用担保方式。通常的担保做法是：请担保人、预付担保金（由银行或保险公司出具保金）或以资产抵押等方式。担保人（或单位）以自己的名义或单位保证一方当事人履行合同，若被担保人不履行合同时，担保人要负连带责任。对方将依法没收担保金或变卖其抵押财产，收回违约造成的损失。

2. 合同的履行

合同履行过程中，若因改变建设方案、变更计划、改变投资规模、较大地变更设计图纸等增减工程内容，打乱原施工部署，则应另签补充合同。补充合同是原合同的组成部分。若因种种原因需解除合同，必须经双方共同协商同意，签订解除合同协议书。协议书未签署前，原合同仍然有效。合同变更或解除所造成的经济损失，应本着公平合理的原则，由提出变更或解除合同一方负责，并及时办理经济签证手续。

在合同履行中，发生争议或纠纷时，合同双方应主动协商，本着实事求是的原则，尽量求得合理解决。如协商不成，任何一方均可向合同约定的仲裁机构申请调解仲裁。若调解无效、仲裁不服，可向人民法院提出诉讼。

3. 建筑装饰工程承包商的施工合同的履行

建筑装饰工程施工合同签订后，承包商应尽力做好开工前的准备工作并尽快开工，避免因开工准备不足而延误工期。为了较好地履行合同，承包商的主要工作如下：

（1）准备阶段承包商的工作

① 人员和组织准备。由于项目经理部是实施项目的关键，所以尤其要选好项目经理及其他主要人员。

② 施工准备。施工准备包括接受现场、领取施工图纸等有关文件、搭建现场生活和生产临时设施、编制施工进度计划及付款计划表、材料及设备采购订货、签订有关分包合同等。

③ 办理有关保函及保险。

④ 筹措流动资金，保证工程进行。

⑤ 学习合同文件，由于在招标和合同签订阶段，只有很少数人阅读、研究招标文件和合同条件，因此在工程开工初期，必须组织项目管理部门有关人员学习、研究合同文件。

⑥ 认真阅读施工图纸，做好参加设计交底和图纸会审会议的充分准备。

（2）开工后承包商的工作

装饰工程项目开工以后，需调动大量人力、材料、机械、资金等资源投入到施工过程中，工程施工过程中涉及的管理、配合部门较多，而且气候等不可预见的影响因素也较多，因此，承包商必须严格依照合同，履行自己的职责，尤其需要注意的是做到手续健全，考虑周密，工作"留有痕迹"即一些工作必须采用书面形式的记录，以免发生合同纠纷时"口说无凭"。开工后具体工作如下：

① 制订工程项目实施的详细计划，报呈监理工程师批准；

② 制定现场安全、文明施工等措施,并认真执行;
③ 按照施工合同要求,采购工程所需的材料、设备,并按照有关规定提供合格证书、准用证或检测报告,需进行现场抽检的,由监理工程师监督进行抽样检查或送检;
④ 进行施工测量、放样,报请监理工程师检查、批准;
⑤ 制定有效的质量保证措施,建立完善的质量管理体系,根据监理工程师的指示和体系运转情况,改进、完善质量保证措施或进行质量缺陷修补;
⑥ 按照监理工程师的指示,对有关的施工工序,填写详细的施工报表,并及时要求监理工程师审核确认;
⑦ 采取有效措施,保证工程进度;
⑧ 有分包工程的,负责组织分包任务的完成。若由发包人直接进行分包,则负责做好衔接、配合工作;
⑨ 做好施工机械的维护、保养和检修,以保证施工正常进行;
⑩ 遵守工程所在国的法律、法规;
⑪ 根据工程的进度情况及时办理变更签证手续,做好工程款拨付等事宜;
⑫ 及时进行场地清理、资料整理等工作,完成竣工验收,并负责工程竣工后的维修等。

6.4 建筑装饰工程施工索赔

6.4.1 建筑装饰工程施工索赔概念

建筑装饰工程施工索赔是装饰工程项目管理的有效手段,是合同管理的重要内容。在合同实施过程中,由于条件和环境的变化,使承包商的工期延长、实际工程成本增加,承包商为挽回这些损失,只有通过索赔这种合法的手段才能做到。

索赔,是指在合同履行过程中,对非自己的过错,而应由对方承担责任的情况造成的实际损失,向对方提出经济补偿(或时间补偿)的要求。索赔的性质属于经济补偿行为,而不是惩罚。索赔损失结果与被索赔人的行为并不一定存在法律上的因果关系。索赔工作是承发包双方之间经常发生的管理业务,是双方合作的方式而不是对立。

6.4.2 建筑装饰工程施工索赔分类

1. 按合同状态分类

(1) 正常施工索赔。指正常履行合同中发生的各种违约、变更、不可预见因素、加速施工、政策变化等情况引起的索赔。正常施工索赔是最常见的索赔形式。

（2）工程停、缓施工索赔。指履行合同的装饰工程因故必须中途停止施工所引起的索赔。

（3）解除合同索赔。指合同一方严重违约，使合同无法正常履行的情况下，合同的另一方行使解除合同的权利所产生的索赔。

2. 按索赔目的分类

（1）费用索赔。费用索赔就是要求经济上的补偿。当合同约定的某些条件发生改变而导致承包人额外增加开支，承包人要求发包人对不应归责于承包人的经济损失给予补偿。

（2）工期索赔。由于非承包人责任的原因导致装饰工程施工进程延误的，承包人要求顺延工期的索赔称之为工期索赔。工期索赔一旦获得批准，承包人就可以避免在合同原定竣工日不能完工时，被发包人追究拖期违约责任，按顺延的工期，如提前完工还可得到相应的奖励。

3. 按索赔处理方式和处理时间不同分类

（1）单项索赔。它是指在装饰工程实施过程中，出现了干扰原合同的索赔事件，承包商为此事件提出的索赔。应当注意，单项索赔往往在合同中规定必须在索赔有效期内完成，即在索赔有效期内提出索赔报告，经监理工程师审核后交业主批准。如果超过规定的索赔有效期，则该索赔无效。因此对于该项索赔，必须有合同管理人员对日常的每一个合同事件跟踪，一旦发现问题应迅速研究是否对此提出索赔要求。单项索赔由于涉及的合同事件比较简单，事实比较清晰，责任分析和索赔值计算不太复杂，金额也不会太大，双方往往容易达成协议，获得成功。

（2）一揽子索赔，又称总索赔。它是指承包商在装饰工程竣工前后，将装饰工程施工过程中已提出但未解决的索赔汇总一起，向业主提出一份总索赔报告的索赔。这种索赔有的是因合同实施过程中，一些单项索赔问题比较复杂，不能立即解决，经双方协商同意留待以后解决；有的是业主对索赔迟迟不作答复采取拖延的办法，使索赔谈判旷日持久；有的是承包商合同管理水平差，平时没有注意对索赔的管理，当工程快完工时，发现即将亏损才进行索赔。

4. 依据索赔依据的范围分类

（1）合同内索赔。此种索赔是以合同条款为依据，在合同中有明文规定的索赔，如工期延误，工程变更，业主不按合同规定支付进度款等。这种索赔，由于在合同中明文规定而往往容易得到。

（2）合同外索赔。此种索赔一般是难于直接从合同的某条款中找到依据，但可以从对合同条件的合理推断或同其他的有关条款联系起来论证该索赔是属合同规定的索赔。

(3) 道义索赔。是指承包人无论在合同内或合同外都找不到索赔依据,但在履行合同中诚恳可信,与发包人合作良好,而且在装饰工程施工中确实遭到很大的损失,希望向业主寻求优惠性质的额外付款。这种额外付款实际上是一种道义上的救助,只有在遇到通情达理的业主时才可能会成功。

6.4.3 索赔的起因

工程实施过程中,产生索赔的原因多种多样,依据装修装饰工程项目的自身性质和特点,主要有以下一些起因。

1. 施工延期

施工延期,是指由于非承包商的各种原因而造成工程的进度推迟,施工不能按原计划进行。大型的装修装饰工程项目在施工过程中,由于工程规模大,技术复杂,受天气等自然因素影响,发生施工进度延期是比较常见的。当出现施工延期的索赔事件时,往往在分清责任和损失补偿方面,合同双方易发生争端。

2. 施工临时中断和工效降低

由于业主和工程师原因造成的临时停工或施工中断,特别是根据业主和工程师不合理指令造成了工效的大幅度降低,从而导致费用支出增加,承包商可提出索赔。

3. 业主不正当地终止工程

由于业主不正当地终止工程,承包商有权要求补偿损失,其数额为承包商在被终止工程上的人工、材料、机械设备的全部支出,以及各项管理费用、保险费、贷款利息、保函费用的支出(除去已结算的工程款),并有权要求赔偿其盈利损失。

4. 合同变更

合同变更的含义很广泛,它包括工程设计变更、施工方法变更、工程量的增加与减少等。对于装修装饰工程项目实施过程来说,变更是客观存在的。只是这种变更必须是指在原合同范围内的变更,若属于超出合同范围的变更,承包商有权予以拒绝。在合同变更时,承包商有权提出索赔。

5. 合同存在矛盾、缺陷或条文模糊之处

合同矛盾和缺陷,是指在合同文件规定不严谨,合同中有遗漏或错误,这些矛盾常反映为设计与施工规定相矛盾,技术规范和设计图纸不符合或相矛盾,以及一些商务和法律条款规定有缺陷等。在这种情况下,如果造成施工工期延长或工程成本增加,则承包商可提出索赔要求，监理工程师应予以证明，业主应给予相应的补偿。此外，合同条文模糊、措辞不够严密、各处含义不一致，也可能导致索赔的发生。

6. 不可抗力发生

一般来说，不可抗力发生所造成的损失，是业主所要承担的风险。许多合同规定，承包商不仅对由此而造成工程、业主或第三方的财产的破坏和损失及人身伤亡不承担责任，而且业主应保护和保障承包商不受上述特殊风险后果的损害，并免于承担由此而引起的与之有关的一切索赔、诉讼及其费用。相反，承包商还应当可以得到由此损害引起的任何永久性工程及其材料的付款及合理的利润，以及一切修复费用、重建费用及上述特殊风险而导致的费用增加。

7. 风险分担不均

装修装饰工程项目承包是市场经济条件下的商业竞争，包含着许多风险。业主和承包商双方均有合同风险。但是，承包商承担的风险一般都比业主多，其原因主要是工程承包市场是"买方市场"这一客观规律所决定的。业主作为工程市场的买方，他就是"上帝"，因此，业主处处都位于主导地位。承包商只有在遇到风险发生又不可预防和避免时，通过索赔的方法来减少风险所造成的损失。业主应该适量地弥补由于各种风险所造成的承包商的经济损失，以求公平合理地分担风险。

8. 业主和指定分包商违约

业主违约，主要是指业主未能在规定时间内支付工程款；或业主及其代理人未能按合同规定为承包商提供施工必须的条件，如未能按规定时间及时向承包商提供施工场地使用权，未能及时接通电源等；由业主提供的材料等延误或不符合合同标准等；业主提供工程图纸不及时等。

指定分包商的违约，主要是指指定的工程分包商或材料货物供应商，未能按合同规定提供服务、供应材料和货物等。

以上造成承包商的损失，承包商均可以向发包方提出索赔要求。

9. 监理工程师的某些指令

工程项目施工过程中，监理工程师可以发布各种必要的书面或口头的现场指令，这些指令常包括令承包商进行一些额外的工作，如额外的试验研究以服务于施工；对部分合格工程进行破坏性检查；指令更换某些材料；指令暂停工程或改变施工方法等。在监理工程师发布了这些指令之后，承包商按指令进行这些额外的工作后，有权向业主提出索赔以弥补经济损失。

10. 其他承包商干扰及第三方原因

大中型装修装饰工程项目，经常会有几个承包商同时在施工现场作业。由于各承包商之间没有合同关系，他们各自只与业主存在合同关系，因此彼此之间的组织协调工作需要业主或监理工程师去进行。各承包商之间的工作协调不好，可能会使一些承包商未能按时按质进行施工，从而使别的承包商工作也会因此而推迟，在这种情况下，被迫延迟和受到干扰的承包商就有权向业主提出索赔。

由第三方原因引起的索赔，常发生在因与工程相关的第三方而使工程不能顺利进展。

11. 加速施工

有时业主和工程师会发布加速施工指令，要求承包商投入更多资源、加班赶工来完成工程项目。这可能会导致工程成本的增加，引起承包商的索赔。当然，这里所说的加速施工并不是由于承包商的任何责任和原因。

12. 物价上涨

由于物价上涨的因素，带来了人工费、材料费、甚至施工机械费的不断增长，导致工程成本大幅度上升，承包商的利润受到严重影响，也会引起承包商提出索赔的要求。但此类索赔能否获得批准、如何计算索赔费用，还要视合同中的有关约定。

13. 工程项目所在国政策、法律、法规变化

因为工程项目所在国的政策、法律、规定是承包商投标时编制报价的重要依据，所以，如果在投标截止日期前的 28 天以后，由于业主国家或地方的任何法规、法令、政令或其他法律、规章发生了变更而导致了承包商成本增加的，对承包商由此增加的开支，业主应予补偿。

14. 货币及汇率变化

如果在投标截止日期前的 28 天以后，工程施工所在国政府或其授权机构对支付合同价格的一种或几种货币实行货币限制或货币汇兑限制，业主应补偿承包商因此而受到的损失。如果合同规定将全部或部分款额以一种或几种外币支付给承包商，则这项支付不应受上述指定的一种或几种外币与工程施工所在国货币之间的汇率变化影响。

6.4.4 索赔程序

发包人未能按合同约定履行自己的各项义务或发生错误以及应由发包人承担责任的其他情况，造成工期延误或承包人不能及时得到合同价款及承包人的其他经济损失，承包人可以按下列程序以书面形式向发包人索赔，其过程见图 6-1 所示。

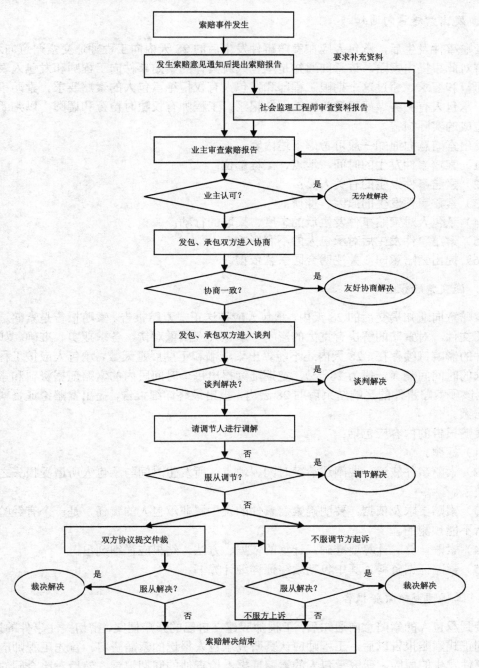

图 6-1 索赔解决的程序

1. 发出索赔意向通知

索赔事件发生后,承包人应在索赔事件发生后的28天内向工程师递交索赔意向通知,声明将对此事提出索赔。该意向通知是承包人就具体的索赔事件向工程师和发包人表示的索赔愿望和要求,超过这个期限工程师和发包人有权拒绝承包人的索赔要求。索赔事件发生后,承包人有义务做好现场施工的同期记录,工程师有权随时检查和调阅,以判断索赔事件造成的实际损害。

发出索赔意向通知一般可考虑下述内容:
(1) 索赔事件发生的时间、地点、工程部位;
(2) 索赔事件发生的有关人员;
(3) 索赔事件发生的原因、性质;
(4) 承包人对索赔事件发生后的态度、采取的行动;
(5) 索赔事件发生后对承包人的不利影响;
(6) 提出索赔意向,并注明合同条款依据。

2. 递交索赔报告

索赔意向通知提交后的28天内,承包人应递送正式索赔报告。索赔报告是索赔过程中的重要文件,对索赔的解决有重大的影响,承包人应慎重对待,务求翔实、准确。如果索赔事件的影响持续存在,28天内还不能算出索赔额和工期展延天数,承包人应按工程师合理要求的时间间隔(一般为28天),定期陆续报出每个时间段内的索赔证据资料和索赔要求,在该项索赔事件的影响结束后的28天内,报出最终详细报告,提出索赔论证资料和累计索赔额。

索赔报告的内容应包括:
(1) 标题。
(2) 索赔事件叙述。要阐述清楚时间、地点,所发生时间与承包人所遭受损失之间的因果关系。
(3) 索赔要求及依据。要明确索赔事件的发生属非承包人的责任,是一个有经验的承包人所不能预测的。
(4) 索赔计算。计算要准确,计算的依据、方法、结果应详细列出。
(5) 索赔证据资料。其中包括索赔证详细计算书。

3. 工程师审核索赔报告

接到承包人的索赔意向通知后,工程师应建立自己的索赔档案,密切关注事件的影响。在接到正式索赔报告以后,工程师应认真研究承包人报送的索赔资料。首先工程师应客观分析事件发生的原因,研究承包人的索赔证据,检查他的同期记录。然后对比合同的有关条款，划清责任界限，必要时还可以要求承包人进一步提供补充资料。最后再审查承包人提出的索赔补偿要求，剔除其中的不合理部分，拟定自己计算的合理索赔款额和工期顺延天数。

一般对索赔报告的审查内容如下：

（1）索赔事件发生的时间、持续的时间、结束的时间。

（2）损害事件原因分析，包括直接原因和间接原因。即分析索赔事件是出于何种原因引起，进行责任分解，划分责任范围，按责任大小承担损失。

（3）分析索赔理由。主要依据合同文件判明是否在合同规定的赔偿范围之内。只有符合合同规定的索赔要求才有合法性、才能成立。例如，某合同规定，在工程总价 5%范围内的工程变更属于承包人承担的风险，若发包人指令增加工程量在这个范围内，承包人不能提出索赔。

（4）实际损失分析。即分析索赔事件的影响，主要表现为工期的延长和费用的增加。对于工期的延长主要审查延误的工作是否位于网络计划的关键线路上，延误的时间是否超过该工作的总时差。对于费用的增加主要审查分担比例是否合理，计算费用的原始数据来源是否正确，计算过程是否合理、准确。

4. 建筑装饰工程施工索赔的解决

装饰工程施工索赔的解决是多途径的。工程师核查后初步确定应予以补偿的额度有时与承包人没有分歧，但多数时候与承包人的索赔报告中要求的额度不一致，甚至差额较大。主要原因大多为对事件损害责任的界限划分不一致，索赔证据不充分、索赔计算的依据和方法分歧较大等，因此双方应就索赔的处理进行协商。在经过认真分析研究，与承包人、发包人广泛讨论后，工程师应该向发包人和承包人提出自己的"索赔处理决定"。当工程师确定的索赔额超过其权限范围时，必须报请发包人批准。工程师在"工程延期审批表"和"费用索赔审批表"中应该简明地叙述索赔事项、理由、建议给予补偿的金额及延长的工期，论述承包人索赔合理方面及不合理方面。工程师收到承包人递交的索赔报告和有关资料后，如果在 28 天内既未予答复，也未对承包人作进一步要求，则视为承包人提出的该项索赔要求已经被认可。

索赔事件的解决通过协商未能达成共识时，承发包双方可以请有关部门调解，双方按调解方案履行。如果调解也不能解决，双方可按施工合同的专用条款的规定，通过仲裁或诉讼来解决。

6.4.5 施工索赔的关键与技巧

工程索赔是一门综合性强的边缘学科，它不仅是一门科学，也是一门艺术，要想获得好的索赔成果，除了要掌握相关的技术、经济、法律知识，还要有正确的索赔战略和机动灵活的索赔技巧，这也是取得索赔成功的关键。

1. 认真履行合同，遵守"诚信原则"

承包人认真履行合同，遵守"诚信原则"不仅反映了企业的管理水平，形成良好的信誉，而且是索赔的前提。这样能够获得发包人的信任，与发包人建立良好的合作关系，从而为将来的索赔打下基础。具体表现在：

（1）严格按合同约定施工，做到工程师在场与不在场一个样；

（2）主动配合发包人和工程师审查施工图，发现错误和遗漏及时提出；

（3）当对工程有损害的事件发生后，无论是否为自己的责任，都应积极采取措施，控制事态发展，降低工程损失，切不可任其发展，甚至幸灾乐祸，希望从中渔利；

（4）对于工程师和发包人的一些没有造成实际危害的违约行为，承包人一般应采取容忍、谅解的态度；

（5）处理问题实事求是，考虑双方利益，找出双方都能接受的公平合理的解决方案，使双方继续顺利合作下去。

2. 组建强有力的、稳定的索赔班子

索赔是一项复杂细致而艰巨的工作，组建一个知识全面、有丰富索赔经验、稳定的索赔小组从事索赔工作，是索赔成功的重要条件。一般根据建筑装饰工程的规模及复杂程度、工期长短、技术难度、合同的严密性、发包方的管理能力等因素配备索赔小组。对于大型装饰工程，索赔小组应由项目经理、合同法律专家、工程经济专家、技术专家、施工工程师等组成。对于工程规模较小、工期较短、技术难度不大，合同较严密的装饰工程，可以由有经验的造价工程师或合同管理人员承担索赔任务。

索赔小组的人员一定要稳定，不仅各负其责，而且每个成员要积极配合，齐心协力，内部讨论的战略和对策要保守秘密。

3. 着眼于重大、实际的损失

承包商的索赔目标是指承包商对索赔的基本要求，可对要达到的目标分难易程度进行排队，并大致分析它们实现的可能性，从而确定最低、最高目标。要集中精力抓对工程影响大，索赔额高的索赔，相对较小的索赔可灵活处理。有时可将小项作为谈判中的让步余地，以获得重大索赔的成功。

索赔时要实事求是，过高的要求会使对方感到被愚弄，认为承包人不诚实，结果不仅不能多获益，反而弄巧成拙，使索赔不能在友好的气氛下妥善处理，有时会使索赔报告束之高阁，长期得不到解决；另外还有可能让业主形成周密的反索赔计价，以高额的反索赔对付高额的索赔，使索赔工作更加复杂化；而且可能给以后的索赔带来不良影响。当然，索赔额的计算也不宜过于谨慎，该争的不争，会影响项目的正当利益。

4. 注意索赔证据资料的收集

在索赔过程中，当工程师或发包人提出质疑时，必须要有充分的证据证明索赔的合理性，如果证据不完备，索赔很可能失败。因此，收集完整、详细的索赔证据资料是非常重要的工作。

索赔的证据一般包括：

（1）招标文件、合同文本及附件；
（2）来往文件、签证及变更通知等；
（3）各种会谈纪要；
（4）施工进度计划和实际施工进度表；
（5）施工现场工程文件；
（6）隐蔽工程掩盖前状况、工程照片；
（7）施工日志；
（8）准确可靠的异常天气资料；
（9）建筑材料和设备采购、订货运输使用记录等；
（10）市场行情记录；
（11）各种会计核算资料；
（12）反映材料调价、运费提高、人工费标准提高、银行利率提高、税收增加的国家法律、法令，政策文件等。

从以上内容可以看出，索赔证据资料的收集贯穿于装饰工程施工的整个过程及各个方面，工作量很大。为了做好索赔资料的收集工作，必须建立健全档案资料管理制度，建立一个专人管理，责任分工的组织体系。也就是说任何人都应具备索赔意识，都有责任收集相关证据，而专职管理人员应对所有资料及时整理、归档、保存，同时督促有关人员收集资料。对重大索赔事件要重点分析，相关资料要有意识地重点收集。

5. 索赔的技巧

除了以上应注意的问题，成功的索赔少不了灵活机动的技巧。索赔技巧因人、因客观环境条件而异，现提出以下几项供参考。

（1）要在投标报价时就考虑索赔的可能。一个有经验的承包商，在投标报价时就应考虑将来可能要发生索赔的问题，要仔细研究招标文件中的合同条款和规范。仔细查勘施工现场，探索可能索赔的机会，在报价时要考虑索赔的需要，利用不平衡报价法，将未来可能会发生索赔的工作单价报高。还可在进行单价分析时列入生产效率，把工程成本与投入资源的效率结合起来。这样，在装饰工程施工过程中论证索赔时可引用效率降低来论证索赔的根据。

（2）商签好合同协议。在商签合同过程中，特别要对业主推脱责任、转嫁风险的条款特别注意,如:合同中不列索赔条款,拖期付款无时限、无利息;没有调价公式;发包人认为对某部分工程不够满意,即有权决定扣减工程款;发包人对不可预见的装饰工程施工条件不承担责任等。如果这些问题在签订合同协议时不谈判清楚,承包人就很难有机会索赔成功。

(3)对口头变更指令要有书面确认。监理工程师常常乐于用口头指令变更,但是一切口头承诺或口头协议都没有法律效力,只有书面文件才能作为索赔的证据。如果承包商不对口头指令予以书面确认,有的监理工程师可能会因为时间长、事情多而遗忘,有的甚至为了自身利益而故意否认当时的指令。没有证据造成承包人索赔失败,有苦难言。所以对口头变更一定要有书面确认。

(4)力争单项索赔,避免一揽子索赔。单项索赔事件简单,容易解决,而且能及时得到支付。一揽子索赔数额大,不易解决,往往到装饰工程结束后还得不到付款。对于不能及时解决的一揽子索赔,要注意资料的积累和保存。

(5)余额追索。在索赔支付过程中,承包商和监理工程师对确定新单价和工程量方面经常存在不同意见。按合同规定,工程师有决定单价的权利,如果承包商认为工程师的决定不尽合理,而坚持自己的要求时,可先接受工程师决定的"临时价格",确保拿到一部分索赔款,对其余不足部分,则应书面通知工程师和业主,作为索赔款的余额,保留自己的索赔权利。

(6)力争友好解决,防止对立情绪。索赔争端是难免的,如果遇到争端不能理智协商讨论问题,会使一些本来可以解决的问题因双方的对立情绪长期僵持,甚至激怒工程师使其故意刁难承包人。承包人在发生争端时要头脑冷静,可以以换位思考的方法来进行索赔谈判,以双方都能接妥的方式来解决问题。承包人一方面要据理力争,一方面要把握好分寸,适当让步,机动灵活,切不可对工程师个人恶言相向,力争友好解决索赔争端。

(7)搞好公共关系。成功的索赔和良好的公共关系是分不开的。首先要和工程师和发包人建立友好合作的关系,便于工作的开展。除此以外还要同监理工程师,设计单位、发包人的上级主管部门搞好关系,取得他们的同情和支持,在索赔遇到难以克服的阻力时,可以利用他们同工程师和发包人的微妙关系从中斡旋、调停,对其施加影响,这往往比同业主直接谈判有效,能使索赔达到十分理想的效果。

6.4.6 索赔的计算

索赔的计算包括费用和工期延长的计算,是索赔的核心问题。只有根据实际情况选择适当的方法,准确合理地计算,才能具有说服力,以达到索赔的目的。

1. 建筑装饰工程施工索赔的原则

装饰工程施工索赔原则通常包括成本费用原则、风险共担原则和初始延误原则。这些基本原则是装饰工程合同履行过程中,承发包双方及中介咨询机构处理工程索赔的共同准则。

(1) 成本费用原则

一般索赔事件中,工程延误通常带来人员窝工和机械闲置。因此,在进行费用索赔时应计算出窝工人工费和机械闲置费。由于工程的延误并不会影响这部分工程的管理费及利润损失、索赔计算中一般只补偿直接费损失,而不计取管理费及利润,即按照成本费用原则处理合同内工程的窝工闲置。

(2) 风险共担原则

风险共担原则主要是针对不可抗力而有言的。当不可抗力发生后,必然给双方造成经济损失和人员伤亡。根据合同的一般原则,合同缔约及履行过程中,应合理分摊从而转移风险。风险事件发生后,对于无法通过保险等手段转移的风险,双方应共同承担,这就是风险共担原则的基本内涵。

按照风险共担原则,不可抗力事件导致的费用增加及工期延误通常按下列方法分别承担:

① 装饰工程本身的损害:当装饰工程损害导致第三方人员伤亡和财产损失和用于装饰工程施工的材料和待安装设备的损害,由业主承担;

② 业主和承包商双方的人员伤亡由各方自己负责并承担相应费用;

③ 装饰工程所需修复及现场清理费用由业主承担;

④ 停工期间,承包商应监理工程师要求留在装饰工程施工现场的必要的管理人员及保卫人员费用由业主承担;

⑤ 承包商机械设备损坏及停工损失由承包商承担;

⑥ 延误的工期相应顺延。

(3) 初始延误原则

施工索赔过程中,在同一个时间段可能发生两个或两个以上索赔事件,这些索赔事件的责任人可能是业主、承包商。也可能是承包合同之外的第三方或不可抗力。如何处理多起索赔事件共同作用下的索赔计算,使工程索赔事件中经常遇见的一类问题。初始延误原则是解决此类索赔问题的基本准则。

所谓初始延误原则,就是索赔事件发生在先者承担索赔责任的原则。如果业主是初始延误者,则在共同延误时间内,业主应承担工程延误责任,此时,承包商既可得到工期补偿,又可得到经济补偿。如果不可抗力是初始延误者,则在共同延误时间内,承包人只能得到工期补偿,而无法得到经济补偿。

2. 索赔的计算

(1) 索赔费用计算

索赔费用的主要组成内容,与建筑装饰工程造价的组成内容基本一致,即包括人工费,材料费、机械费、管理费、利润、规费与税金,但是对于由于不同原因引起的索赔,承包人可索赔的具体费用内容是不完全相同的。因此，在索赔时应按照索赔事件的性质、条件以及各项费用的特点进行具体分析，确定哪些费用项目可以索赔，以及应该索赔的具体金额。

索赔费用的计算原则是弥补承包人的损失，使承包人的利益回到不受影响的状态（除不可抗力外），但也不能因索赔而额外得利。索赔计算方法主要有以下几种。

① 总费用法和修正的总费用法

总费用法又称总成本法，就是计算出该项装饰工程的总费用，再从这个已实际开支的总费用中减去投标报价时的成本费用，即为要求补偿的索赔费用额。计算公式为：

$$索赔金额 = 实际总费用 - 投标报价总费用 \qquad (6-1)$$

因为实际完成工程的总费用中，可能包括由于装饰施工单位的原因（如管理不善，材料浪费，效率太低等）所增加的费用，而这些费用是属于不该索赔的，所以常常会引起责任划分不清，承担费用比例难以确定等后果，所以总费用法并不十分合理。但总费用法仍被经常采用，原因是某些索赔事件综合导致各项费用增加，或现场记录不足，具体计算索赔金额很困难，甚至不可能时，总费用法则便于计算。一般认为在具备以下条件时采用总费用法是合理的：

- 已开支的实际总费用和原始报价是经过审核，认为是合理的；
- 费用的增加是由于对方原因造成的，其中没有承包商应承担的责任；
- 由于该项索赔事件的性质以及现后记录的不足，难于采用更精确的计算方法。

修正总费用法是对总费用法的改进，即在总费用法的基础上，去掉某些不合理的因素，使其更加合理。其具体做法如下：

- 将计算索赔额的时段局限于受到影响的时间，而不是整个施工期；
- 只计算受影响时段内受影响的工作量，而不是计算该时段内所有工作量；
- 对投标报价费用重新进行核算，按受影响时段内该项工作的实际单价进行核算，以实际完成的该项工作的工程量，得出调整后的报价费用。

修正的总费用法的计算公式为：

$$索赔金额 = 某项工作调整后的实际总费用 - 该项工作的报价费用 \qquad (6-2)$$

② 实际费用法

实际费用法是索赔计算时最常用到的一种方法。其计算的原则是，以承包人为某项索赔事件所支付的实际开支为根据，向业主要求费用补偿。用实际费用法计算索赔费用时，其过程与一般装饰工程造价的计算过程相似，即先计算由于索赔事件的发生而导致发生的额外人工费、材料费、机械费，在此额外费用的基础上，再计算相应增加的管理费、利润、规费、税金，最后相加得出总费用，即为索赔费用。

（2）工期延长计算

导致工期索赔的原因一般有两种：一是由于灾害性气候、不可抗力等原因而导致的工期索赔；二是由于业主未能及时提供合同中约定的施工条件，导致承包人无法正常施工而引起的工期索赔。因为工期和费用往往是互相联系的，工期的延长一般都会造成费用的增加，所以工期索赔往往伴随有费用索赔。对已经产生的工期延长，建设单位一般采用两种解决办法：一是不采取加速措施，工程仍按原方案和计划实施，但将合同期顺延；二是指令装饰施工单位采取加速措施，以全部或部分弥补已经损失的工期。如果建设单位已认可装饰施工单位的工期索赔，则施工单位还可以提出因采取加速措施而增加的费用索赔。

在处理工期索赔时，首先应确定发生进度拖延的责任。在实际装饰工程施工中发生进度拖延的原因很多，也很复杂，有非承包人原因，也有承包人的原因。另外，有的工期延误可能同时包含业主和承包人双方的责任，此时更应进行详细分析，分清责任比例，从而合理确定顺延的工期。

工期索赔的计算主要有网络分析和比例计算法两种。

网络分析法是通过分析索赔事件发生前后的网络计划、对比前后两种工期的计算结果，计算出索赔工期。在利用网络分析法计算索赔工期时，应注意只有由于非承包人的原因且影响到关键线路上的工作内容，从而导致的工期延误才能计算为索赔工期。非关键线路上的工作内容不能作为索赔工期的依据。当然，如果非关键线路上的工期延误超过了其总的时差，则超过部分也应该获得相应的工期补偿。可以看出，只有承包商切实使用网络技术进行进度控制，才能依据网络计划提出工期索赔，并容易得到认可。

比例计算法是用工程的费用比例来确定工期应占的比例，往往用在工程量增加的情况下。此方法简单方便，但有时不符合实际情况。

$$索赔工期 = (增加的工程量/原合同价) \times 原工期$$

【例 6-1】 某工程合同总价 380 万元，总工期 15 个月。现业主指令增加附加工程的价格为 76 万元，则承包商提出的总工期索赔值为：

$$总工期索赔值 = (76 万/380 万) \times 15 个月 = 3 个月$$

6.5 复习思考题

1. 简述建筑装饰工程合同的种类和特点。
2. 简述建筑装饰工程施工合同的主要内容。
3. 简述建筑装饰工程施工合同文件的组成及优先解释顺序和主要内容。
4. 承包商在履行施工合同中的职责和义务有哪些？
5. 什么是索赔？索赔的原因有哪些？
6. 工程索赔的原则有哪些？
7. 介绍几种索赔技巧。
8. 工期索赔和费用索赔计算方法有哪些？

第7章 建筑装饰工程施工进度管理

7.1 概 述

7.1.1 建筑装饰工程施工进度管理与控制的含义

1. 建筑装饰工程施工进度管理

装饰工程施工进度管理是指在装饰工程施工过程中，有效的制订进度计划，并监督其实施，并在实施过程中进行有效的进度动态控制，最终能够按照原定的进度计划目标完成工程施工任务的过程。

2. 建筑装饰工程施工进度控制

装饰施工项目进度控制是指在既定的工期内，编制出最优的施工进度计划，在执行该计划过程中，经常检查施工实际情况，并将其与计划进度相比较，若出现偏差，应分析产生偏差的原因和对工期的影响程度，制定出必要的调整措施，修改原计划，不断地如此循环，直至工程竣工验收。

施工项目进度控制应以实现施工合同约定的交工日期为最终目标。

施工项目进度控制的总目标是确保施工项目的既定目标工期的实现，或者在保证施工质量和不因此而增加施工实际成本的条件下，适当缩短施工工期。施工项目进度控制的总目标应进行层层分解，形成实施进度控制、相互制约的目标体系。目标分解可按单项工程分解为交工分目标，按承包的专业或按施工阶段分解为完工分目标，按年、季、月计划期分解为时间分目标。

施工项目进度控制应建立以项目经理为首的进度控制体系，各子项目负责人、计划人员、调度人员、作业队长和班组长都是该体系的成员。各承担施工任务者和生产管理者都应承担进度控制目标责任，对进度控制负责。

7.1.2 影响建筑装饰工程施工进度的主要因素

由于建筑装饰工程具有规模庞大、工程结构与工艺技术复杂、建设周期长及相关单位多等特点，决定了工程施工进度将受到许多因素的影响。要想有效地控制施工进度，就必须对影响进度的有利因素和不利因素进行全面、细致的分析和预测。这样，一方面可以促进对有利因素的充分利用和对不利因素的妥善预防；另一方面也便于事先制定预防措施，事中采取有效对策，事后进行妥善补救，以缩小实际进度与计划进度的偏差，实现对建设工程进度的主动控制和动态控制。

影响工程施工进度的不利因素有很多，如人为因素，技术因素，设备、材料及构配件因素，机具因素，资金因素，水文、地质与气象因素，以及其他自然与社会环境等方面的因素。其中，人为因素是最大的干扰因素。从产生的根源看，有的来源于建设单位及其上级主管部门；有的来源于勘察设计、施工及材料、设备供应单位；有的来源于政府、建设主管部门、有关协作单位和社会；有的来源于各种自然条件；也有的来源于建设监理单位。在工程施工过程中，常见的影响施工进度计划的因素如下。

1. 有关单位的影响

建设单位、设计单位、银行信贷单位、材料设备供应部门、运输部门、水、电供应部门及政府的有关主管部门等，都可能给施工的某些方面造成困难而影响施工进度。如设计单位图纸不及时和有错误，以及有关部门对设计方案的变动；材料、构配件、机具、设备供应环节的差错，品种、规格、质量、数量、时间不能满足工程的需要；特殊材料及新材料的不合理使用；施工设备不配套，选型失当，安装失误，有故障等；有关方拖欠资金，资金不到位，资金短缺；汇率浮动和通货膨胀等。

2. 施工条件的变化

施工中工程条件与设计不符，以及恶劣的气候、暴雨、高温和洪水等，都对施工进度产生影响、造成临时停工或破坏。

3. 技术失误

施工单位采用施工工艺错误、技术措施不当、施工中发生技术事故；应用新技术、新材料、新结构缺乏经验等。

4. 施工组织管理不利

流水施工组织不合理；计划不周，管理不善，劳动力和施工机械调配不当；施工平面布置不合理；解决问题不及时；领导不力，指挥失当，使参加工程建设的各个单位、各个专业、各个施工过程之间交接、配合上发生矛盾；向有关部门提出各种申请审批手续的延误；合同签订时遗漏条款、表达失当，等等。

5. 意外事件发生

施工中如果出现意外的事件，如战争、内乱、拒付债务、工人罢工等政治事件；地震、洪水等严重的自然灾害；重大工程事故、试验失败、标准变化等技术事件；拖延工程款、通货膨胀、分包单位违约，等等。

7.1.3 建筑装饰施工项目进度控制的主要任务和程序

建筑装饰施工项目进度控制的主要任务是编制施工总进度计划并控制其执行，按期完成整个装饰施工项目的任务；编制单位工程施工进度计划并控制其执行，按期完成单位工程的施工任务；编制分部分项工程施工进度计划，并控制其执行，按期完成分部分项工程的施工任务；编制季度、月（旬）作业计划，并控制其执行，完成规定的目标等。

项目经理部的进度控制应按下列程序进行。

（1）根据施工合同确定的开工日期、总工期和竣工日期，确定施工进度目标，明确计划开工日期、计划总工期和计划竣工日期，确定项目分期分批的开、竣工日期。

（2）编制施工进度计划，具体安排实现前述目标的工艺关系、组织关系、搭接关系、起止时间、劳动力计划、材料计划、机械计划和其他保证性计划。

（3）向监理工程师提出开工申请报告，按监理工程师开工令指定的日期开工。

（4）实施施工进度计划，在实施中加强协调和检查，如出现偏差（不必要的提前或延误）及时进行调整，并不断预测未来进度状况。

（5）项目竣工验收前抓紧收尾阶段进度控制；全部任务完成后，进行进度控制总结，并编写进度控制报告。

7.1.4 建筑装饰施工项目进度控制原理

通常施工进度控制可采用：动态循环控制、系统控制、信息反馈、控制弹性控制和网络计划技术原理控制等基本原理。

1. 动态循环控制原理

施工项目进度控制随着施工活动向前推进，根据各方面的变化情况，进行适时的动态控制，以保证计划符合变化的情况。同时，这种动态控制又是按照计划、实施、检查、调整这四个不断循环的过程进行控制的。在项目实施过程中，可分别以整个施工项目、单位工程、分部工程或分项工程为对象，建立不同层次的循环控制系统，并使其循环下去。这样每循环一次，其项目管理水平就会提高一步。

2. 系统控制原理

该原理认为，施工进度控制本身就是一个系统，它包括施工进度计划系统和进度实施系统两个部分，项目经理部必须按照系统控制原理，强化控制的全过程。

（1）施工项目计划系统。为了对施工项目实际进度进行控制，首先必须编制施工项目的各种进度计划。其中有施工项目总进度计划、单位工程进度计划、分部分项工程进度计划、季度和月（旬）作业计划，这些计划组成一个施工项目进度计划系统。计划的编制对象由大到小，计划的内容从粗到细。编制时从总体计划到局部计划，逐层进行控制目标分解，以保证计划控制目标落实。执行计划时，从月（旬）作业计划开始实施，逐级按目标控制，从而达到对施工项目整体进度目标控制。

（2）施工项目进度实施组织系统。施工项目实施的全过程，各专业队伍都是按照计划规定的目标去努力完成一个个任务。施工项目经理和有关劳动调配、材料设备、采购运输等职能部门都按照施工进度规定的要求进行严格管理、落实和完成各自的任务。施工组织各级负责人，从项目经理、施工队长、班组长及其所属全体成员组成了施工项目实施的完整组织系统。

（3）施工项目进度控制组织系统。为了保证施工项目进度实施，还有一个项目进度的检查控制系统。从公司经理、项目经理，一直到作业班组都设有专门职能部门或人员负责检查，统计、整理实际施工进度的资料，并与计划进度比较分析和进行调整。当然不同层次人员负有不同进度控制职责，分工协作，形成一个纵横连接的施工项目控制组织系统。事实上，有的领导可能既是计划的实施者又是计划的控制者。实施是计划控制的落实，控制是保证计划按期实施。

3. 信息反馈原理

信息反馈是施工项目进度控制的主要环节，没有信息反馈，就不能对进度计划进行有效的控制。必须加强项目施工进度的信息反馈。当项目施工进度出现偏差时，相应的信息就会反馈到项目进度控制主体，由该主体作出纠正偏差的反应，使项目施工进度朝着计划目标进行，并达到预期效果。这样就使项目施工进度计划的执行、检查和调整过程，成为信息反馈控制的实施过程。

4. 弹性控制原理

施工项目进度控制涉及的因素多、变化大、持续时间长，不可能十分准确地预测未来或作出绝对准确的施工项目进度安排，也不能期望项目施工进度目标会完全按照计划日程实现，在确定项目施工进度目标时，必须留有余地，以使项目施工进度控制具有较强的应变能力。

5. 网络计划技术原理

在施工项目进度的控制中，利用网络计划技术原理编制进度计划，根据收集的实际进度信息，比较和分析进度计划，利用网络计划的工期优化，工期与成本优化和资源优化的理论调整计划。网络计划技术原理是施工项目进度控制完整的计划管理和分析计算的理论基础。

7.1.5 工程项目进度管理的方法和措施

1. 施工项目进度控制方法

施工项目进度控制方法主要是规划、控制和协调。规划是指确定施工项目总进度控制目标和分进度控制目标，并编制其进度计划。控制是指在施工项目实施的全过程中，进行施工实际进度与施工计划进度的比较，出现偏差及时采取措施调整。协调是指疏通、优化与施工进度有关的单位、部门和工作队组之间的进度关系。

2. 施工项目进度控制的措施

为了实施进度控制，项目经理部必须根据工程的具体情况，认真制定进度控制措施，以确保工程进度控制目标的实现。进度控制的措施应包括组织措施、技术措施、经济措施、合同措施和信息管理措施等。

（1）组织措施。主要是指落实各层次的进度控制的人员、具体任务和工作职责，建立进度控制的组织体系；根据施工项目的进展阶段、结构层次、专业工种或合同结构等进行项目分解，确定其进度目标，建立控制目标体系；确定进度控制工作制度，等。

（2）技术措施。主要是指采用有利于加快施工进度的技术与方法，以保证在进度调整后，仍能如期竣工。技术措施包含两方面内容：一是能保证质量、安全，经济、快速的施工技术与方法（包括操作、机械设备、工艺等）；另一方面是管理技术与方法，包括：流水作业方法、网络计划技术等。

（3）合同措施。是指以合同形式保证工期进度的实现，即保持总进度控制目标与合同总工期相一致；分包合同的工期与总包合同的工期相一致；供货、供电、运输、构配件加工等合同对施工项目提供服务配合的时间应与有关进度控制目标相一致，相协调。

（4）经济措施。是指实现进度计划的资金保证措施和有关进度控制的经济核算方法。

（5）信息管理措施。是指建立监测、分析、调整、反馈进度实施过程中的信息流动程序和信息管理工作制度，以实现连续的、动态的全过程进度目标控制。

7.2 建筑装饰工程施工进度管理的程序和方法

7.2.1 施工进度计划的实际进度动态检查与调整

1. 施工进度动态检查

在施工进度计划的实施过程中，由于各种因素的影响，常常会打乱原始计划的安排而出现进度偏差，因此，进度控制人员必须对施工进度计划的执行情况进行动态检查，并分析进度偏差产生的原因，及时采取措施加以解决。进度监测系统过程如图7-1所示。

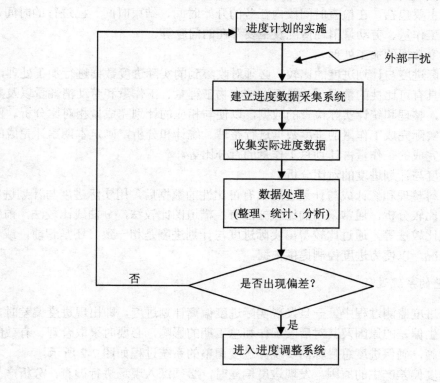

图 7-1 施工进度监测系统

（1）进度计划执行中的跟踪检查

跟踪检查的主要工作是定期收集反映工程实际进度的有关数据，收集的数据应当全面、真实、可靠，不完整或不正确的进度数据将导致判断不准确或决策失误。跟踪检查的时间、方式、内容和收集数据的质量，将直接影响进度控制工作的质量和效果。

检查的时间与施工项目的类型、规模，施工条件和对进度执行要求程度有关，通常分两类：一类是日常检查；一类是定期检查。日常检查是常驻现场管理人员，每日进行检查，采用施工记录和施工日志的方法记载下来。定期检查一般与计划安排的周期和召开现场会议的周期相一致，可视工程的情况，每月、每半月、每旬或每周检查一次。当施工中遇到天气、资源供应等不利因素的严重影响，检查的间隔时间可临时缩短。定期检查在制度中应规定出来。

检查和收集资料的方式，一般采用进度报表方式或定期召开进度工作汇报会。为了保证进度资料的准确性，进度控制的工作人员要经常地、定期地到现场察看，准确地掌握施工项目的实际进度。

检查的内容主要包括，在检查时间段内任务的开始时间、结束时间、已进行的时间、完成的实物量或工作量、劳动量消耗情况及主要存在的问题等。

（2）实际进度数据的加工处理

为了进行实际进度与计划进度的比较，必须对收集到的实际进度数据进行加工处理，形成与计划进度具有可比性的数据。一般可以按实物工程量、工作量和劳动消耗量以及累计百分比的形式，整理和统计实际检查的数据，以便与相应的计划完成量相对比分析。例如，对检查时段实际完成工作量的进度数据进行整理、统计和分析，确定本期累计完成的工作量、本期已完成的工作量占计划总工作量的百分比等。

（3）实际进度与计划进度的对比分析

将收集的资料整理和统计成与计划进度具有可比性的数据后，用实际进度与计划进度的比较方法进行比较分析。通常采用的比较方法有：横道图比较法，S曲线比较法，前锋线比较法、列表比较法等。通过比较得出实际进度与计划进度是相一致、还是超前，或者是拖后等三种情况，以便为进度控制提供依据。

2. 进度调整的系统过程

在工程实施进度监测过程中，一旦发现实际进度偏离计划进度，即出现进度偏差时，必须认真分析产生偏差的原因及其对后续工作和总工期的影响，必要时采取合理、有效的进度计划调整措施，确保进度总目标的实现。进度调整的系统过程如图7-2所示。

（1）分析进度偏差产生的原因。发现进度偏差时，必须深入现场进行调查，分析产生进度偏差的原因。

（2）分析进度偏差对后续工作和总工期的影响。查明进度偏差产生的原因后，要分析进度偏差对后续工作和总工期的影响程度，以确定是否应采取措施调整进度计划。

（3）确定后续工作和总工期的限制条件。当出现的进度偏差影响到后续工作或总工期而需要采取进度调整措施时，应当首先确定可调整进度的范围，主要指关键节点、后续工作的限制条件以及总工期允许变化的范围。这些限制条件往往与合同条件有关，需要认真分析后确定。

（4）采取措施调整进度计划。采取进度调整措施，应以后续工作和总工期的限制条件为依据，确保要求的进度目标得到实现。

（5）实施调整后的进度计划。进度计划调整之后，应采取相应的组织、经济、技术、合同等措施和执行，并继续监测其执行情况。

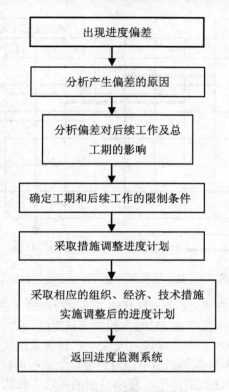

图 7-2 施工进度调整系统

7.2.2 监测工程实际进度的方法

施工实际进度计划是否需要调整，应该根据工程实际进展情况与原进度计划的比较而定，因此监测工程的实际进展程度是工程进度管理的主要环节。监测工程施工实际进度情况常用的方法主要有以下几种。

1. 横道图比较法

横道图比较法是指将项目实施过程中收集的实际进度数据，经加工整理后，直接用横道线平行绘于原计划的相对应的横道线处，进行实际进度与计划进度进行比较的方法。采用横道图比较法，可以形象、直观地反映实际进度与计划进度的比较情况。

例如某装饰装修工程的计划进度和截止到第 12 天末的实际进度如图 7-3 所示，进度表中细实线表示计划进度，粗实线表示实际进度。

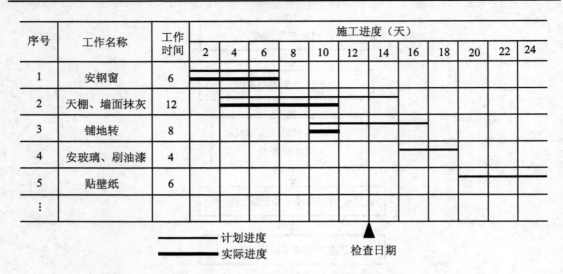

图 7-3 某工程实际进度与计划进度的比较

从图 7-3 中可以看出，在第 12 天末进行施工进度检查时，安钢窗工作已经按期完成；天棚、墙面抹灰工作按计划应该完成 83.3%，但实际只完成 66.7%，任务量拖欠 16.6%；铺地砖工作按计划应该完成 50%，而实际只完成 25%，任务量拖欠 25%。根据各项工作的进度偏差，进度控制者可以采取相应的纠偏措施对进度计划进行调整，以确保该工程按期完成。

图 7-3 所表达的比较方法仅适用于工程项目中的各项工作都是均匀进展的情况，即每项工作在单位时间内完成的任务量都相等的情况。事实上，工程项目中各项工作的进展不一定是匀速的。根据工程项目中各项工作的进展是否匀速，可分别采用以下两种方法进行实际进度与计划进度的比较。

（1）匀速进展横道图比较法

匀速进展是指在工程项目中，每项工作在单位时间内完成的任务量都是相等的，即工作的进展速度是均匀的。此时每项工作累计完成的任务量与时间呈线性关系，如图 7-4 所示。完成的任务量可以用实物工程量、劳动消耗量或费用支出表示。为了便于比较，通常用上述物理量的百分比来表示。

采用匀速进展横道图比较法时，其步骤如下：
① 编制横道图进度计划；
② 在进度计划上标出检查日期；
③ 将检查收集到的实际进度，按比例用涂黑的粗线标于计划的下方；
④ 对比分析实际进度与计划进度
● 如果涂黑的粗线右端落在检查日期左侧，表明实际进度拖后；

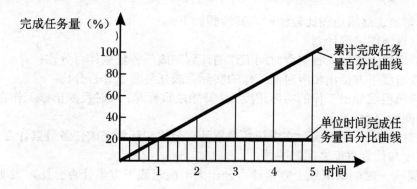

图 7-4　工作匀速进展时的任务量与时间关系曲线

- 如果涂黑的粗线右端落在检查日期右侧，表明实际进度超前；
- 如果涂黑的粗线右端与检查日期重合，表明实际进度与计划进度一致。

应注意的是，该方法仅适用于工作从开始到结束的整个过程中，其进展速度均为固定不变的情况。如果工作的进展速度是变化的，则不能采用这种方法进行实际进度与计划进度的比较；否则，会得出错误的结论。

（2）非匀速进展横道图比较法

当工作在不同单位时间里的进展速度不相等时，累计完成的任务量与时间的关系就不可能是线性关系，如图 7-5 所示。若仍采用匀速进展横道图比较法，不能反映实际进度与计划进度的对比情况，此时，应采用非匀速进展横道图比较法进行工作实际进度与计划进度的比较。

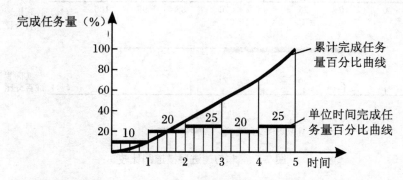

图 7-5　工作非匀速进展时任务量与时间关系曲线

非匀速进展横道图比较法在用涂黑粗线表示工作实际进度的同时，还要标出其对应时刻完成任务量的累计百分比，并将该百分比与其同时刻计划完成任务量的累计百分比相比，判断工作实际进度与计划进度之间的关系。

采用非匀速进展横道图比较法时，其步骤如下：
① 绘制横道图进度计划；
② 在横道线上方标出各主要时间工作的计划完成任务量累计百分比；
③ 在横道线下方标出相应时间工作的实际完成任务量累计百分比；
④ 用涂黑粗线标出工作的实际进度，从开始之日标起，同时反映出该工作在实施过程中的连续与间断情况；
⑤ 通过比较同一时刻实际完成任务量累计百分比和计划完成任务量累计百分比，判断工作实际进度与计划进度之间的关系：

- 如果同一时刻横道线上方累计百分比大于横道线下方累计百分比，表明实际进度拖后，拖欠的任务量为二者之差；
- 如果同一时刻横道线上方累计百分比小于横道线下方累计百分比，表明实际进度超前，超前的任务量为二者之差；
- 如果同一时刻横道线上下方两个累计百分比相等，表明实际进度与计划进度一致。

采用非匀速进展横道图比较法，不仅可以进行某一时刻（如检查日期）实际进度与计划进度的比较，而且还能进行某一时间段实际进度与计划进度的比较。当然，这需要实施部门按规定的时间记录当时的任务实际完成情况。

【例 7-1】 某工程项目中的墙面抹灰工作按施工进度计划安排需要 7 周完成，每周计划完成的任务量百分比分别为 10%、15%、20%、25%、15%、10%、5%；试作出其进度计划图并在施工中进行跟踪比较。

【解】 （1）编制横道图进度计划，如图 7-6 所示；

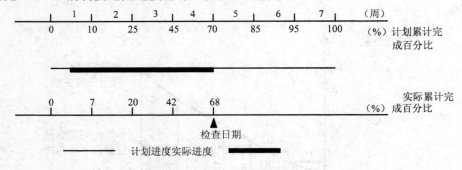

图 7-6　非匀速进展横道图比较

（2）在横道线上方标出抹灰工程每周计划累计完成任务量的百分比，分别为 10%、25%、45%、70%、85%、95%、100%；

（3）在横道线下方标出第 1 周至检查日期（第 4 周）每周实际累计完成任务量的百分比，分别为 7%、20%、42%、68%；

（4）用涂黑粗线标出实际投入的时间。图 7-6 表明，该工作实际开始时间晚于计划开始时间,在开始后连续工作,没有中断。

(5) 比较实际进度与计划进度。从图 7-6 中可以看出,该工作在第一周实际进度比计划进度拖后 3%,以后各周末累计拖后分别为 5%、3%和 2%。

横道图比较法虽有记录和比较简单、形象直观、易于掌握、使用方便等优点,但由于其以横道计划为基础,因而带有不可克服的局限性。在横道计划中,各项工作之间的逻辑关系表达不明确,关键工作和关键线路无法确定。一旦某些工作实际进度出现偏差时,难以预测其对后续工作和工程总工期的影响,也就难以确定相应的进度计划调整方法。因此,横道图比较法主要用于工程项目中某些工作实际进度与计划进度的局部比较。

2. S 曲线比较法

S 曲线比较法是以横坐标表示时间,纵坐标表示累计完成任务量,绘制一条按计划时间累计完成任务量的 S 曲线;然后将工程项目实施过程中各检查时间实际累计完成任务量的 S 曲线也绘制在同一坐标系中,进行实际进度与计划进度比较的一种方法。

从整个工程项目实际进展全过程看,单位时间投入的资源量一般是开始和结束时较少,中间阶段较多。与其相对应,单位时间完成的任务量也呈同样的变化规律,如图 7-7(a)所示。而随工程进展累计完成的任务量则应呈 S 形变化,如图 7-7(b)所示。这种以 S 形曲线判断实际进度与计划进度关系的方法,称为 S 曲线比较法。

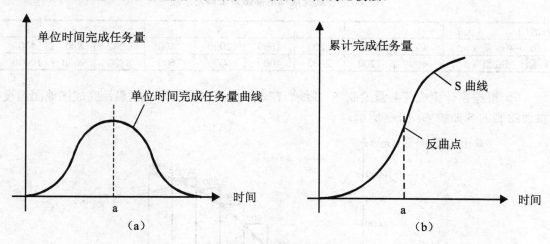

图 7-7 时间与完成任务量关系曲线

(1) S 曲线的绘制方法

下面以一简单的例子来说明 S 曲线的绘制方法。

【例 7-2】 某楼地面铺设工程量为 10 000 m²,按照施工方案,计划 9 天完成,每日计划完成的任务量如图 7-8 所示,试绘制该楼地面铺设工程的 S 曲线。

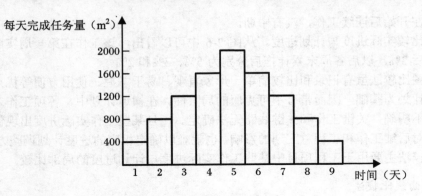

图 7-8 每日完成工程量图

【解】 根据已知条件：

① 确定单位时间计划完成任务量。在本例中，将每天计划完成楼地面铺设量列于表 7-1 中；

② 计算不同时间累计完成任务量。在本例中，依次计算每天计划累计完成的楼地面铺设量，结果列于表 7-1 中；

表 7-1 计划完成楼地面铺设工程汇总表

时间（天）	1	2	3	4	5	6	7	8	9
每日完成量（m²）	400	800	1200	1600	2000	1600	1200	800	400
累计完成量（m²）	400	1200	2400	4000	6000	7600	8800	9600	10000

③ 根据累计完成任务量绘制 S 曲线。在本例中，根据每天计划累计完成楼地面铺设量而绘制的 S 曲线如图 7-9 所示。

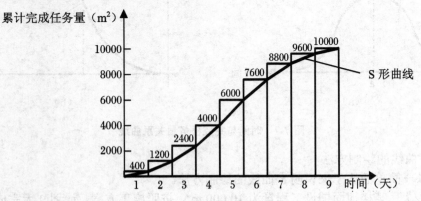

图 7-9 S 曲线图

(2) S 曲线的比较

S 曲线的比较,同横道图比较法一样,是在图上进行工程项目实际进度与计划进度的直观比较。即在工程项目实施过程中,按照规定时间将检查收集到的实际累计完成任务量绘制在原计划 S 曲线图上,即可得到实际进度 S 曲线,如图 7-10 所示。通过比较实际进度 S 曲线和计划进度 S 曲线,可以获得如下信息:

① 工程项目实际进展状况。如果工程实际进展点落在计划 S 曲线左侧,表明此时实际进度比计划进度超前,如图 7-10 中的 a 点;若落在计划 S 曲线右侧,则表明此时实际进度拖后,如图 7-10 中的 b 点;若正好落在计划 S 曲线上,则表示此时实际进度与计划进度一致。

② 工程项目实际进度超前或拖后的时间。在 S 曲线比较图中可以直接读出实际进度比计划进度超前或拖后的时间。如图 7-10 所示,ΔT_a 表示 T_a 时刻实际进度超前的时间;ΔT_b 表示 T_b 时刻实际进度拖后的时间。

③ 工程项目实际超额或拖欠的任务量。在 S 曲线比较图中也可直接读出实际进度比计划进度超额或拖欠的任务量。如图 7-10 所示,ΔQ_a 表示 T_a 时刻超额完成的任务量;ΔQ_b 表示 T_b 时刻拖欠完成的任务量。

④ 后期工程进度预测。如果后期工程按原计划速度进行,则可作出后期工程预期的 S 曲线,如图 7-10 中虚线所示,从而可以确定工期拖延预测值 ΔT。

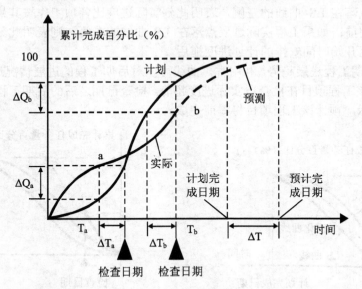

图 7-10 S 曲线比较图

3. 香蕉曲线比较法

香蕉曲线是由两条 S 曲线组合而成的闭合曲线。由 S 曲线比较法可知,工程项目累计完成的任务量与计划时间的关系，可以用一条 S 曲线表示。对于一个工程项目的网络计划来说，如果以其中各项工作的最早开始时间安排进度而绘制 S 曲线，称为 ES 曲线；如果以其中各项工作的最迟开始时间安排进度而绘制 S 曲线，称为 LS 曲线。两条 s 曲线具有相同的起点和终点，因此，两条曲线是闭合的。在一般情况下，ES 曲线上的其余各点均落在 LS 曲线的相应点的左侧。由于该闭合曲线形似"香蕉"，故称为香蕉曲线，如图 7-11 所示。

（1）香蕉曲线比较法的作用

香蕉曲线比较法能直观地反映工程项目的实际进展情况，并可以获得比 S 曲线更多的信息。其主要作用如下。

① 合理安排工程项目进度计划。如果工程项目中的各项工作均按其最早开始时间安排进度，将导致项目的投资加大；而如果各项工作都按其最迟开始时间安排进度，则一旦受到进度影响因素的干扰，又将导致工期拖延，使工程进度风险加大。因此，一个科学合理的进度计划优化曲线应处于香蕉曲线所包络的区域之内，如图 7-11 中的点画线所示。

② 定期比较工程项目的实际进度与计划进度。在工程项目的实施过程中，根据每次检查收集到的实际完成任务量，绘制出实际进度 S 曲线，便可以与计划进度进行比较。工程项目实施进度的理想状态是任一时刻工程实际进展点应落在香蕉曲线图的范围之内。如果工程实际进展点落在 ES 曲线的左侧，表明此刻实际进度比各项工作按其最早开始时间安排的计划进度超前；如果工程实际进展点落在 LS 曲线的右侧，则表明此刻实际进度比各项工作按其最迟开始时间安排的计划进度拖后。

③ 预测后期工程进展趋势。利用香蕉曲线可以对后期工程的进展情况进行预测。例如在图 7-12 中，该工程项目在检查日实际进度超前。检查日期之后的后期工程进度安排如图 7-12 中虚线所示，预计该工程项目将提前完成。

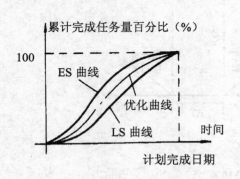

图 7-11 香蕉曲线比较图

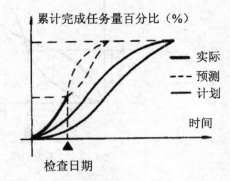

图 7-12 工程进展预测趋势图

（2）香蕉曲线的绘制方法

香蕉曲线的绘制方法与 S 曲线的绘制方法基本相同，不同之处在于香蕉曲线是以工作按最早开始时间安排进度和按最迟开始时间安排进度分别绘制的两条 S 曲线组合而成。其绘制步骤如下：
① 以工程项目的网络计划为基础，计算各项工作的最早开始时间和最迟开始时间。
② 确定各项工作在各单位时间的计划完成任务量。分别按以下两种情况考虑：
● 根据各项工作按最早开始时间安排的进度计划，确定各项工作在各单位时间的计划完成任务量；
● 根据各项工作按最迟开始时间安排的进度计划，确定各项工作在各单位时间的计划完成任务量。
③ 计算工程项目总任务量，即对所有工作在各单位时间计划完成的任务量累加求和。
④ 分别根据各项工作按最早开始时间、最迟开始时间安排的进度计划，确定工程项目在各单位时间计划完成的任务量，即将各项工作在某一单位时间内计划完成的任务量求和。
⑤ 分别根据各项工作按最早开始时间、最迟开始时间安排的进度计划，确定不同时间累计完成的任务量或任务量的百分比。
⑥ 绘制香蕉曲线。分别根据各项工作按最早开始时间、最迟开始时间安排的进度计划确定的累计完成任务量或任务量的百分比描绘各点，并连接各点得到 ES 曲线和 LS 曲线，由 ES 曲线和 LS 曲线组成香蕉曲线。

在工程项目实施过程中，根据检查得到的实际累计完成任务量，按同样的方法在原计划香蕉曲线图上绘出实际进度曲线，便可以进行实际进度与计划进度的比较。

4. 前锋线比较法

前锋线比较法是通过绘制某检查时刻工程项目实际进度曲线，进行工程实际进度与计划进度比较的方法，它主要适用于时标网络计划。所谓前锋线，是指在原时标网络计划上，从检查时刻的时标点出发，用点画线依次将各项工作实际进展位置点连接而成的折线。前锋线比较法就是通过实际进度前锋线与原进度计划中各工作箭线交点的位置来判断工作实际进度与计划进度的偏差，进而判定该偏差对后续工作及总工期影响程度的一种方法。用前锋线比较法进行实际进度与计划进度的比较，其步骤如下：

（1）绘制时标网络计划图。工程实际进度前锋线是在时标网络计划图上标出，为清楚起见，可在时标网络计划的上方和下方各设一时间坐标。

（2）绘制实际进度前锋线。从时标网络计划图上方时间坐标的检查日期开始绘制，依次连接相邻工作的实际进展点，最后与时标网络计划图下方坐标的检查日期相连接。

（3）进行实际进度与计划进度的比较。前锋线可以直观地反映出检查日期有关工作实际进度与计划进度之间的关系。一般可有以下 3 种情况：
① 工作实际进展位置点落在检查日期的左侧，表明该工作实际进度拖后，拖后的时间为二者之差；
② 工作实际进展位置点落在检查日期的右侧，表明该工作实际进度超前，超前的时间

为二者之差;

③ 工作实际进展位置点与检查日期重合,表明该工作实际进度与计划进度一致。

(4) 预测进度偏差对后续工作及总工期的影响。通过实际进度与计划进度的比较确定进度偏差后,还可根据工作的自由时差和总时差预测该进度偏差对后续工作及项目总工期的影响。由此可见,前锋线比较法既适用于工作实际进度与计划进度之间的局部比较,又可用来分析和预测工程项目整体进度状况。

【例 7-3】 某工程项目时标网络计划如图 7-13 所示。该计划执行到第 4 天末检查实际进度时,发现工作 A 已经完成,B 工作已进行了 1 天,C 工作已进行 2 天,D 工作还未开始。试用前锋线法进行实际进度与计划进度的比较。

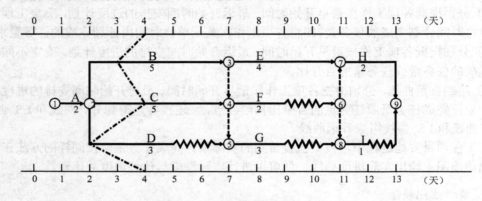

图 7-13 某工程前锋线比较图

【解】 (1) 根据第 4 天末实际进度的检查结果绘制前锋线,如图 7-13 中点画线所示。

(2) 实际进度与计划进度的比较。

由图 7-13 可看出:

① B 工作实际进度拖后 1 天,将使其紧后工作 E、F、G 的最早开始时间推迟 1 天,并使总工期延长 1 天。

② C 工作与计划一致。

③ D 工作实际进度拖后 2 天,既不影响后续工作,也不影响总工期。

综上所述,如果不采取措施加快进度,该工程项目的总工期将延长 1 天。

【例 7-4】 某装饰施工单位对某工程所编制的双代号时标网络计划如图 7-14 所示。

【问题】(1) 为确保本工程的工期目标的实现,你认为施工进度中哪些工作应作为重点控制对象?为什么?

(2) 在第 10 周末检查发现,工作 K 拖后 2.5 周,工作 H 和 F 各拖后 1 周,请用前锋线表示第 10 周末时工作 K、H 和 F 的实际进展情况,并分析进度偏差对工程总工期和后续工作的影响。为什么?

（3）工作 K 的拖期是因业主原因造成的，工作 H 和 F 是因施工单位原因造成的。施工单位提出工期顺延 4.5 周的要求，总监理工程师应批准工程延期多少天？为什么？

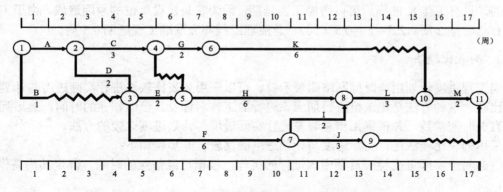

图 7-14　某装饰工程双代号网络图

【解】（1）工作 A、D、E、H、L、M、F、I 应作为重点控制对象。因为它们是关键线路上的关键工作。

（2）前锋线如图 7-15 所示。从图上可以看出：

① 工作 K 拖后 2.5 周，其总时差 2 周，将延长工期 0.5 周；其自由时差 2 周，影响后续工作 M 最早开始时间 0.5 周。

② 工作 H 拖后 1 周，其总时差为零，是关键工作，将延长工期 1 周；其自由时差也为零，影响后续工作 L 和 M 最早开始时间各 1 周。

③ 工作 F 拖后 1 周，其总时差为零，将延长工期 1 周；其自由时差也为零，影响后续工作 I、J、L、M、N 最早开始时间各 1 周。

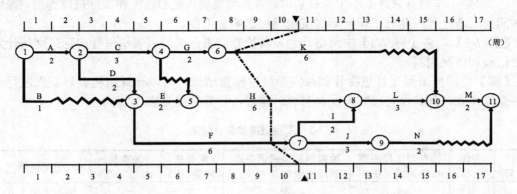

图 7-15　某装饰装修工程前锋线图

综合上述，由于工作 K、H、F 拖后，工期将延长 1 周，后续工作 I、J、L、M、N 的最早开始时间将后延 1 周。

（3）总监理工程师应批准工程延期 0.5 周。因为，工作 H 和 F 是因施工单位自身原因造成的。只有工作 K 的拖后可以考虑工程延期，因为它是建设单位的原因造成，由于工作 K 原有总时差 2 周。2.5 − 2 = 0.5（天），总监理工程师应批准工程延期 0.5 周。

5. 列表比较法

当工程进度计划用非时标网络图表示时，可以采用列表比较法进行实际进度与计划进度的比较。这种方法是记录检查日期应该进行的工作名称及其已经作业的时间，然后列表计算有关时间参数，并根据工作总时差进行实际进度与计划进度比较的方法。

采用列表比较法进行实际进度与计划进度的比较，其步骤如下：

（1）对于实际进度检查日期应该进行的工作，根据已经作业的时间，确定其尚需作业时间。

（2）根据原进度计划计算检查日期应该进行的工作从检查日期到原计划最迟完成时尚余时间。

（3）计算工作尚有总时差，其值等于工作从检查日期到原计划最迟完成时间尚余时间与该工作尚需作业时间之差。

（4）比较实际进度与计划进度，可能有以下几种情况：

① 如果工作尚有总时差与原有总时差相等，说明该工作实际进度与计划进度一致；

② 如果工作尚有总时差大于原有总时差，说明该工作实际进度超前，超前的时间为两者之差；

③ 如果工作尚有总时差小于原有总时差，且仍为非负值，说明该工作实际进度拖后，拖后的时间为二者之差，但不影响总工期；

④ 如果工作尚有总时差小于原有总时差，且为负值，说明该工作实际进度拖后，拖后的时间为二者之差，此时工作实际进度偏差将影响总工期。

【例 7-5】 将【例 7-3】中网络计划及其检查结果，采用列表法进行实际进度与计划进度比较和情况判断。

【解】 根据工程项目进度计划及实际进度检查结果，可以计算出检查日期应进行工作的尚需作业时间、原有总时差及尚有总时差等，计算结果见表 7-2。

表 7-2 工程进度检查比较表

工作代号	工作名称	检查时工作尚需作业时间（天）	检查时刻至最迟完成时间尚余时间（天）	原有总时差（天）	尚有总时差（天）	情况判断
2—3	B	4	3	0	−1	影响工期 1 天
2—4	C	3	5	2	2	正常
2—5	D	3	5	4	2	正常

7.3 工程实际施工进度动态调整

7.3.1 实际施工进度计划动态调整的思路

在工程施工中,往往我们的合同工期是不可以拖延的,因此保证合同工期是我们施工的重中之重。对于施工中某些工作的实际进度超前,对工程的保证工期来讲往往是有利的,我们一般视情况作出调整或不作出调整,但对于工程的某些工作的进度滞后,我们应该重点来进行控制,在控制过程中按以下的思路进行。

分析进度偏差的影响

在工程项目实施过程中,当通过实际进度与计划进度的比较,发现有进度偏差时,需要分析该偏差对后续工作及总工期的影响,从而采取相应的调整措施对原进度计划进行调整,以确保工期目标的顺利实现。进度偏差的大小及其所处的位置不同,对后续工作和总工期的影响程度是不同的,分析时需要利用网络计划中工作总时差和自由时差进行判断。

(1) 分析出现进度偏差的工作是否为关键工作

如果出现进度偏差的工作位于关键线路上,即该工作为关键工作,则无论其偏差有多大,都将对后续工作和总工期产生影响,必须采取相应的调整措施;如果出现偏差的工作是非关键工作,则需要根据进度偏差值与总时差和自由时差的关系作进一步分析。

(2) 分析进度偏差是否超过总时差

如果工作的进度偏差大于该工作的总时差,则此进度偏差必将影响其后续工作和总工期,必须采取相应的调整措施;如果工作的进度偏差未超过该工作的总时差,则此进度偏差不影响总工期。至于对后续工作的影响程度,还需要根据偏差值与其自由时差的关系作进一步分析。

(3) 分析进度偏差是否超过自由时差

如果工作的进度偏差大于该工作的自由时差,则此进度偏差将对其后续工作产生影响,此时应根据后续工作的限制条件确定调整方法;如果工作的进度偏差未超过该工作的自由时差,则此进度偏差不影响后续工作,因此,原进度计划可以不做调整。

进度偏差的分析判断过程如图 7-16 所示。通过分析,进度控制人员可以根据进度偏差的影响程度,制订相应的纠偏措施进行调整,以获得符合实际进度情况和计划目标的新进度计划。

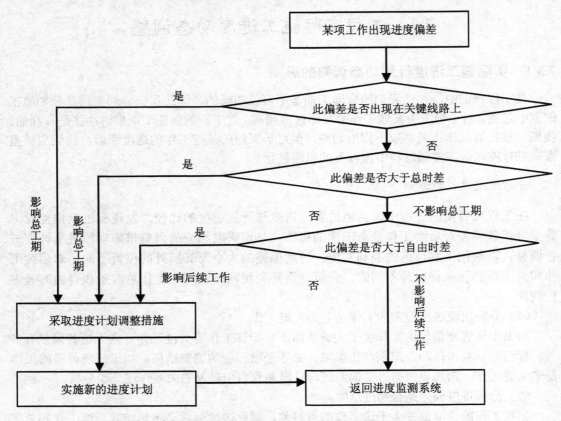

图 7-16 进度偏差对后续工作和总工期影响分析过程图

7.3.2 实际施工进度计划的调整方法

通过检查分析，如果发现原有进度计划已不能适应实际情况时，为了确保进度控制目标的实现或需要确定新的计划目标，就必须对原有进度计划进行调整，以形成新的进度计划，作为进度控制的新依据。施工进度计划的调整方法主要有：

1. 改变某些工作间的逻辑关系

若检查的实际施工进度产生的偏差影响了总工期，在工作之间的逻辑关系允许改变的条件下，可改变关键线路和超过计划工期的非关键线路上的有关工作之间的逻辑关系，达到缩短工期的目的。用这种方法调整的效果是很显著的，例如可以把依次进行的有关工作改成平行的或互相搭接的，以及分成几个施工段进行流水施工等，都可以达到缩短工期的目的。

2. 缩短某些工作的持续时间

这种方法是不改变工作之间的逻辑关系，而是缩短某些工作持续时间，使施工进度加快，并保证实现计划工期的方法。这些被压缩持续时间的工作是位于由于实际施工进度的拖延而引起总工期增长的关键线路和某些非关键线路上的工作，且这些工作又是可压缩持续时间的工作，这种方法实际上就是网络计划优化中工期优化和工期与成本优化（具体方法详见第 3 章的相关内容，此不再重复叙述）为达到目的，通常需要采取一定的措施，具体措施包括：

（1）组织措施。增加工作面，组织更多的施工队伍；增加每天的施工时间（如采用三班制等）；增加劳动力和施工机械的数量等措施。

（2）技术措施。改进施工工艺和施工技术，缩短工艺技术间歇时间；采用更先进的施工方法；采用更先进的施工机械等措施。

（3）经济措施。实行包干奖励；提高奖金数额；赶工给予相应的经济补偿等措施。

（4）其他配套措施。改善外部配合条件；改善劳动条件；实施强有力的调度等措施。

一般来说，不管采取哪种措施，都会增加费用。因此，在调整施工进度计划时，应利用费用优化的原理选择费用增加最小的关键工作作为压缩对象。

3. 资源供应的调整

如果资源供应发生异常，应采用资源优化方法对计划进行调整，或采取应急措施，使其对工期影响最小。

4. 增减施工内容

增减施工内容应做到不打乱原计划的逻辑关系，只对局部逻辑关系进行调整。在增减施工内容以后，应重新计算时间参数，分析对原网络计划的影响。当对工期有影响时，应采取调整措施，保证计划工期不变。

5. 增减工程量

增减工程量主要是指改变施工方案、施工方法，从而导致工程量的增加或减少。

6. 起止时间的改变

起止时间的改变应在相应工作时差范围内进行。每次调整必须重新计算时间参数，观察该项调整对整个施工计划的影响。调整时可在下列方法中进行：

（1）将工作在其最早开始时间与其最迟完成时间范围内移动；

（2）延长工作的持续时间；

（3）缩短工作的持续时间。

当采用某种方法进行调整，其可调整的幅度又受到限制时，还可以同时利用这些方法的组合对同一施工进度计划进行调整，以满足工期目标的要求。

7.3.3 施工进度报告和进度工作总结

1. 施工进度报告

施工进度检查要建立报告制度,即将施工进度检查比较的结果、有关施工进度现状和发展趋势,以最简练的书面报告形式提供给项目经理、各级业务职能负责人、有关主管人员和部门。

进度报告的编写,原则上由计划负责人或进度管理人员与其他项目管理人员(业务人员)协作编写。进度报告时间一般与进度检查时间相协调,一般每月报告一次,重要的、复杂的项目每旬或每周一次。

进度控制报告根据报告的对象不同,一般分为以下三个级别:

(1) 项目概要级的进度报告。它是以整个施工项目为对象描述进度计划执行情况的报告。它是报给项目经理,企业经理或业务部门以及监理单位或建设单位(业主)。

(2) 项目管理级的进度报告。它是以单位工程或项目分区为对象描述进度计划执行情况的报告,重点是报给项目经理和企业业务部门及监理单位。

(3) 业务管理级的进度报告。它是以某个重点部位或某项重点问题为对象编写的报告,供项目管理者及各业务部门使用,以便采取应急措施。

工程项目施工进度计划检查后,项目部应向企业提供施工进度报告,报告应包括以下内容。

(1) 进度执行情况的综合描述。主要内容是:报告的起止期;当地气象及晴雨天数统计;施工计划的原定目标及实际完成情况;报告计划期内现场的主要大事记(如停水、停电、事故处理情况,收到业主、监理工程师、设计单位等指令文件情况)。

(2) 实际施工进度图及简要说明。

(3) 施工图纸提供进度。

(4) 材料物资、构配件供应进度。

(5) 劳务记录及预测。

(6) 日历计划。

(7) 工程变更、价格调整、索赔及工程款收支情况。

(8) 进度偏差的状况和导致偏差的原因分析。

(9) 解决问题的措施。

(10) 计划调整意见。

2. 施工进度总结

项目经理部应在施工进度计划完成后,及时进行施工进度总结。

(1) 施工进度总结的依据:

① 施工进度计划;

② 施工进度计划执行的实际记录;
③ 施工进度计划检查结果;
④ 施工进度计划的调整资料。
(2) 施工进度控制总结的主要内容:
① 合同工期目标和计划工期目标完成情况;
② 施工进度控制经验;
③ 施工进度控制中存在的问题及分析;
④ 科学的施工进度计划方法的应用情况;
⑤ 施工进度控制的改进意见。

7.4 工 程 延 期

在建筑装饰工程施工过程中,工期的延长分为工程延误和工程延期两种情况。由于承包单位自身的原因,使工程进度拖延,称为工程延误;由于承包单位以外的原因,使工程进度拖延,称为工程延期。虽然它们都是使工程拖期,但由于性质不同,因而所承担的责任也就不同。如果是属于工程延误,则由此造成的一切损失由承包单位承担。同时,业主还有权对承包单位施行误期违约罚款。而如果是属于工程延期,则承包单位不仅有权要求延长工期,而且还有权向业主提出赔偿费用的要求以弥补由此造成的额外损失。因此,对承包单位来说,及时向监理工程师申报工程延期,十分重要。

1. 申报工程延期的条件

由于以下原因导致工程拖期,承包单位有权提出延长工期的申请,监理工程师应按合同规定,批准工程延期时间。
(1) 监理工程师发出工程变更指令而导致工程量增加;
(2) 合同所涉及的任何可能造成工程延期的原因,如延期交图、工程暂停、对合格工程的剥离检查及不利的外界条件等;
(3) 异常恶劣的气候条件;
(4) 由业主造成的任何延误、干扰或障碍,如未及时提供施工场地、未及时付款等;
(5) 除承包单位自身以外的其他任何原因。

2. 工程延期的审批

工程延期的审批程序如图 7-17 所示。当工程延期事件发生后,承包单位应在合同规定的有效期内以书面形式通知监理工程师(即工程延期意向通知),以便于监理工程师尽早了解所发生的事件,及时做出减少延期损失的决定。随后,承包单位应在合同规定的有效期内(或监理工程师可能同意的合理期限内)向监理工程师提交详细的申述报告(延期理由及依据)。监理工程师收到该报告后应及时进行调查核实,准确地确定出工程延期时间。

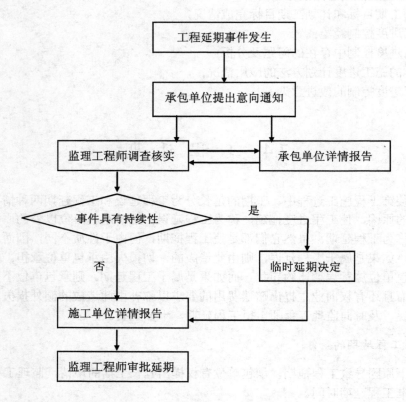

图 7-17 工程延期的审批程序

当延期事件具有持续性,承包单位在合同规定的有效期内不能提交最终详细的申述报告时,应先向监理工程师提交阶段性的详情报告。监理工程师应在调查核实阶段性报告的基础上,尽快作出延长工期的临时决定。临时决定的延期时间不宜太长,一般不超过最终批准的延期时间。

待延期事件结束后,承包单位应在合同规定的期限内向监理工程师提交最终的详情报告。监理工程师应复查详情报告的全部内容,然后确定该延期事件所需要的延期时间。

工程中施工单位应正确对待工程的延期,对已出现的工程延期,应积极、及时准确处理,这对施工总进度的管理是非常重要的。

7.5 复习思考题

1. 进度控制的影响因素有哪些？
2. 简述施工进度控制的基本原理。
3. 施工项目进度控制的方法有哪些？
4. 简述施工进度调整的思路和方法。
5. 简述施工进度报告和总结有哪些内容。

第8章 建筑装饰工程质量管理

8.1 工程质量和工程质量管理概述

8.1.1 质量与工程质量的含义

1. 质量的含义

《质量管理和质量保证术语》(ISO 8402—1994) 中对质量所下的定义是：质量是反映实体（产品、过程或活动等）满足明确和隐含需要的能力的特性总和。质量根据其含义范围不同，可分为狭义质量和广义质量。狭义质量是指产品的质量。广义的质量包括产品质量和工作质量。

2. 工程项目质量的含义

所谓工程项目质量是指国家现行的法律、法规、技术标准、设计文件及工程合同中对工程的安全、使用、经济、美观等特性的综合要求。目前的工程项目质量是在合同环境下形成的，包括了业主的要求和国家、行业标准及地方标准的有关规定和标准。

3. 工程项目质量的种类

（1）按工程项目的建设工程划分，包括：①项目可行性研究阶段质量；②项目决策阶段质量；③项目设计阶段质量；④项目施工阶段质量；⑤项目竣工验收和保修阶段质量。

（2）按工程项目组成划分，包括：①工程项目综合质量；②单项工程质量；③单位工程质量；④分部工程质量；⑤分项工程质量；⑥工序质量。

（3）按工程项目的功能与使用价值划分，工程项目质量表现为性能、寿命、可靠性、安全性、经济性、外观质量等。

8.1.2 建设工程质量的特点和形成过程

1. 建设工程项目质量特点

（1）影响因素多。如设计、施工工艺、施工方法、材料、机械、操作方法、技术措施、管理制度、地形、地质、水文、气象等因素,都直接影响建设工程项目的质量。

(2) 容易产生质量变异。建设工程项目的建设条件、环境、工程中的偶然性因素和系统性因素很多,且不易控制。

(3) 隐蔽性。建设工程项目在施工过程中,工序交接多,中间产品多,隐蔽工程多,如果在施工中没有及时检查,施工完成后不易发现,容易留下质量隐患。

(4) 质量问题难以处理。工程项目建成后如发现质量问题,一般难以解决,即使能够解决也需要付出巨大的代价。

(5) 受投资、进度的影响。

2. 工程项目质量形成过程

如图 8-1 所示。工程质量的形成贯穿于建设的全过程,包括立项、决策阶段;设计、施工阶段和竣工验收、交付使用阶段。

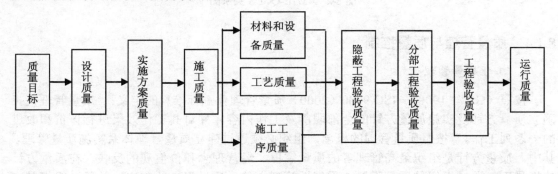

图 8-1 工程质量形成过程

(1) 立项和决策阶段。在这一阶段主要是确定工程项目的质量目标,它直接决定工程项目的总体质量。

(2) 建设实施阶段。在这一阶段,工程项目质量主要取决于设计质量和施工质量。施工质量又取决于材料设备质量、工艺质量、施工工序质量、隐蔽工程验收质量和分部分项验收质量。

(3) 竣工验收和交付使用阶段。在这一阶段,主要形成工程项目的使用质量,取决于工程项目总体验收质量和运行质量。

8.1.3 影响工程质量的因素

影响质量的因素很多,归纳起来主要有"人(Man)、材料(Material)、机械(Machine)、方法(Method)和环境(Environment)"等五大方面,简称为 4M1E。如图 8-2 所示,对这五方面因素严格控制，是保证工程质量的关键。

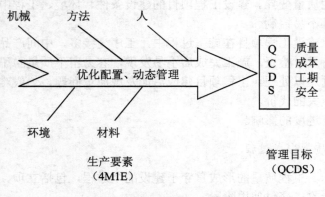

图 8-2　4M1E-QCDS 关系图

8.1.4　质量管理与质量控制

1. 工程质量管理

按照《GB/T 19000—ISO 9000（2000）质量管理体系标准》的定义："质量管理是指确立质量方针及实施质量方针的全部职能及工作内容，并对其工作效果进行评价和改进的一系列工作。"按照质量管理的概念，组织必须通过建立质量管理体系实施质量管理。其中，质量方针是组织最高管理者的质量宗旨、经营理念和价值观的反映。在质量方针的指导下，通过组织的质量手册、程序性管理文件、质量记录的制定，并通过组织制度的落实、管理人员与资源的配置、质量活动的责任分工与权限界定等，形成组织质量管理体系的运行机制。

2. 工程质量控制

（1）工程质量控制的定义

按照《GB/T 19000—ISO 9000（2000）质量管理体系标准》中质量术语的定义："质量控制是质量管理的一部分，致力于满足质量要求的一系列相关活动。"按照质量控制的概念，工程项目质量控制就是指为达到工程项目质量要求所采取的作业技术和活动。工程项目质量要求主要表现为工程合同、设计文件、技术规范规定的质量标准等。因此，工程项目质量控制就是为了保证达到工程合同、设计文件、技术规范等规定的质量标准而采取的一系列措施、手段和方法。

（2）工程质量控制的内涵

① 工程项目质量控制的目的是达到工程项目质量要求。质量要求就是业主的需要，业

主的需要表现为定性和定量的规范表示的质量特性，工程项目质量控制就转化为控制这些质量特性，使控制目标具体化和可度量。

② 质量控制所致力的一系列相关活动，包括作业技术活动和管理活动。

③ 质量控制贯穿于质量形成的全过程、各环节，主要是排除这些环节的技术、活动偏离有关规范的现象，使其恢复正常，达到控制的目的。

④ 质量控制的内容是"采取的作业技术和活动"。这些技术和活动包括：确定控制对象；建立质量体系；规定控制部位、标准，即详细说明控制对象以及应达到的质量要求；制定具体的控制方法；明确所采用的检验方法，包括检验手段；实际进行检验；说明实际与标准之间存在差异的原因；为了解决差异而采取的行动。

⑤ 质量控制是质量管理的一部分而不是全部。两者的区别在于概念不同、职能范围不同和作用不同。质量控制是在明确的质量目标和具体的条件下，通过行动方案和资源配置的计划、实施、检查和监督，进行质量目标的事前预控、事中控制和事后纠偏控制，实现预期质量目标的系统过程。

3. 工程项目质量控制分类

工程项目质量控制按其实施者的不同，可划分为以下几种。

（1）业主的质量控制。主要是工程建设监理的质量控制，即监理单位接受业主委托，为保证工程合同规定的质量标准对工程项目的质量控制。其特点是外部的、横向的控制；其目的是保证工程项目能够按照工程合同规定的质量要求实现业主的建设意图，取得优质的建筑产品；其控制依据是国家制定法律法规、合同、设计图纸等文件。

（2）政府部门的质量控制。主要是指建设行政主管部门根据有关建设工程质量的法律、法规和强制性标准对工程质量的监督检查。其特点是外部的、纵向的控制；其控制的内容包括立项的审批，设计文件、图纸的审核，进行不定期的质量检查，参与工程项目的验收。

（3）承包商的质量控制。其特点是内部的、自身的控制。承包商必须按照合同的规定，向业主提供合格的建筑产品。他根据自身利益的考虑，以最小的代价，最有效的方式、方法、手段和措施，在规定的工期和投资限额约束下完成符合合同质量要求的建筑产品。

4. 工程项目质量控制的原则

（1）坚持质量标准原则。以国家设计、施工及验收规范、工程质量验评标准及《工程建设规范强制性条文》、设计图纸等为依据，督促承包单位全面实现工程项目合同约定的质量目标。

（2）以预防为主的原则。对工程项目建设全过程实施质量控制，以质量预控为重点。即加强对过程和中间产品的质量检查和控制，重点是事前和事中控制，以预防为主。

（3）以人为本的原则。突出人的重要性，强化人员控制，包括控制人员的控制，控制其素质、行为，调动人的积极性和创造性，以工作质量保证工程质量。

(4) 坚持科学、客观、公正和守法的原则。在工程项目质量控制中，要尊重科学、尊重事实依据，实事求是、客观、公正地处理质量问题，遵纪守法。

(5) 坚持质量第一的原则。在工程项目建设过程中，要把质量第一作为工程项目质量控制的基本原则，并贯彻工程项目建设全过程。

8.1.5 工程质量管理的原理和控制的基本方法

1. 工程质量管理 PDCA 循环原理

在长期的生产实践过程和理论研究中形成的 PDCA 循环，是确立质量管理和建立质量体系的基本原理。PDCA 循环见图 8-3。

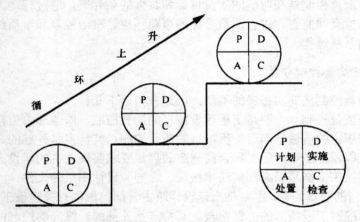

图 8-3 PDCA 循环示意图

(1) 计划 P（Plan）。质量管理的计划职能，包括确定或明确质量目标和制订实现质量目标的行动方案两方面。实践表明，质量计划的严谨周密、经济合理和切实可行，是保证工作质量、产品质量和服务质量的前提条件。

(2) 实施 D（Do）。实施职能在于将质量的目标值，通过生产要素的投入、作业技术活动和产出过程，转换为质量的实际值。

(3) 检查 C（Check）。指对计划实施过程进行各种检查，包括作业者的自检、互检和专职管理者专检。各类检查都包含两大方面：一是检查是否严格执行了计划的行动方案，实际条件是否发生了变化，不执行计划的原因；二是检查计划执行的结果，即产出的质量是否达到标准的要求，对此进行确认和评价。

(4) 处置 A（Action）。对于质量检查所发现的质量问题或质量不合格，及时进行原因分析，采取必要的措施，予以纠正，保持工程质量形成过程处于受控状态。处置分为纠偏和预防改进两个方面。前者是采取应急措施，解决当前的质量偏差、问题或事故；后者是提出目前质量状况信息，并反馈管理部门，反思问题症结或计划时的不周，确定改进目标和措施，为今后类似问题的质量预防提供借鉴。

2. 工程项目质量控制的基本方法

（1）目标控制法

所谓目标控制法是指确定质量控制目标，并将目标层层进行分解，落实到具体的单位、个人，明确责任的方法。

建筑工程质量目标控制就是通过有效的质量控制工作和具体的质量控制措施，在满足投资和进度要求的前提下，实现工程预定的质量要求。建设工程质量目标有两层含义：

① 建设工程的质量必须符合国家现行的关于工程项目质量的法律、法规、技术标准和规范等的规定，尤其是强制性标准的规定。

② 建设工程的质量目标又是通过合同加以约定的，其范围更广、内容更具体。对于合同约定的质量目标，必须保证其不得低于国家强制性质量标准的要求。

（2）系统控制方法

工程项目质量系统控制方法是指采用系统的观点和方法，对质量进行控制，其中最主要的是预防控制。建立建设工程质量控制的系统应注意以下几个方面因素：

① 避免不断提高质量目标的倾向；
② 确保基本质量目标的实现；
③ 确立的质量目标要与实现建设工程的预定功能相适应；
④ 尽可能发挥质量控制对投资目标和进度目标的积极作用。

3. 全过程控制的方法

建设工程总体质量目标的实现与工程质量的形成过程直接相关，必须对工程质量的形成过程实行全过程控制。建设工程的每个阶段都对工程质量的形成起着重要的作用，各阶段质量控制工作的侧重点不同，应当根据建设工程各阶段质量控制的特点和重点，确定各阶段质量控制的目标和任务，加强各阶段的质量控制，以便实现全过程质量控制。

在建设工程的各个阶段中，设计阶段和施工阶段的持续时间较长，这两个阶段工作的"过程性"也尤为突出。例如，设计工作分为方案设计、初步设计、技术设计、施工图设计，设计过程就表现为设计内容不断深化和细化的过程。对设计质量进行全过程控制，也就是将对设计质量的控制落实到设计工作的过程中。施工阶段的工程内容和质量要求，根据对质量控制工作的具体要求有所区别。对施工质量要进行全过程控制，要把对施工质量的控制落实到施工各阶段的过程中。建设工程竣工检验时难以发现工程内在的、隐蔽的质量缺陷，必须加强施工过程中的质量检验。在建设工程施工过程中，由于工序交接多、中间产品多、隐蔽工程多，若不及时检查，就可能将已经出现的质量问题被下道工序掩盖，将不合格产品误认为合格产品,从而留下质量隐患。

4. 全方位控制方法

对建设工程质量进行全方位控制应从以下几方面着手:

(1) 对建设工程所有工程内容的质量进行控制。建设工程是一个整体,其总体质量是各个组成部分质量的综合体现,也取决于具体工程内容的质量。如果某项工程内容的质量不合格,即使其余工程内容的质量都很好,也可能导致整个建设工程的质量不合格。对建设工程质量的控制必须落实到每一项工程内容中,只有确实实现了各项工程内容的质量目标,才能保证实现整个建设工程的质量目标。

(2) 对建设工程质量目标的所有内容进行控制。建设工程的质量目标包括许多具体的内容,例如,从外在质量、工程实体质量、功能和使用价值质量等方面可分为美观性、与环境协调性、安全性、可靠性、适用性、灵活性、可维修性等目标,还可以分为更具体的目标。这些具体质量目标之间存在着对立统一的关系,在质量控制工作中要注意加以妥善处理。这些具体质量目标是否实现或实现的程度如何,又涉及评价方法和标准。对功能和使用价值质量目标要予以足够的重视,其控制对象和方法与对工程实体质量的控制不同,要特别注意对设计质量的控制,尽可能做多方案的比较。

(3) 对影响建设工程质量目标的所有因素进行控制。影响建设工程质量目标的因素很多,可以从不同的角度加以归纳和分类。例如,可以将这些影响因素分为人、机械、材料、方法和环境五个方面。质量控制的全方位控制,就是要对这五方面因素都进行控制。

5. 三阶段控制法

三阶段控制法就是运用全面全过程质量管理的思想和动态控制的原理,进行质量的事前预控、事中控制和事后纠偏控制。

(1) 事前质量预控。事前质量预控就是要求预先进行周密的质量计划,包括质量策划、管理体系、岗位设置,把各项质量职能活动,包括作业技术和管理活动建立在有充分能力、条件保证和运行机制的基础上。对于建设工程项目,尤其施工阶段的质量预控,就是通过施工质量计划或施工组织设计或施工项目管理实施规划的制定,运用目标管理的手段,实施工程质量事前预控,或称为质量的计划预控。

(2) 事中质量控制。事中质量控制也称作业活动过程的质量控制,对建筑工程质量形成过程的各个环节的控制,如工序质量控制等。

(3) 事后质量控制。事后质量控制也称为事后质量把关,防止不合格的工序或产品流入后道工序、流入市场。事后质量控制的任务就对质量活动结果进行评价、认定;对工序质量偏差进行纠正;对不合格产品进行整改和处理。

8.2 建筑装饰工程施工阶段的质量控制

8.2.1 建筑装饰工程施工阶段

建筑装饰工程施工就是指建筑装饰企业的产品生产，即建筑装饰企业通过生产要素：人、材料、构件、设备、技术及资金、信息和环境等的投入，形成建筑装饰产品的过程。

工程施工阶段就是工程施工的过程，是实现工程项目设计意图，形成工程产品的阶段；是最终实现工程质量和工程使用价值的重要阶段。

8.2.2 建筑装饰施工阶段质量控制系统

建筑装饰施工活动是一项非常复杂的系统工程。根据其活动的性质不同划分为三个阶段，即施工准备、施工和竣工验收。从这一角度看施工的质量也要分三个阶段加以控制。每一个阶段的工作内容不同，其质量控制的内容和侧重点也不相同。三者形成了既相互联系，又相互制约的质量体系。如图 8-4 所示。

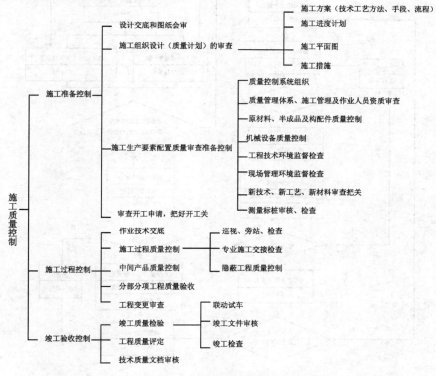

图 8-4 施工阶段质量控制系统

8.2.3 建筑装饰施工阶段工程质量控制的工作流程

建筑装饰施工阶段工程质量控制工作流程就是工程质量控制系统的运行程序。工程质量控制系统只有在有序运行的情况下，才能发挥功能。建筑装饰施工阶段质量控制系统运行程序如图8-5所示。

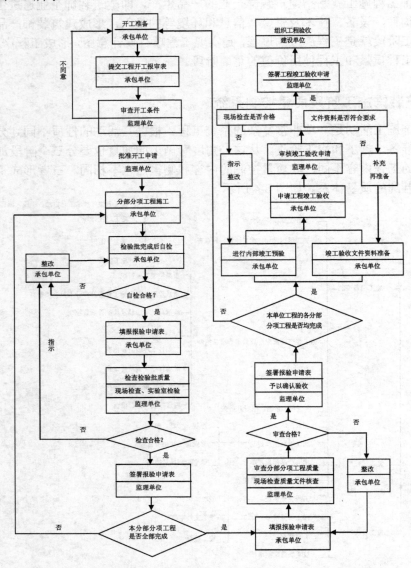

图8-5 施工阶段工程质量控制的工作流程

8.3 工程质量统计方法

统计质量管理是 20 世纪 30 年代发展起来的科学管理理论与方法,它把数理统计方法应用于产品生产过程的抽样检验,利用样本质量特性数据的分布规律,分析和推断生产过程总体质量的状况,改变了传统的事后把关的质量控制方式,为工业生产的事前质量控制和过程质量控制,提供了有效的科学手段。它的作用和贡献成为质量管理有代表性的一个历史发展阶段,至今仍是质量管理不可缺少的工具。可以说没有数理统计方法就没有现代工业质量管理,建筑业虽然是现场型的单件性建筑产品生产,数理统计方法直接在现场生产过程工序质量检验中的应用,受到客观条件的限制,但在进场材料的抽样检验、试块试件的检测试验等方面,仍然有广泛的用途。尤其是人们应用数理统计原理所创立的分层法、因果分析法、直方图法、排列图法、管理图法、分布图法、检查表法等定量和定性方法,对施工现场质量管理都有实际的应用价值。

8.3.1 统计调查表法

统计调查表法又称调查分析法,是利用专门设计的统计表格,进行数据收集、整理和粗略分析的一种方法。在质量管理活动中利用这种方法,简便灵活,便于整理数据,随时监视质量动态,并能为其他统计方法提供依据。常用的调查表大致有以下几种:①分项工程质量分布状态调查表;②不合格项目调查表;③产品缺陷部位调查表;④影响产品质量主要原因调查表;⑤质量评定用调查表。

统计调查表一般由表头与频数统计表两部分组成。表头部分应设置记载需收集数据的有关栏目,频数统计表部分的格式,随收集数据的种类不同而异。

例如 表 8-1 为水刷石施工质量检查统计调查表

表 8-1 水刷石施工质量检查统计调查表

项次	实测项目	允许偏差/mm	各点测量值/mm																				不合格点数
1	表面平整	3	3	2	6	3	4	6	5	4	2	4	5	4	3	2	4	3	2	5	4	4	12
2	阴阳角垂直	4	5	4	3	5	4	5	7	2	5	6	2	4	7	5	6	4	5	4	3	6	2	11
3	立面垂直	5	4	3	5	5	2	3	4	1	6	4	2	1	4	3	4	7	3	3	2		2
4	阴阳角方正	3	1	1	2	3	3	3	4	2	2	1	5	2	2	3	3	2	4	3	3		3
5	分隔条平直	3	2	1	3	3	2	2	3	2	2	3	1	4	3	1	1	2	3	3	2		2

8.3.2 数据分层法

数据分层法就是对收集到的各种质量数据，按照不同目的，进行分门别类加以处理的方法。常用的分层方法有：①按工程的分部分项分层，②按工序质量检查项目分层，③按工程施工时间分层，④按操作班组或操作者分层，⑤按原材料产地或等级分层，⑥按机械设备型号、功能分层，⑦按施工工艺、操作方法分层，⑧按工人技术等级、文化程度分层等。

分层法是分析处理质量问题成败的关键，分层处理数据，是协助分析处理质量问题，正确找出影响质量主要因素的有力方法。把某一性质相同，在同一个生产条件下收集到的质量数据归并在一起，然后再用其他统计方法，如排列图法、直方图法、控制图法、相关图法等，对每类数据进行分析，通过对比，很容易找到产生质量问题的主要原因。

【例 8-1】一个焊工班组有 A、B、C 三位工人实施焊接作业，共抽检 60 个焊接点，发现有 18 点不合格，占 30%。究竟问题在哪里？根据分层调查的统计数据表 8-2 可知，主要是作业工人 C 的焊接质量影响了总体的质量水平。

表 8-2 分层调查的统计数据表

作业工人	抽检点数	不合格点数	个体不合格率	占不合格点总数百分率
A	20	2	10%	11%
B	20	4	20%	22%
C	20	12	60%	67%
合计	60	18	—	100%

8.3.3 排列图法

排列图法是用来寻找影响工程（产品）质量的主要因素的一种有效工具，故又叫主次因素分析图或帕累特图。排列图是由两个纵坐标、一个横坐标、若干个直方形和一条曲线组成，如图 8-6 所示，其中左边的纵坐标表示频数，右边的纵坐标表示频率，横坐标表示影响质量的各种因素。直方形分别表示质量影响因素的项目，直方形的高度则表示影响因素的大小程度，按从大到小由左向右排列，曲线表示各影响因素大小的累计百分数。这条曲线叫帕累特曲线。一般把影响因素按累计频率的范围分为 A（0~80%）、B（80%~90%）、C（90%~100%）三类，其中 A 类表示主要因素，B 类表示次要因素，C 类表示一般因素。

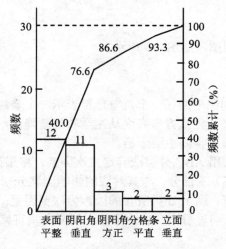

图 8-6 水刷石不合格排列图

下面具体介绍排列图的绘制方法及运用。

1. 确定调查对象，收集数据并加以整理

一般按照《建筑安装工程质量检验评定标准》规定的检测项目进行随机抽样检查，并根据该标准记录各项目的不合格点出现次数，即频数；按各项目不合格点频数大小顺次排列成表，以全部不合格点数之和为总频数计算出各项频率和累计频率。某项目的累计频率是该项目频率与它前面各项目频率的累加值，用百分数表示。第一项累计频率等于其频率。第二项累计频率等于第一、二项频率之和。依此类推，最后一项累计频率等于全部项目频率之和，即 100%；当项目较多时，可将频数较少的项目合并为"其他"项，列于表中末项。

【例 8-2】首先收集某施工班组水刷石施工质量不合格点的原始资料，见表 8-1，对表 8-1 中水刷石不合格项目的质量进行频数、频率统计，如表 8-3 所示。

然后对原始资料进行整理。按频数由大到小顺序排列各项目，并计算出各项目的频率与累计频率，结果见表 8-3。

表 8-3 水刷石不合格项目的质量进行频数、频率统计表

序号	项目	频数	频率（%）	累计频率（%）
1	表面平整	12	40.0	40.0
2	阴阳角垂直	11	36.6	76.6
3	阴阳角方正	3	10.0	86.6
4	分隔条平直	2	6.7	93.3
5	立面垂直	2	6.7	100
合计		30	100	

2. 画排列图

根据统计表 8-3 画排列图，如图 8-6 所示。

3. 排列图的观察

（1）观察直方形。排列图中的任一个直方形都表示一个质量问题或影响因素。直方形宽度都相等，没有数量意义；各直方形高度从左至右逐渐降低，其中最左面的一个直方形反映了质量问题出现次数最多，是主要矛盾。

（2）确定主次因素。利用 ABC 分类法确定主次因素，将累计频率值分为（0%~80%）、（80%~90%）、（90%~100%）三部分，与其对应的影响因素分别列为 A、B、C 三类。属于 A 类所含的因素为主要因素；属于 B 类所含的因素为次要因素；属于 C 类所含的因素为一般因素。从排列图 8-6 可以明显看出，表面平整和阴阳角垂直属于 A 类，是影响质量的主要因素。

8.3.4　因果分析图法

因果分析图法，也称为质量特性要因分析法，又因其形象常被称为树枝图或鱼刺图。其基本原理是对每一个质量特性或问题，采用如图 8-7 所示的方法，逐层深入排查可能原因，然后确定其中最主要原因，进行有的放矢的处置和管理。

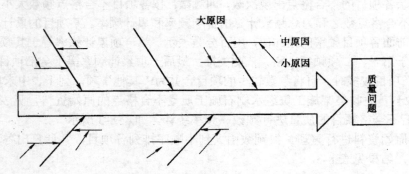

图 8-7　因果分析图表示方法

具体作图方法如下：

（1）决定质量特性因素。所谓质量特性就是指需要进行分析并解决的质量问题，一般是通过排列图法分析得出的主要质量问题，放在主干箭头的前面，如图 8-7 所示。

（2）确定影响质量特性的大枝，即大原因。通常所说的 4M1E，这五个方面的因素即为大原因，所以在因果分析图中大枝一般只有五根。

（3）分别对以上五个大原因进行分析，找出每一方面的中、小原因，并在因果分析图中分别画在中、小枝上。

（4）检查补漏。在对上面五个方面的因素进行分析完成后，充分发扬民主、反复讨论，补充遗漏的因素。

（5）找出主要原因。根据已经找出的原因，逐个分析，确定对质量影响较大的主要原因。

（6）制定对策。针对影响质量的主要原因，制定相应的对策，落实问题的人和时间，并通过对策表的形式列出。

【例 8-3】 图 8-8 是混凝土强度不合格的原因分析，其中，把混凝土施工的生产要素，即人、机械、材料、施工方法和施工环境作为第一层面的因素进行分析；然后对第一层面的各个因素，再进行第二层面的可能原因的深入分析。依此类推，直至把所有可能的原因，分层次地一一罗列出来。

因果分析图法应用时的注意事项：

（1）一个质量特性或一个质量问题使用一张图分析。
（2）通常采用 QC 小组活动的方式进行，集思广益，共同分析。
（3）必要时可以邀请小组以外的有关人员参与，广泛听取意见。
（4）分析时要充分发表意见，层层深入，排出所有可能的原因。
（5）在充分分析的基础上，由各参与人员采用投票或其他方式，从中选择 1 至 5 项多数人达成共识的最主要原因。

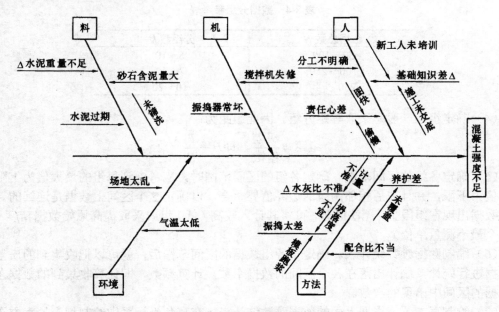

图 8-8　混凝土强度不合格因素

8.3.5 直方图法

直方图法又称为质量分布图法、矩形图法、频数分布直方图法。它以产品的质量特性作为横坐标，以频数作为纵坐标，将产品的质量特性-频数的分布状态用一组直方形来表示，用来观察、分析、探索质量特性的分布规律，并通过质量特性数据的集中程度、波动范围等判断产品的质量和生产过程中是否出现异常，同时还可以用来评价企业的生产管理水平和管理能力，以及用来制定产品的质量标准、确定产品的公差范围等。其优点是绘图方便，可以清楚形象地表示质量特性的分布，有利于使用者分析分布规律和正确计算质量特性的均值和标准偏差。但是其缺点是不能反映动态变化，同时要求收集的数据比较多，至少要50个，一般为100个以上，否则难以表现质量特性的分布规律。

1. 直方图的绘制程序

（1）收集数据。通过对质量或施工工序的检测来收集质量特性的数据，并进行统计。

（2）确定极值和极差。根据上面收集的质量特性的数据，找出其中的最大X_{max}和最小值X_{min}，极差R的计算公式为：$R = X_{max} - X_{min}$

（3）确定组数K。确定组数的原则是分组的结果能正确反映数据的分布规律。组数应根据数据多少来确定。组数过少可能掩盖数据的分布规律；组数过多，则数据过于零乱分散，不能显示分布状况。一般可参考表8-4所示的经验数值确定。

表8-4 数据分组参考表

数据总数 N	分组数 k
50～100	6～10
100～250	7～12
250 以上	10～20

（4）确定组距一般是采取等距分组。因此组距为：

$$组距 = \frac{级差}{组数}，即 H = \frac{R}{K}$$

（5）确定各组的区间范围。确定各组的区间范围时，应考虑到每组的最大值为上限，最小值为下限，并且前后相邻两组的边界值要重合，以确定这个区间上数据是连续的。为防止数据出现在组限上，无法区分，可将其计入较高（低）组或采取提高原始数据精度（提高半个最小测量单位）。

（6）编制数据频数统计表。确定了各组数据的区间范围后，就可以把收集到的质量特性数据进行统计，统计出落在各个区间的数据个数，计算频数，即计算收集到的数据在每组数据的区间中出现的次数。

（7）绘制直方图。根据上面的数据频数统计表，在直角坐标系中绘制相应的直方图。

【例 8-4】 某建筑施工工地浇筑 C30 混凝土，为对其抗压强度进行分析，共收集了 50 份抗压强度试验报告单，经整理如表 8-5 。要求绘制出此批混凝土抗压强度的频数直方图。

【解】 ① 收集数据，见表 8-5

表 8-5　混凝土抗压强度统计表

序号	抗压强度数据（N/mm²）					最大值	最小值
1	39.8	37.7	33.8	31.5	36.1	39.8	31.5
2	37.2	38.0	33.1	39.0	36.0	39.0	33.1
3	35.8	35.2	31.8	37.1	34.0	37.1	31.8
4	39.9	34.3	33.2	40.4	41.2	41.2	33.2
5	39.2	35.4	34.4	38.1	40.3	40.3	34.4
6	42.3	37.5	35.5	39.3	37.7	42.3	35.5
7	35.9	42.4	41.8	36.3	36.2	42.4	35.9
8	46.2	37.6	38.3	39.7	38.0	46.2	37.6
9	36.4	38.3	43.4	38.2	38.0	42.4	36.4
10	44.4	42.0	37.9	38.4	39.5	44.4	37.9

② 确定极值和极差

$X_{\max}=46.2$　　$X_{\min}=31.5$　　$R=X_{\max}-X_{\min}=46.2-31.5=14.7$

③ 确定组数、组距、各组的区间范围

组数：本例采集到的数据为 50 个，故取 $K=8$。

组距：取等距，$H=R/K=14.7/8=1.8$，取 2。

确定各组的区间范围：

第一组下限：$X_{\min}-H/2=30.5$

第一组上限：$X_{\min}-H/2+H=32.5$

第二组下限＝第一组上限＝32.5

第二组上限：第二组下限＋$H=34.5$

…… 下同

④ 编制数据频数统计表（见表 8-6 ）

表 8-6　频数统计表

组号	区间范围（N/mm²）	频数统计	组号	区间范围（N/mm²）	频数统计
1	30.5~32.5	2	5	38.5~40.5	9
2	32.5~34.5	6	6	40.5~42.5	5
3	34.5~36.5	10	7	42.5~44.5	2
4	36.5~38.5	15	8	44.5~46.5	1
合计					50

⑤ 绘制直方图（见图8-9）

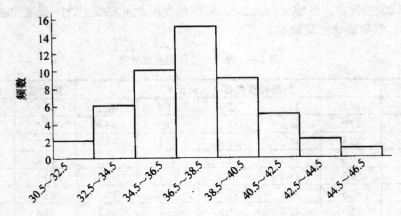

图8-9 混凝土强度抗压强度的频数直方图

2. 直方图的分析

（1）直方图的图形分析可以形象直观地反映质量特性的数据分布规律。一般通过分析直方图，可以判断出生产是否稳定。常见的直方图形状有下面几种。

① 正常形，又称为对称形。特点是两边低、中间高，左右对称，见图8-10（a）。这种情况表明了生产过程处于稳定状态。

② 偏向形，又称偏峰形。直方图的最高处偏向整体的一侧，见图8-10（b）和（c）。产生这种情况的原因一般是因为在生产中对计数值或者计量值的界限控制太严，或者是因为剔除了一些不合格的数据。

③ 陡壁形。在图形的一侧出现陡壁状态，见图8-10（d）。这是因为在数据收集过程中人为地剔除了一些数据，统计失真的现象造成的。

④ 双峰形。在直方图中出现了两个顶峰，形成了双峰状，见图8-10（e）。这往往是由于把两种不同生产条件下获得的数据混合到一起作图引起的。

⑤ 锯齿形。在直方图中出现了凹凸相间的锯齿形状，即频数不是在相邻的区间减少，而是在相隔的区间减少，见图8-10（f）。形成这种图形的原因一般不是生产过程的原因，常常是由于在直方图的绘制中分组不当或者检测工具、方法不当引起的。

⑥ 孤岛形。直方图在远离分布中心的位置出现了另一个直方图，单独地形成了一个孤岛，故称为孤岛形，见图8-10（g）。形成孤岛的原因一般是由于操作者更换、操作者操作不熟练或者原材料发生变化。

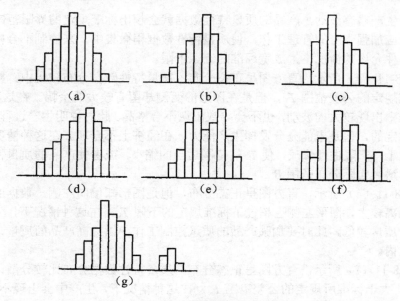

图 8-10 常见的直方图图形

（2）将直方图与质量标准进行比较，判断实际生产过程能力。

当直方图处于正常形时，还需要将直方图与质量标准规定进行比较，以此来判断产品质量满足标准要求的程度。假设设计或者标准规定的上限为 T_u，下限为 T_L，标准的公差范围即两者之差，记为 T，在直方图中实际分布范围为 B。对公差范围 T 和实际分布范围 B 进行比较，可以得到以下几种情况：

① 如图 8-11（a）所示，直方图呈正态分布，数据平均值在直方图的中央，同时此平均值也与标准规定的上、下控制范围的中心相一致，质量的特性数据均处于 T 的控制范围之内，并且在两侧均有一定的余幅。在这种情况下，即使在生产过程中出现稍微的波动，质量特性也不会超出标准规定的上、下限。所以，这种情况是最理想的质量控制情况，它说明生产过程是正常的，质量是稳定的。

② 如图 8-11（b）所示，直方图呈正态分布，质量特性的数据也全部处于标准规定的上、下限的范围之内，即 B 处于 T 之内，但是数据的均值距离规定的下限 T_l 较近，距离标准规定的上限 T_u 则较远。在这种情况下，生产过程中稍微出现波动，质量特性数据就可能会超出标准所规定的下限，就很可能出现不合格品。此时，应该对生产管理水平进行改善，提高产品的质量，使数据的均值稍微右移，以控制产品质量特性不超出下限，同时也不能超出上限，来控制不合格产品的出现。

③ 如图 8-11（c）所示，直方图呈正态分布，质量特性的数据全部位于标准规定的上、下限范围内，同时实际分布范围 B 正好等于公差范围 T，在图形的两侧均无余幅。在这

情况下，只要生产略有波动，产品的质量特性数据就会超出标准规定的界限范围，出现不合格品。所以应加强生产的管理工作，使质量特性数据稍微集中，来控制不合格产品的出现；或者在条件允许的情况下，放宽标准的上、下限。

④ 如图 8-11（d）所示，直方图呈正态分布，质量特性数据分布较集中，数据分布宽度远小于标准规定的公差范围 T，但是在图形的两侧却留有较大的余幅。在这种情况下，即使生产过程中出现较大的波动，也不会导致出现不合格品。此时说明生产过程是正常的，质量也是很稳定的，但是未能充分发挥生产能力，在经济上不合理。在这种情况下，可以对标准规定的上、下限进行修改，使 T 的范围适当的缩小，或者使产品的质量特性数据分布略为分散，增大实际分布范围 B。

⑤ 如图 8-11（e）所示，直方图呈正态分布，但是图形却偏向左侧，数据的均值与标准的中心线偏离较大，图形左侧也超过了标准规定的下限 T_L。在这种情况下，生产中会出现不合格品，质量较低，此时要加强产品的质量控制工作，以提高产品的质量，使整个生产处于控制之内。

⑥ 如图 8-11（f）所示，直方图呈正态分布，质量特性数据分布比较分散，数据的实际分布范围 B 大于标准所规定的公差范围 T。在这种情况下，生产中会出现不合格产品，所以此时要加强质量管理工作，改善质量现状，减小质量特性数据的分散程度，以让数据更加集中，避免不合格产品的出现。

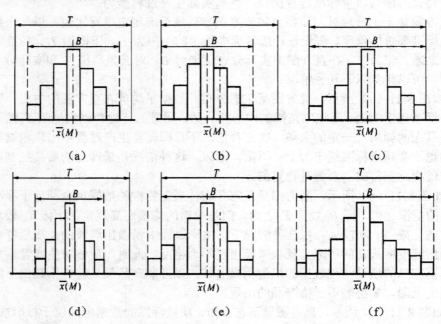

图 8-11　直方图分布范围与标准的比较

8.3.6 控制图法

控制图又称管理图。它是在直角坐标系内,画出质量控制界限,描述生产过程中产品质量波动状态的图形。利用控制图区分质量波动的原因,分析和判断工序是否处于稳定状态的一种质量管理方法称之为控制图法。质量控制图也称工序控制图,是以时间为纵坐标,研究检测点的集中和离散程度的一种分布图;是适应在生产过程中对产品进行周期性抽样检查,根据检查结果,利用快速的实验统计方法,对生产情况进行推断,从而得以在生产过程中及时掌握和控制产品的质量;是一种对生产过程存在质量问题的动态分析方法。

1. 控制图的基本形式

控制图的基本形式如图 8-12 所示。

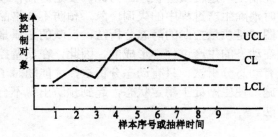

图 8-12 质量控制图的基本形式

控制图的横坐标是样本序号或抽样时间,纵坐标为被控制对象,即被控制的质量特性值。控制图上一般有三条线;上面的一条虚线称为上控制界限线,用符号 UCL(Upper Control Limit)表示;下面的一条虚线称为下控制界限线,用符号 LCL(Lower Control Limit)表示;中间的一条实线称为中心线,用符号 CL(Center Line)表示。中心线标志着质量特性值分布的中心位置,上下控制界限标志着质量特性值允许的波动范围。

在生产过程中,每隔一定时间抽取 4~5 件产品(即整群抽样,组成一个样本,计算样本的质量特性值,并将这些值描在控制图上,得到一条质量特性值波动折线,它就是分析判断工序状态的依据。如果点子随机地落在两条控制界限线之内,则表明生产过程处于控制状态;如果点子排列有缺陷或超出了控制界限线,则表明生产条件发生了异常变化,工序处于非控制状态。进行工序控制的目的是要保证工序的加工质量达到一定的水平,因而工序控制的前提是工序处于稳定状态时的工序能力满足质量要求,在这个基础上再进行工序控制,不断发现和预防工序异常状态的出现,维持生产过程中初始的工序能力稳定不变,从而保证工序的加工质量。控制图法不是要确定被抽检的产品本身是否合格,也不是要确定一批已生产出的产品是否合格,而是将抽样的结果当做生产过程进行状态的一个反馈信号,去推断生产工序是否正常,将产品质量随时置于监控之中,主动防范不合格品的发生。控制图的上、下控制界限线 UCL 和 LCL 与一般的质量标准的上、下限不同。控制图的上、下控制界限线 UCL 和 LCL 是为判定工序是否处于稳定状态而设置的,当产品质量特性值出现在控制界限线以外,又在质量标准界限线以内时,该产品仍然是合格品,质量标准的上、下限是为判定产品是否合格而设,当产品质量特性值出现在质量标准界限线以外时,该产品就是不合格品。

2. 控制图的用途

控制图是用样本数据来分析判断生产过程是否处于稳定状态的有效工具。它的用途主要有两个:

(1) 过程分析,即分析生产过程是否稳定。为此,应随机连续收集数据,绘制控制图,观察数据点分布情况并判定生产过程状态。

(2) 过程控制,即控制生产过程质量状态。为此,要定时抽样取得数据,将其变为点子描在图上,发现并及时消除生产过程中的失调现象,预防不合格品的产生。

前述排列图、直方图法是质量控制的静态分析法,反映的是质量在某一段时间里的静止状态。然而产品都是在动态的生产过程中形成的,因此,在质量控制中单用静态分析法显然是不够的,还必须有动态分析法。只有动态分析法,才能随时了解生产过程中质量的变化情况,及时采取措施,使生产处于稳定状态,起到预防出现不合格产品的作用。控制图就是典型的动态分析法。

3. 控制图的绘制

以常用的 $\overline{X}$-R 控制图为例,其主要作图步骤为:

(1) 收集数据,一般 $N = 50\sim100$;

(2) 数据分组,一般按时间顺序分组,每组数据 3~5 个:计算各组平均值 $\overline{X_i}$ 和极差 R_i;

(3) 计算全部数据的 $\overline{\overline{X}}$ 和极差 $\overline{R}$;

(4) 计算中心线 UCL=$\overline{\overline{X}}$,上控制线 UCL=$\overline{\overline{X}}$+$A_2\overline{R}$,下控制线 LCL=$\overline{\overline{X}}$-$A_2\overline{R}$;其中 A_2 利用控制图查系数表得到;

(5) 画控制图,将每组数据的 $\overline{X_i}$ 和 R_i 用点插入相应的控制图中,并用直线连接各点,超过控制线的点则用圈圈起以便观察。

4. 控制图的观察分析

画出控制图的目的主要是通过对控制图的观察与分析,判断工序是处于稳定状态,还是处于异常状态,这主要是通过对控制图上点子的分布情况的观察与分析进行的。因为控制图上的点子作为随机抽取的样本,可以反映出生产工序(总体)的质量分布状态。当控制图同时满足以下两个条件时:即一是点子几乎全部落在控制界限线之内;二是控制界限线内的点子排列没有缺陷,就可以认为生产过程基本上处于稳定状态。

（1）所谓点子几乎全部落在控制界限线内，是指应符合下列要求：
① 连续 25 点以上处于控制界限线内；
② 连续 35 点中仅有一点超出控制界限；
③ 连续 100 点中、不多于 2 点超出控制界限。

（2）所谓控制界限线内的点子排列没有缺陷，是指点子的排列是随机的，而没有出现异常现象。这里的异常现象是指点子的排列出现了"链"、"同侧"（偏离）、"趋势"（倾向）、"周期"、"接近控制界限"等情况。

① 链。是指点子连续出现在中心线一侧的现象。出现 5 点链，应注意工序的发展状况。出现 6 点链，应开始调查原因。出现 7 点链，应判定工序异常，需采取处理措施。具体如图 8-13（a）所示。

② 多次同侧。是指点子在中心线一侧多次出现的现象，或称偏离。下列情况说明生产过程已出现异常：在连续 11 点中有 10 点在同侧，如图 8-13（b）所示。在连续 14 点中有 12 点在同侧。在连续 17 点中有 14 点在同侧。在连续 20 点中有 16 点在同侧。

③ 趋势或倾向。是指点子连续上升或连续下降的现象。连续 7 点或 7 点以上上升或下降排列，就应判定生产过程有异常因素影响，要立即采取措施，如图 8-13（c）所示。

④ 周期性变动。即点子的排列显示周期性变化的现象。这样即使所有点子都在控制界限内，也应认为生产过程为异常，如图 8-13（d）所示。

⑤ 点子排列接近控制界限。是指点子落在 $u±2\sigma$ 以外和 $u±3\sigma$ 以内。如属下列情况的判定为异常：连续 3 点至少有 2 点接近控制界限。连续 7 点至少有 3 点接近控制界限。连续 10 点至少有 4 点接近控制界限。如图 8-13（e）所示。

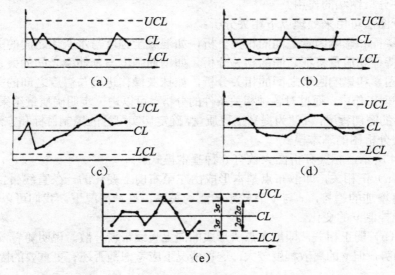

图 8-13　有异常现象的点子排列

以上是分析用控制图判断生产过程是否正常的准则。如果生产过程处于稳定状态，则把分析用控制图转为管理用控制图。分析用控制图是静态的，而管理用控制图是动态的。随着生产过程的进展，通过抽样取得质量数据并把点描在图上，如果点子落在控制界限外或界限上，即判断生产过程异常；即使点子在控制界限内，也应随时观察其有无缺陷，以对生产过程正常与否做出判断。

8.3.7 相关分析图法

在数理统计中，对两个随机变量观测的数据进行整理分析，确定两者之间是否存在相关关系时的方法，称为相关分析。将在测点上取得的两个随机变量的数据，绘制在坐标纸上，称为相关分析图，也称"散布图"。是一种用统计绘图来处理和分析数据的方法。

（1）两个随机变量之间，一般存在两种关系。

① 确定性关系。变量之间存在严格的依存关系，可用数学公式精确表达。

② 相关关系。变量之间存在一定的依存关系，但不是一一对应的，只能用公式近似表达。一般产品的质量结果与其影响因素之间多存在相关关系，这种关系可以是因果关系；也可以是影响同一质量特性的各因素之间的关系；还可以是两个同一产品质量特性之间的关系。对所有这些关系可以用变量 x、y 表示，一般将表示原因的量或比较容易控制的量用 x 表示，把表示结果的量或不易控制的量用 y 表示。这样就可以通过对 x、y 两个变量的研究来认识质量管理中的各种现象之间，各种因素之间、各因素与结果之间的关系密切程度、变化趋势，并可以通过变量 x 去观察、控制 y 变量，以达到保证产品质量的目的。

（2）相关分析图法的作用。

相关分析图法可用来处理以下相关分析：

① 质量特征和影响因素之间的相关分析，如混凝土强度与水灰比之间的关系；

② 质量特征和质量特征之间的相关分析，如钢筋强度与延伸率之间的关系；

③ 影响因素和影响因素之间的相关分析，如抹灰操作进度与温度之间的关系等。

在质量管理工作中，通过对各种相关条件的分析，可以进一步明确质量结果与产生原因之间相关关系的密切程度，以便为提高工程质量，确定切实可行的控制目标和方法提供依据。

（3）相关分析图的基本模式

如图 8-14 所示，相关分析图大致有 6 种基本模式。

图 8-14（a）正相关，即散布点基本形成由左至右向上变化的一条直线带，说明随着 x 的增加 y 也有增加的趋势，x 与 y 有较强的制约关系，这种情况下，我们可以通过对 x 的控制而有效地控制 y 的变化。

图 8-14（b）弱正相关，即散布点所形成的向上直线带较分散。说明随着 x 的增加，y 也有增加的趋势，但 y 的离散程度较大，这种情况下应考虑是否还有更重要的因素影响 y 的变化。

图 8-14（c）不相关，即散布点在坐标系中分布成一团或形成平行 x 轴直线带，说明 x 变比不引起 y 的变化，或其变化没有规律。分析对 y 的影响因素时、可排除 x 因素。

图 8-14（d）负相关，即散布点形成由左至右的向下的一条直线带说明 x 对 y 的影响与正相关恰恰相反，y 随 x 的增加而减少。

图 8-14（e）弱负相关，即散布点形成一个由左至右向下分布的较分散的直线带，说明 x 与 y 的相关关系较弱，且变化趋势相反，应考虑寻找影响 y 的其他更重要的因素。

图 8-14（f）非线性相关，散布点分布呈一曲线带，即在一定范围内 x 增加、y 也增加，超过这个范围 x 增加而 y 却有下降趋势，或 x、y 的变化趋势不是呈线性比例关系，或呈现某种规律性变化。

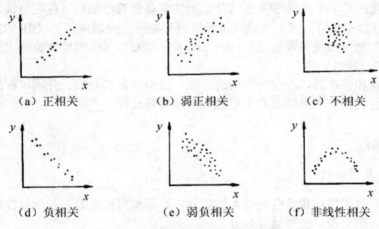

图 8-14 相关分析图的基本模式

8.4 建筑装饰工程质量验收与评定

目前，我国进行建筑装饰工程质量检验评定时，子分部工程及分项工程主要是按照中华人民共和国国家标准《建筑装饰装修工程质量验收规范》（GB 50210—2001）的规定；分部工程主要按照《建筑工程质量验收统一标准》（GB 50300—2001）的规定进行。标准中阐明了该标准的适用范围；规定了建筑工程质量检验评定的方法、内容和质量标准；质量检验评定的划分和等级；质量检验评定的程序和组织。在标准中也规定了建筑工程的分项工程、分部工程和单位工程的划分方法，这些规定也适用于建筑装饰工程。

验收标准的主要质量指标和内容，是根据国家颁发的建筑安装工程施工及验收规范等编制的。因此，在进行装饰工程质量检验评定时，应同时执行与之相关的国家标准，如《钢结构工程施工及验收规范》、《木结构工程施工及验收规范》、《建筑地面工程施工及验收规范》等；装饰工程施工中涉及部分水、电、风的项目，还应执行《采暖与卫生工程施工及验收规范》、《通风与空调工程施工及验收规范》、《电气装置安装工程低压电气施工及验收规范》、《电气装置安装工程电气照明装置施工及验收规范》和《电气装置安装工程1 kV 及以下配线工程施工及验收规范》等。除了施工及验收规范外，国家还颁发了各种设计规范、规程、规定、标准及国家材料质量标准等有关技术标准，这些技术标准与施工及验收规范密切相关，形成互补，都是在工程质量评定与验收中不可缺少的技术标准。

由于建筑装饰材料发展迅猛，装饰施工技术发展很快，一些新材料、新技术、新工艺在以往颁发的规范中未有评定和验收标准。因此，应当根据发展情况不断地进行补充和更新。如建设部通过第 110 号令颁布的《住宅装饰装修管理办法》、《住宅装饰装修工程施工规范》（GB 50327—2001）、《民用建筑工程室内环境污染控制规范》（GB 50325—2001）、《建筑地面工程施工质量验收规范》（GB 50209—2002）、《住宅装饰装修工程质量验收规范》（GB 50210—2001）等。

在质量验收和评定时，经过一系列的过程，如检验批的验收、分项工程的验收、分部工程验收、单位工程的质量验收和工程的竣工验收等过程。

8.4.1 质量验收

1. 检验批质量验收

（1）检验批是工程质量验收最基本的单元。检验批可根据施工及质量控制和专业验收需要，按楼层、施工段、变形缝等划分。

（2）检验批质量验收由监理工程师组织项目专业技术负责人等进行验收。

（3）检验批质量验收合格应符合下列规定：

① 主控项目和一般项目的质量经抽样检验合格。
② 具有完整的施工操作依据、质量检查记录。
③ 主控项目是确定检验批主要性能，必须全部达到要求。
④ 一般项目是基本达到，对不影响工程安全和使用功能的适当放宽。

（4）检验批质量验收记录基本要求（见表 8-7）

表 8-7 检验批质量验收记录

工程名称		分项工程名称			验收部位	
施工单位			专业工长		项目经理	
施工执行标准名称及标号						

(续表)

分包单位			分包项目经理		施工班组长	
	质量验收规范的规定		施工单位检查评定记录		监理（建设）单位验收记录	
主控项目	1					
	2					
	3					
	4					
	5					
	6					
	7					
	8					
	9					
一般项目	1					
	2					
	3					
	4					
施工单位检查结果评定		项目专业质量检查员：　　　　　年　月　日				
监理（建设）单位验收结论		监理工程师：　　　　　年　月　日 （建设单位项目专业技术负责人）				

① 由施工单位项目专业质量检查员组织专业工长、班组长等有关人员，按施工规程（企业标准）进行检查、评定并签字，交监理单位或建设单位验收。

② 监理单位监理人员逐项验收，同意项在验收记录栏填写"合格或符合要求"；不同意项暂不填写，待处理后再验收并作标记。

③ 监理单位的专业监理工程师（或建设单位的专业负责人）审查后，同意项在验收结论栏填写"同意验收"并签字。

④ 施工执行标准名称及编号栏，应填写企业标准，企业必须按照不低于国家质量验收规范自制定企业标准，才能保证国家验收规范的实施。

⑤ 对定性的项目，符合规范规定的打"√"，不符合规范规定的打×。

⑥ 对定量的项目，直接填写实测数值。

检验批的质量验收应在验收的基础上给出是否验收的结论。

2. 分项工程质量验收

（1）分项工程质量验收是在检验批验收合格的基础上进行。
（2）分项工程质量验收由监理工程师组织项目专业技术负责人等进行验收。
（3）分项工程质量验收合格应符合的质量规定：
① 分项工程所含的检验批均应符合合格质量规定。
② 分项工程所含的检验批的质量验收记录应完整。
（4）分项工程质量验收记录基本要求（见表8-8）
① 分项工程质量验收记录由施工单位项目专业质量检查员填写，由施工单位的项目专业技术负责人检查后作出评价并签字，交监理单位或建设单位验收。
② 监理单位的专业监理工程师（或建设单位的专业负责人）审查后，同意项在验收结论栏填写"合格或符合要求"并签字；不同意项暂不填写，待处理后再验收并作标记。

表 8-8 _____分项工程质量验收记录

工程名称		结构类型		检验批数	
施工单位		项目经理		项目技术负责人	
分包单位		分包单位负责人		分包项目经理	

序号	检验批部位、区段	施工单位检查评定结果	监理（建设）单位验收结论
1			
2			
3			
4			
5			
6			
7			
8			
9			
10			
11			
12			
13			
14			
15			
16			

检查结论	项目专业技术负责人： 年 月 日	验收结论	监理工程师 （建设单位项目专业技术负责人） 年 月 日

对于重要的分项工程，由监理工程师按照工程合同的质量等级要求，根据该分项工程施工的实际情况，参照质量检验评定标准进行验收。

在分项工程验收中，必须严格按有关验收规范选择检查点数，然后计算出检验项目和实测项目的合格或优良百分比，最后确定出该分项工程的质量等级，从而确定能否验收。

3. 分部（子分部）工程质量验收

分部（子分部）工程的验收内容、程序都是一样的，在一个分部工程中只有一个子分部工程时，子分部就是分部工程。当不是一个子分部工程时，可以一个子分部、一个子分部地进行质量验收。其具体验收内容：

（1）分部（子分部）工程含分项工程的质量均应验收合格。实际验收中，这项内容也是项统计工作。

（2）分部（子分部）工程质量应由总监理工程师（建设单位项目专业负责人）组织施工项目经理和有关勘察、设计单位项目负责人进行验收。

（3）分部（子分部）工程质量验收合格应符合的规定：

① 分部（子分部）工程所含分项工程所含的质量均应验收合格。
② 质量控制资料应完整。
③ 有关分部工程安全及功能的检验和抽样检测结果应符合有关规定。
④ 观感质量验收应符合要求。

（4）分部（子分部）工程质量验收记录基本要求（见表8-9）。

表8-9 ＿＿＿＿＿＿分部（子分部）工程验收记录

工程名称		结构类型		层数	
施工单位		技术部门负责人		质量部门负责人	
分包单位		分包单位负责人		分包技术负责人	
序号	分项工程名称	检验批数	施工单位检查评定		验收意见
1					
2					
3					
4					
5					
质量控制资料					
安全和功能检验（检测）报告					
观感质量验收					
检查结论	分包单位		项目经理　　年　月　日		
	施工单位		项目经理　　年　月　日		
	勘察单位		项目负责人　年　月　日		
	设计单位		项目负责人　年　月　日		
	监理（建设）单位		总监理工程师 （建设单位项目专业负责人）　　年　月　日		

① 检查每个分项工程验收是否正确。
② 查对所含分项工程，有没有漏、缺的分项工程没有归纳进来，或是没有进行验收。
③ 注意检查分项工程的资料是否完整，每个验收资料的内容是否有缺漏项，以及分项验收人员的签字是否齐全及符合规定。
④ 质量控制资料应完整的核查。这项验收内容，主要包括三个方面的资料。
- 核查和归纳各检验批的验收记录资料，查对其是否完整。
- 检验批验收时，应具备的资料应准确完整才能验收。在分部、子分部工程的验收时，主要是核查和归纳各检验批的施工操作依据、质量检查记录，查对其是否配套完整。
- 注意核对各种资料的内容、数据及验收人员的签字是否规范。

⑤ 有关分部工程、安全及功能的检测和抽样检测结果应符合有关规定的检查。这项验收内容，包括安全及功能两个方面的检测资料。抽样检测项目在各专业质量验收规范中已有明确规定，在检查时应注意三个方面的工作。
- 检查各规范中规定的检测的项目是否都进行了验收，不能进行检测的项目应该说明原因。
- 检查各项检测记录（报告）的内容、数据是否符合要求，包括检测项目的内容，所遵循的检测方法标准、检测结果的数据是否达到规定的标准。
- 检查资料的检测程序、有关取样人、检测人、审核人、试验负责人，以及公章签字是否齐全等。

⑥ 观感质量验收应符合要求。

分部（子部分）工程观感质量检查，是经过现场工程的检查，由检查人员共同确定分部（子部分）工程观感质量的好、一般与差。在检查和评价时应注意以下几点。
- 在进行检查时，要注意一定要在现场，将工程的各个部位全部看到，能操作的应操作，观察其方便性、灵活性或有效性等；能打开观看的应打开观看，不能只看"外观"，应全面了解分部（子部分）的工程质量。
- 检查评价人员应宏观控制，如果没有较明显达不到要求的，就可以评为"一般"；如果某些部位质量较好，细部处理到位，就可评为"好"；如果有的部位达不到要求，或有明显的缺陷，但不影响安全或使用功能的，则评为"差"。评为差的项目能进行返修的进行返修，不能返修的只要不影响结构安全和使用功能的可通过验收。有影响安全或使用功能的项目，不能评价，应修理后再评价。

在分项工程验收的基础上，根据各分项工程质量验收结论，参照分部工程质量标准，便可得出该分部工程的质量等级，以此可决定是否可以验收。

另外，对单位或分部土建工程完工后转交安装工程施工前，或其他中间过程，均应进行中间验收。承包单位得到监理工程师中间验收认可的凭证后，才能继续施工。

4. 单位（子单位）工程质量验收

（1）单位（子单位）工程质量验收，是通过检查分部（子分部）工程的质量验收资料和有关安全、功能检测资料、进行必要的主要功能项目的复核及抽测，以及总体工程观感质量的现场实物质量验收。

（2）单位（子单位）工程质量竣工验收记录由施工单位填写，验收结论由监理（建设）单位填写。综合验收结论由参加验收各方共同商定，建设单位填写，应对工程质量是否符合设计和规范要求及总体质量水平作出评价。在填写单位（子单位）工程质量竣工验收记录时应和相应的佐证材料配合。

（3）单位（子单位）工程质量验收合格应符合下列规定（见表8-10）：
① 单位（子单位）工程所含分部（子分部）工程的质量均应验收合格。
② 质量控制资料应完整。
③ 单位（子单位）工程所含分部工程有关安全和功能的检测资料应完整。
④ 主要功能项目的抽查结果应符合相关专业质量验收规范的规定。
⑤ 观感质量验收应符合要求。

表8-10 单位（子单位）工程质量竣工验收记录

工程名称		结构类型		层数/建筑面积	
施工单位		技术负责人		开工日期	
项目经理		项目技术负责人		竣工日期	
序号	项目	验收记录		验收结论	
1	分部工程	共　　分部，经查　　分部 符合标准及设计要求			
2	质量控制资料核查	共　　项，经审查符合要求　　项， 经核定符合规定要求　　项			
3	安全和主要使用功能核查及抽查结果	共核查　　项，符合要求　　项， 共抽查　　项，符合要求　　项， 经返工处理符合要求　　项			
4	观感质量验收	共抽查　　项，符合要求　　项， 不符合要求　　项			
5	综合验收结论				
参加验收单位	建设单位 （公章） 单位（项目）负责人 年　月　日	监理单位 （公章） 总监工程师 年　月　日		施工单位 （公章） 单位负责人 年　月　日	设计单位 （公章） 单位（项目）负责人 年　月　日

在分项工程和分部工程验收的基础上，通过对分项、分部工程质量等级的统计推断，再结合直接反映单位工程结构及性能质量的质量保证资料核查和单位工程观感质量评判，便可系统地核查结构是否安全，是否达到设计要求；结合观感等直观检查，对整个单位工程的外观及使用功能等方面质量做出全面的综合评定，从而决定是否达到工程合同所要求的质量等级，进而决定能否验收。

8.4.2 建筑装饰工程质量评定

1. 分项工程质量评定

（1）分项工程质量评定内容

分项工程质量评定的内容，主要包括保证项目、基本项目和允许偏差项目三部分。

① 保证项目

保证项目是必须达到的要求，是保证工程安全或使用功能的重要项目。在规范中一般用"必须"或"严禁"这类的词语来表示，保证项目是评定该工程项目达到合格或优良都必须达到的质量指标。

保证项目包括：重要材料、配件、成品、半成品、设备性能及附件的材质、技术性能等；装饰所焊接、砌筑结构的刚度、强度和稳定性等；在装饰工程中所用的主要材料、门窗等；幕墙工程的钢架焊接必须符合设计要求，裱糊壁纸必须粘贴牢固，无翘边、空鼓、褶皱等缺陷。

② 基本项目

基本项目是保证工程安全或使用性能的基本要求，在规范中采用了"应"和"不应"词语来表示。基本项目对使用安全、使用功能、美观都有较大的影响，因此，"基本项目"在装饰工程中，与"保证项目"一样同等重要，都是评定分项工程"合格"或"优良"质量等级的重要条件。

基本项目的主要内容包括：允许有一定偏差的项目，但又不宜纳入允许偏差范围的，放在基本项目中，用数据规定出"优良"、"合格"的标准；对不能确定的偏差值，而允许出现一定缺陷的项目，以缺陷数目来区分一些无法定量而采取定性的项目。

③ 允许偏差项目

允许偏差项目是分项工程检验项目中规定有允许偏差范围的项目。检验时允许有少数检测点的实测值略微超过允许偏差值，以其所占比例作为区分分项工程合格和优良的等级的条件之一，允许偏差项目的允许偏差值的确定是根据制定规范时，当时的各种技术条件、施工机具设备条件、工人技术水平，结合使用功能、观感质量等的影响程度，而定出的一定允许偏差范围。由于近十几年来装饰施工机具不断改进，各种手持电动工具的普及，以及新技术、新工艺的应用，满足规范允许偏差值比较容易，在进行高级建筑装饰工程施工质量评定时，最好适当增加检测点的个数，并对允许偏差值严格控制。

允许偏差值项目包括的主要内容有：有正负偏差要求的值，允许偏差值直接注明数字，不标明符号；要求大于或小于某一数值或在一定范围内的数值，采用相对比例值确定偏差值。

（2）分项工程的质量等级标准

建筑装饰工程分项工程的质量等级，分为"合格"和"优良"两个等级。

① 合格
- 保证项目必须符合相应质量评定标准的规定。
- 基本项目抽检处（件）应符合相应质量评定标准的合格规定。
- 允许偏差项目在抽检的点数中，建筑装饰工程有70%及其以上，建筑设备安装工程有80%及其以上的实测值，在相应质量检验评定标准的允许偏差范围内。

② 优良
- 保证项目必须符合相应质量检验评定标准的规定。
- 基本项目每项抽检处（件）的质量，均应符合相应质量检验评定标准的合格规定，其中50%及其以上的处（件）符合优良规定，该项目即为优良；优良的项目数目应占检验项数的50%以上。
- 在允许偏差项目抽检的点数中，有90%及其以上的实测值，均应在质量检验评定标准的允许偏差范围内。

2. 建筑装饰分部工程质量评定

（1）装饰分部工程的质量等级标准

装饰工程分部工程的质量等级，与分项工程质量评定相同，分为"合格"和"优良"两个等级。

① 合格。分部工程中所包含的全部分项工程质量必须全部合格。

② 优良。分部工程中所包含的全部分项工程质量必须全部合格，其中有50%及其以上为优良，且指定的主要分项工程为优良（建筑设备安装工程中，必须含指定的主要分项工程）。分部工程的质量等级是由其所包含的分项工程的质量等级通过统计来确定。

（2）分部工程质量评定方法

分部工程的基本评定方法是用统计方法进行评定，每个分项工程都必须达到合格标准后，才能进行分部工程质量评定。所包含分项工程的质量全部合格，分部工程才能评定为合格；在分项工程质量全部合格的基础上，分项工程有50%及其以上达到优良指标，分部工程的质量才能评为优良。在进行统计方法评定分部工程质量的同时，要注意指定的主要分项工程必须达到优良，这些分项工程要重点检查质量评定情况，特别是保证项目必须达到合格标准，基本项目的质量应达到优良标准规定。

分部工程的质量等级确认，应由相当于施工队一级（项目经理部）的技术负责人组织评定，专职质量检查员核定。在进行质量等级核定时，质量检查人员应到施工现场对施工项目进行认真检查，检查的主要内容如下。

① 各分项工程的划分是否正确。不同的划分方法，其分项工程的个数不同，分部工程质量评定的结果也不一致。

② 检查各分项工程的保证项目评定是否正确。主要装饰材料的原始材料质量合格证明资料是否齐全有效；应该进行检测、复试的结果是否符合有关规范要求。

③ 有关施工记录、检验记录是否齐全，签证是否齐全有效。

④ 现场检查情况。对现场分项工程按规定进行抽样检查或全数检查，采用目测（适用于检查墙面的平整、顶棚的平顺、线条的顺直、色泽的均匀、装饰图案的清晰等，为确定装饰效果和缺陷的轻重程度，按规定进行正视、斜视和不等距离的观察等）；手感（适用于检测油漆表面是否光滑、油漆刷浆工程是否掉粉，检查饰面、饰物安装的牢固性）；听声音（适用于判定饰面基层及面层是否有空鼓、脱层等，镶贴是否牢固，采用小锤轻击等方法听声音来判断）；查资料（对照有关规定设计图纸，产品合格证，材料试验报告或测试记录等检验是否按图施工，材料质量是否相符、合格）；实测量（利用工具采取靠、吊、量、套等手段，对实物进行检测并与目测手感相结合，得到相应的数据）等一系列手段与方法，检查有没有与质量保证资料不符合的地方，检查基本项目有没有达不到标准规定的地方，有没有不该出现裂缝而出现裂缝、变形、损伤的地方，如果出现问题必须先行处理，达到合格后重新复检，核定质量等级。

3. 建筑装饰单位工程质量的综合评定

（1）装饰单位工程质量评定的方法

建筑装饰单位工程的质量检验评定方法与建筑工程相同，是由分部工程质量等级统计汇总，以及直接反映单位工程使用安全和使用功能保证资料核查和观感质量三部分进行综合评定，有时还要结合当地建筑主管部门的具体规定评定。

① 分部工程质量等级统计汇总

进行分部工程质量等级汇总的目的是突出工程质量控制，把分项工程质量的检验评定作为保证分部工程和单位工程质量的基础。分项工程质量达到合格后才能进行下道工序，这样分部分项工程质量才有保障，各分部工程质量有保证，单位工程的质量自然就有保证。分部工程质量评定汇总时，应注意装饰分部和主体分部工程等级必须达到优良，并注意是否有定为合格的分项，均符合要求才能计算分部工程项数的优良率。

② 质量保证资料核查

质量保证资料核查的目的是强调装饰工程中主体结构、设备性能、使用功能方面主要技术性能的检验。虽然每个分项工程都规定了保证项目，并提出了具体的性能要求，在分项工程质量检验评定中，对主要技术性能进行了检验，但由于它的局限性，对一些主要技术性能不能全面、系统的评定。因此，需要通过检查单位工程的质量保证资料，对主要技术性能进行系统的、全面的检验评定。如一个歌剧院对声音的混响时间要求比较严格，只有在表面装饰全部完成，排椅、座位安装完毕后，才能进行数据测试和调整。另外，对一个单位工程全面进行技术资料核查检验，还可以防止局部出现错误或漏项。

质量保证资料对一个分项工程来讲，只有符合或不符合要求，不分等级。对一个装饰工程就是检查所要求的技术资料是否基本齐全。所谓基本齐全，主要是看其所具有资料能否反映出主体结构是否安全和主要使用功能是否达到设计要求。

在质量保证资料核查内容上，各地区均有相应的规定，主要是核查质量保证资料是否齐全，内容与标准是否一致，质量保证资料是否具有权威性，质量保证资料的提供时间是否与施工进度同步。

③ 观感质量评定

观感质量评定是在工程全部竣工后进行的一项重要评定工作，它是全面评价一个单位工程的外观及使用功能质量，并不是单纯的外观检查，而是实地对工程进行一次宏观的全面的检查，同时也是对分项工程、分部工程的一次核查，由于装饰具有时效性，有的分项工程在施工后立即进行验评可能不会出现问题，但经过一段时间（特别是经过冬季或雨季，北方冬季干燥，雨季空气潮湿），当时不会出现的问题以后可能会出现。

④ 具体检查方法

- 确定检查数量。室内装饰工程按有代表性的自然间抽查10%（包括附属间及厅道等），室外和屋面要求全数检查（指各类不同做法的各种房间，如饭店客房改造的标准间、套间、服务员室、公共卫生间、走道、电梯厅、餐厅、咖啡厅、商场及体育娱乐服务设施用房等）。检查点或房间的选择方法，应采取随机抽样的方法进行，一般在检查之前，在平面图上定出抽查房间的部位，按既定说明逐间进行检查。选点应注意照顾到代表性，同时突出重点。原则上是不同类型的房间均应检查，室外全数检查，采用分若干个点进行检查的方法。一般室外墙面项目按长度每10m左右选一个点，通常选8~10个点，如"一字形"排列。建筑前后大墙面上各4个点，两侧山墙上各1个点，每个点一般为一个开间或3m左右。

- 确定检查项目。以建筑装饰工程外观的可见项目为检查项目，根据各部位对工程质量的影响程度，所占工作量或工程量大小等综合考虑和给出标准分值。实际检查时，每个工程的具体项目都不一样，因此首先要按照所检查工程的实际情况，确定检查项目，有些项目中包括几个分项或几种做法，不便于全面评定，此时可根据工程量大小进行标准分值的再分配，分别进行评定。

- 进行检验评定。首先，确定每一检查点或房间的质量等级并做好记录，检查组成员要对每一检查点或房间经过协商共同评定质量等级，其质量指标可对应分项工程项目标准规定，对选取的检查点逐项进行评定。其次，统计评定项目等级并在等级栏填写分值，在预先确定的检查点或房间都检查完之后，进行统计评定项目的评定等级工作。先检查记录各点或房间都必须达到合格等级或优良等级，然后统计达到优良点或房间的数据，当检查点或房间全部达到合格，其中优良点或房间的数量占检查处（件）20%以下为四级，打分为标准分的70%；有20%~49%的处（件）达到质量检验评定的优良标准者，评为三级，打分为标准分的80%；有50%~79%的处

（件）达到质量检验评定的优良标准者，评为二级，打分为标准分的90%；有80%的处（件）达到质量检验评定的优良标准者，评为一级，打分为标准分的100%；如果有一处（件）达不到"合格"的规定，则该项目定为五级，打零分。

- 计算得分率。得分率计算公式为：

$$得分率=\frac{实得分}{应得分}\times 100\%$$

将所查项目的标准分相加或将表中该工程没有项目的标准分去掉，得出所查项目标准分的总和，即为该单位工程观感质量评分的应得分；将所查项目各评定等级所得分值进行统计，然后将评定的等级得分进行汇总，即为该单位工程观感质量评分的实得分。将得分率与单位工程质量等级标准得分率相对照，看该单位工程属于哪个质量等级，再看这个质量等级是否满足合同要求的质量等级，满足合同要求便可验收签认；否则应分析原因，找出影响因素进行处理。

考虑到观感评分受评定人员技术水平、经验等主观因素影响较大，质量观感评定由三人以上共同进行。最后将以上验收结果填入单位工程质量综合评定表。

（2）单位工程检验评定等级

建筑装饰单位工程质量检验评定的等级，可分为"合格"和"优良"两个等级。

① 合格。单位工程所包含的分部工程均应全部合格；其质量保证资料应基本齐全；观感质量的评定得分率达到70%及其以上。

② 优良。单位工程所包含的分部工程质量应全部合格，其中有50%及其以上为优良，建筑工程必须含主体结构和装饰分项工程。对于以建筑设备安装工程为主的单位工程，其指定的分部工程必须全部优良；其质量保证资料应基本齐全；观感质量的评定得分率达到85%及其以上。

4. 检验评定的有关规定

（1）质量检验评定与核定人员的规定。《建筑安装工程质量检验评定统一标准》规定，分项工程和分部工程质量检查评定后的核定由专职质量检查员进行。当评定等级与核定等级不一致时，应以专职质量检查员核定的质量等级为准。这里所指的专职质量检查员，不是由项目经理在项目班子里随便指定一个管理施工质量的人，专职质量检查员应是具有一定专业技术和施工经验，经建设主管部门培训考核后取得质量检查员岗位证书，并在施工现场从事质量管理工作的人员，他所进行的核定是代表装饰企业内部质量部门对该部分的质量验收。

（2）检验评定组织。建筑装饰工程检验评定组织者，按照《建筑安装工程质量检验评定统一标准》规定，分项工程和分部工程质量等级由单位工程负责人（项目经理），或相当于施工队一级（项目经理部）的技术负责人组织评定，专职质检员核定。单位工程质量等级由装饰企业技术负责人组织，企业技术质量部门、单位工程负责人、项目经理、分包单位、相当于施工队一级（项目经理部）的技术负责人等参加评定，质量监督站或主管部门核定质量等级。

8.4.3 工程质量不符合要求时的处理原则

（1）经返工重做或更换器具、设备的检验批，应重新进行验收。
（2）经有资质的检测单位检测鉴定能够达到设计要求的检验批，应予以验收。
（3）经有资质的检测单位检测鉴定达不到设计要求的，但经原设计单位核算认可满足结构安全和使用功能的检验批，可予以验收。
（4）经返修或加固处理的分项、分部工程，虽然改变外形尺寸但仍能满足安全使用要求，可按技术处理方案和协商文件验收。
（5）通过返修或加固处理仍不能满足安全使用要求的，严禁验收。

8.4.4 建筑装饰工程项目竣工验收

1. 建筑装饰工程项目竣工验收的概念

建筑装饰工程项目竣工是指装饰工程承建单位按照设计施工图纸和承包合同的规定，已经完成了工程项目建设的全部施工活动，达到建设单位的使用要求。

建筑装饰工程项目竣工验收是指装饰施工单位将竣工的工程项目及与该项目有关的资料移交给建设单位，并接受由建设单位组织的对工程建设质量和技术资料的一系列检验并接收工作的总称。

2. 建筑装饰工程项目竣工验收工作的意义

建筑装饰工程项目竣工验收是建筑装饰工程项目进行的最后一个阶段，竣工验收的完成标志着建筑装饰工程项目的完成。建筑装饰工程项目竣工验收工作的意义是：

（1）建筑装饰工程项目竣工验收是建筑装饰工程项目进行的最后环节，也是保证合同任务完成，提高质量水平的最后一个关口。通过竣工验收，全面综合考虑工程质量，保证交工项目符合设计、标准、规范等规定的质量标准要求；
（2）做好装饰工程项目竣工验收工作，可以促进装饰工程项目及时发挥投资效益，对总结投资经验具有重要作用；
（3）通过整理档案资料，既能总结建设过程和施工过程，又能对使用单位提供使用、维护、改造的根据。

3. 装饰装修工程项目竣工验收的依据

（1）上级主管部门有关工程竣工的文件和内容；
（2）工程承包合同；

(3) 工程设计文件;
(4) 国家现行的装饰装修工程施工及验收规范;
(5) 国家和地方的强制性标准和国家法律、法规、规章及规范性文件规定。
(6) 对于从国外引进新技术、新材料和进口设备的装饰装修工程项目,还要按照签订的合同和国外提供的设计文件等进行验收。

4. 建筑装饰工程项目竣工验收的条件

(1) 对施工单位的要求
① 完成装饰工程设计和合同约定的各项内容;
② 有完整的技术档案和施工管理资料;
③ 有工程使用的主要建筑材料、建筑构配件和设备的进场试验报告;
④ 有勘察、设计、工程监理等单位分别签署的质量合格文件;
⑤ 有与建设单位签署的工程质量保修书;
⑥ 建设行政主管部门及其委托的建设工程质量监督机构等有关部门要求整改的质量问题全部整改完毕。

(2) 建设单位应具备的条件
① 有完整的工程项目建设全过程竣工档案资料;
② 规划行政主管部门对工程是否符合规划要求进行了检查,并出具认可文件;
③ 有公安消防、环保等部门出具的认可文件或准许使用文件;
④ 建设单位已按合同约定支付了工程款,有工程款支付证明。

5. 建筑装饰工程项目竣工验收的程序

建筑装饰工程项目的竣工验收一般分为竣工自检和正式验收两个步骤进行。其过程为:施工单位在装饰工程项目完成,进行竣工自检和复检,在具备竣工验收条件后,向建设单位发出交工通知。建设单位接到施工单位的交工通知后,在做好验收准备的基础上,组织施工、设计等单位共同进行交工验收。

(1) 竣工自检

竣工自检也称为竣工预检,是施工单位先进行内部的自我检查,为正式验收做好准备。一方面检查工程质量,发现问题及时补救;另一方面检查竣工图及技术资料是否齐全,并汇总、整理有关技术资料。

① 竣工自检的依据。竣工自检的主要依据是:工程完成情况是否符合施工图纸和设计的使用要求;工程质量是否符合国家和地方政府规定的标准和要求;工程是否达到合同规定要求和标准。

② 竣工自检的方法。竣工自检应分层分段进行,由竣工自检人员按各自主管的内容逐一进行检查。在检查中要做好记录,对不符合要求的部位和项目要确定修补措施和标准,

并指定专人负责，定期完工。

③ 竣工自检人员的组成。参加竣工自检的人员，应由施工单位项目经理组织生产、技术、质量、合同、预算以及有关的施工工长等共同参加。

（2）复检

在基层施工单位自我检查的基础上，并对查出的问题全部解决以后，通过上级部门的复检，解决全部遗留问题，为正式验收做好充分准备。

（3）正式验收

在竣工自检的基础上，确认工程全部符合竣工验收标准，具备了交付使用的条件即可进行装饰工程的正式验收工作。

① 发出《竣工验收通知书》。施工单位应于正式竣工验收之日的前10天，向建设单位发送《竣工验收通知书》。

② 递交竣工验收资料。竣工验收资料应当包括以下内容：竣工工程概况；图纸会审记录；材料代用核定单；施工组织方案和技术交底资料；材料、构配件、成品出厂证明和检验报告；施工记录；装饰装修施工试验报告；竣工自检记录；隐蔽工程质量检验记录；装饰工程质量检验评定资料；变更记录；竣工图；施工日记等。

③ 组织验收工作。工程竣工验收工作由建设单位邀请设计单位及有关方面参加，同监理单位、施工单位一起进行检查验收。在正式验收前，如果存在监理的工程，应该有监理单位的竣工预验收，同时监理单位要提出质量评估报告，以及城市档案管理部门的竣工资料预验收工作，只有在上述两项工作均合格的情况下才可以组织竣工验收。组织验收的方式通常为：

● 集中、会议，介绍工程概况及施工的有关情况；
● 分组分专业进行检查；
● 集中分组汇报检查境况；
● 提出验收意见，评定质量等级，明确具体交接时间、交接人员。

④ 签发《竣工验收证明书》。在建设单位验收完毕并确认工程符合竣工标准和合同条款规定要求以后，即应向施工单位签发《竣工验收证明书》。建设单位、设计单位、质量监督单位、监理单位、施工单位及其他有关单位在《竣工验收证明书》上签字。

⑤ 进行工程质量核定。承监工程的监督单位在受理了竣工工程质量核定任务后，按照国家有关标准进行核定。核定合格或优良的工程发给《合格证书》，并说明其质量等级，否则不准投入使用。

⑥ 办理工程档案资料移交。工程档案是项目的永久性技术文件，是建设单位使用、维护、改造的重要依据，也是对项目进行复查的依据。在施工项目竣工后，项目经理必须按规定向建设单位移交档案资料。移交的工程档案和技术资料必须真实、完整、有代表性，能如实反映工程和施工中的情况。若单位工程如果是由几个分包单位施工时，其总包单位对工程质量全面负责，各分包单位应按相应质量检查评定标准的规定，检验评定所承包范围内的分项工程和分部工程的质量等级，并将评定结果及资料交总包单位。

⑦ 办理工程移交手续。在对工程检查验收完成以后，施工单位要及时向建设单位办理工程移交手续，并签订交接验收证书，办理工程结算手续。

⑧ 办理工程决算。整个工程项目完工验收，并办理了工程结算手续后，要由建设单位编制工程决算，上报有关部门。至此，整个装饰工程的全部过程即告结束。

6. 工程项目竣工验收工作流程

为了保证工程项目竣工验收工作的顺利进行，通常按图 8-15 所示的程序来进行竣工验收。

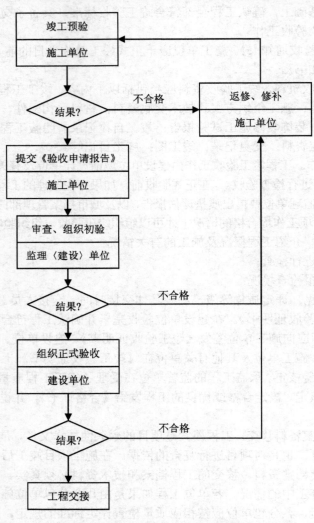

图 8-15　工程项目竣工验收工作流程图

8.5 工程质量事故及处理

8.5.1 工程质量事故的含义及分类

1. 工程质量事故的含义

工程质量事故是指由工程质量不合格或质量缺陷,而造成或引发经济损失、工期延误或危及人的生命和社会正常秩序的事件。

2. 建筑工程的质量事故的分类

（1）按事故造成的后果区分

① 未遂事故：即发现了质量问题、经及时采取措施、未造成经济损失的事故。

② 已遂事故：即指出现不符合质量标准或设计标准，造成经济损失，延误工期或其他不良后果，均属已遂事故。

（2）按事故责任区分

① 指导责任事故：指由于工程实施指导或领导失误而造成的质量事故。

② 操作责任事故：指在施工过程中，由于实施操作者不按规程或标准实施操作，而造成的质量事故。

（3）按事故性质及严重程度区分

① 一般事故：通常是指经济损失在 0.5~10 万元额度内的质量事故。

② 重大事故：建筑物、构筑物或其他主要结构倒塌；超过规范规定或设计要求的基础严重不均匀沉降、建筑物倾斜、结构开裂或主体结构强度严重不足、影响结构物的寿命，造成不可补救的永久性质量缺陷或事故；影响建筑设备及其相应系统的使用功能，造成永久性质量缺陷者；经济损失在 10 万元以上者，都属于重大事故。

（4）按质量事故产生的原因区分

① 技术原因引发的质量事故：是指在工程项目实施中由于设计、施工在技术上的失误而造成的质量事故。例如，结构设计计算错误；地质情况估计错误等。

② 管理原因引发的质量事故：主要是指由于管理上的不完善或失误而引发的质量事故。如检验制度不严密；质量控制不严格等。

③ 社会、经济等原因引发的质量事故：主要是指由于社会、经济因素及社会上存在的弊端和不正之风引起的建设中的错误行为，而导致出现质量事故。例如，在建筑市场上杀价投标，中标后则依靠违法手段或修改方案追加工程款，或偷工减料，或层层转包等。

8.5.2 事故原因分析

1. 违背基本建设法规

包括违反基本建设程序和违反有关法规和工程合同的规定。

2. 工程地质勘察失误或地基处理失误

工程地质勘察失误,造成地下情况不清,或对基岩起伏、土层分布误判,或未查清地下软土层、墓穴、孔洞等问题,它们均会导致采用不恰当或错误的基础方案,造成地基不均匀沉降、失稳使上部结构或墙体开裂、破坏,或引发建筑物倾斜、倒塌等质量事故。地基处理失误主要是指对软弱土、杂填土、冲填土、大孔隙土或湿陷性黄土、膨胀土、红黏土、熔岩、土洞、岩层出露等不均匀地基未进行处理或处理不当也是导致重大事故的原因。

3. 设计计算失误

设计失误主要包括盲目套用图纸、采用不正确的结构方案、计算简图与实际受力情况不符,荷载取值过小,内力分析有误以及计算错误等。

4. 建筑材料及制品不合格

建筑材料及制品不合格主要指钢筋物理力学性能不良、水泥安定性不良、水泥受潮、过期、结块,砂石含泥量及有害物含量、外加剂掺量等不符合要求,以及预制构件断面尺寸不足,支撑锚固长度不足等。

5. 施工与管理失控

施工与管理失控是造成大量质量事故的常见原因。其主要表现如下。

(1) 未经设计部门同意,擅自修改设计,或不按图施工。
(2) 图纸未经会审即仓促施工或不熟悉图纸,盲目施工。
(3) 不按有关的施工规范和操作规程施工。
(4) 不懂装懂,野蛮施工。如将钢筋混凝土预制梁倒置吊装,将悬挑结构钢筋放在受压区等均将导致结构破坏,造成严重后果。
(5) 管理紊乱,施工方案考虑不周,施工顺序错误,技术交底不清,违章作业,疏于检查、验收等,均可能导致质量事故。

6. 自然条件影响

自然条件的影响主要指空气温度、湿度、暴雨、风、浪、洪水等对工程质量的影响。

7. 建筑结构或设施的使用不当

对建筑物或设施使用不当也易造成质量事故。如未经校核验算就任意对建筑物加层；任意拆除承重结构部位；任意在结构物上开槽、打洞、削弱承重结构截面等也会引起质量事故。

8.5.3 事故处理程序

工程质量事故处理程序如图 8-16 所示。

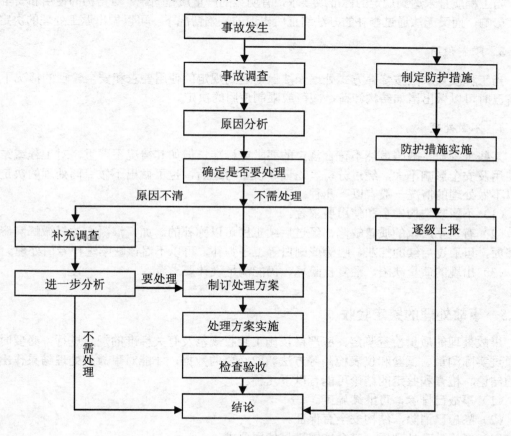

图 8-16 工程质量事故处理程序

8.5.4 事故处理方案的确定

质量事故处理方案，应当在正确地分析和判断事故原因的基础上进行。通常可以根据质量缺陷的情况，作出以下四类不同性质的处理方案。

1. 修补处理

这是最常采用的一类处理方案。通常当工程的某些部分的质量虽未达到规定的规范、标准或设计要求，存在一定的缺陷，但经过修补后还可达到要求的标准，又不影响使用功能或外观要求的情况下，可以做出进行修补处理的决定。

2. 返工处理

当工程质量未达到规定的标准或要求，有明显的严重质量问题，对结构的使用和安全有重大影响，而又无法通过修补的办法纠正所出现的缺陷情况下，可以做出返工处理的决定。

3. 限制使用

当工程质量缺陷按修补方式处理无法保证达到规定的使用要求和安全管理的情况下，不得已时可以做出诸如结构卸荷、减荷或限制使用的决定。

4. 不做处理

某些工程质量缺陷虽然不符合规定的要求或标准，但如其情况不严重，对工程或结构的使用及安全影响不大，经过分析、论证和慎重考虑后，也可做出不做专门处理的决定。可以不做处理的情况一般有以下几种。

（1）不影响结构安全和使用要求者。

（2）有些不严重的质量缺陷，经过后续工序可以弥补的。如，混凝土的轻微蜂窝麻面或墙面，可通过后续的抹灰、喷涂或刷白等工序弥补，可以不对该缺陷进行专门处理。

（3）出现的质量缺陷，经复核验算、仍能满足设计要求者。

8.5.5 事故处理的鉴定验收

事故处理的质量检查鉴定，应严格按施工验收规范及有关标准的规定进行，必要时还应通过实际测量、试验和仪表检测等方法获取必要的数据，才能对事故的处理结果作出确切的结论。检查和鉴定的结论可能有以下几种。

（1）事故已排除，可继续施工。
（2）隐患已消除，结构安全有保证。
（3）经修补、处理后，完全能够满足使用要求。
（4）基本上满足使用要求，但对使用应有附加的限制条件，例如限制荷载等。
（5）对耐久性的结论。
（6）对建筑物外观影响的结论等。
（7）对短期难以做出结论者，可提出进一步观测检验的意见。

8.6 复习思考题

1. 什么是工程项目质量？它有哪些特性？
2. 质量控制常用的统计方法有哪些？
3. 简述建筑工程质量事故的分类。
4. 造成工程质量事故的原因有哪些？
5. 质量事故处理方案有哪些？
6. 简述分项工程、分部工程和单位工程检验评定的内容。
7. 简述单位工程竣工质量验收合格应符合哪些规定。
8. 简述当工程质量不符合要求时应怎样处理。
9. 简述工程项目竣工验收应具备哪些条件。
10. 简述建筑装饰工程质量验收的组织与程序。

第9章 建筑装饰工程施工成本管理

9.1 概 述

9.1.1 建筑装饰工程施工项目成本的基本概念

建筑装饰工程施工成本管理就是要在保证工期和质量满足要求的情况下,采取相应管理措施,包括组织措施、经济措施、技术措施、合同措施,把成本控制在计划范围内,并进一步寻求最大限度的成本节约。建筑装饰工程项目施工成本管理应从工程投标报价开始,直至项目竣工结算完成为止,贯穿于项目实施的全过程。建筑施工项目成本管理的目的在于降低项目成本。

1. 建筑装饰施工项目成本的概念

建筑装饰施工项目成本是在建筑装饰施工中所发生的全部生产费用的总和,即在施工中各种物化劳动和活劳动的价值的货币表现形式。它包括支付给生产工人的工资、奖金,消耗的材料、构配件、周转材料的摊销费或租赁费、施工机具台班费或租赁费、项目经理部为组织和管理施工所发生的全部费用支出。

2. 建筑装饰施工项目成本的主要形式

建筑装饰施工项目成本可分为预算成本、计划成本、实际成本。

(1) 预算成本。预算成本是反映各地区建筑行业的平均成本水平,它是根据建筑装饰施工图由工程量计算规则计算出工程量,再由建筑工程预算定额计算工程成本。它是构成工程造价的主要内容,是甲、乙双方签订建筑工程承包合同的基础,一旦造价在合同中双方认可签字,它将成为建筑施工项目成本管理的依据,直接涉及建筑装饰施工项目能否取得好的经济效益的前提条件。所以,预算成本的计算是成本管理的基础。

(2) 计划成本。建筑装饰施工项目计划成本是指,建筑装饰施工项目经理部根据计划期的施工条件和实施该项目的各项技术组织措施,在实际成本发生前预先计算的成本。计划成本是建筑装饰施工项目经理部控制成本支出,安排施工计划,供应工料和指导施工的依据。它综合反映建筑装饰施工项目在计划期内达到的成本水平。

(3) 实际成本。建筑装饰施工项目实际成本是在报告期内实际发生的各项生产费用的总和。把实际成本与计划成本比较,可以直接反映出成本的节约与超支。考核建筑装饰施工项目施工技术水平及施工组织措施的贯彻执行情况和施工项目的经营效果。

综上所述，预算成本是确定工程造价的基础，也是编制计划成本的依据和评价实际成本的依据。实际成本与预算成本比较，可以直接反映施工项目最终盈亏情况。计划成本和实际成本都是反映建筑装饰施工项目成本水平的，它受建筑装饰施工项目的生产技术、施工条件及生产经营管理水平所制约。

3. 建筑装饰施工项目成本的构成

装饰工程项目施工成本由直接成本和间接成本组成。以建筑安装工程费用为例说明建筑装饰工程项目成本的构成，其各项费用构成如图 9-1 所示。

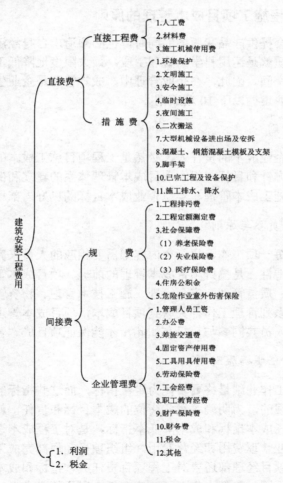

图 9-1 建筑安装工程费用项目组成图

（1）直接成本。直接成本，是指建筑装饰施工过程中直接耗费的构成工程实体或有助于工程形成的各项支出，包括人工费、材料费、机具使用费和其他直接费。所谓其他直接费，是指直接费以外建筑装饰施工过程中发生的其他费用。包括建筑装饰施工过程中发生的材料二次搬运费、临时设施摊销费、生产机具使用费、检验试验费、工程定位复测费、工程点交费、场地清理费等。

（2）间接成本。间接成本，是指建筑装饰施工项目经理部为施工准备，组织和管理施工生产所发生的全部施工间接费支出，包括现场管理人员的人工费（基本工资、补贴和福利等）、固定资产使用维护费、工程保养费、劳动保护费、保险费、工程排污费和其他间接费等。

9.1.2 建筑装饰工程施工项目成本管理的原则

施工企业在向社会提供产品和服务的同时，也必须追求自身经济效益的最大化。企业的全部管理工作的实质就是运用科学的管理手段，最大限度地降低工程成本，为创造经济效益留出最大限度的空间。因此，在企业管理中，成本管理是企业生存的有源之水。装饰施工项目成本管理需要遵循以下10项原则。

1. 领导者推动原则

企业的领导者是企业成本的责任人，必然是工程项目施工成本的责任人。领导者应该制定项目成本管理的方针和目标，组织项目成本管理体系的建立和保持，创造使企业全体员工能充分参与项目施工成本管理、实现企业成本目标的良好内部环境。

2. 以人为本，全员参与原则

项目成本管理的每一项工作、每一个内容都需要相应的人员来完善，抓住本质，全面提高人的积极性和创造性，是搞好项目成本管理的前提。项目成本管理工作是一项系统工程，项目的进度管理、质量管理、安全管理、施工技术管理、物资管理、劳务管理、计划统计、财务管理等一系列管理工作都关联到项目成本，项目成本管理是项目管理的中心工作，必须让企业全体人员共同参与。只有如此，才能保证项目成本管理工作顺利地进行。

3. 目标分解，责任明确原则

项目成本管理的工作业绩最终要转化为定量指标，而这些指标的完成是通过上述各级各个岗位的工作来实现的，为明确各级各岗位的成本目标和责任，就必须进行指标分解。企业确定工程项目责任成本指标和成本降低率指标，是对工程成本进行了一次目标分解。企业的责任是降低企业管理费用和经营费用，组织项目经理部完成工程项目责任成本指标和成本降低率指标。项目经理部还要对工程项目责任成本指标和成本降低率目标进行二次目标分解，根据岗位不同、管理内容不同，确定每个岗位的成本目标和所承担的责任。把总目标进行层层分解,落实到每一个人,通过每个指标的完成来保证总目标的实现。事实上每个项目管理工作都是由具体的个人来执行,执行任务而不明确承担的责任,等于无人负责,久而久之,形成人人都在工作,谁也不负责任的局面。

4. 管理层次与管理内容一致性原则

项目成本管理是企业各项专业管理的一个部分,从管理层次上讲,企业是决策中心、利润中心,项目是企业的生产场地,是企业的生产车间,由于大部分的成本耗费在此发生,因而它也是成本中心。项目完成了材料和半成品在空间和时间上的转换,绝大部分要素或资源要在项目上完成价值转换,并要求实现增值,其管理上的深度和广度远远大于一个生产车间所能完成的工作内容,因此项目上的生产责任和成本责任是非常大的,为了完成或者实现工程管理和成本目标,就必须建立一套相应的管理制度,并授予相应的权力。因而相应的管理层次,与它相对应的管理内容和管理权力必须相称和匹配,否则会发生责、权、利的不协调,从而导致管理目标和管理结果的扭曲。

5. 动态性、及时性、准确性原则

项目成本管理是为了实现项目成本目标而进行的一系列管理活动,是对项目成本实际开支的动态管理过程。由于项目成本的构成是随着工程施工的进展而不断变化的,因而动态性是项目成本管理的属性之一。进行项目成本管理是不断调整项目成本支出与计划目标的偏差,使项目成本支出基本与目标一致的过程。这就需要进行项目成本的动态管理,它决定了项目成本管理不是一次性的工作,而是项目全过程每日每时都在进行的工作。项目成本管理需要及时、准确地提供成本核算信息,不断反馈,为上级部门或项目经理进行项目成本管理提供科学的决策依据。如果这些信息的提供严重滞后,就起不到及时纠偏的作用。项目成本管理所编制的各种成本计划、消耗量计划,统计的各项消耗、各项费用支出,必须是实事求是的、准确的。如果计划的编制不准确,各项成本管理就失去了基准;如果各项统计不实事求是、不准确,成本核算就不能真实反映,可能出现虚盈或虚亏,从而导致决策失误。因此,确保项目成本管理的动态性、及时性、准确性是项目成本管理的灵魂,否则,项目成本管理就只能是纸上谈兵,流于形式。

6. 过程控制与系统控制原则

项目成本是由施工过程的各个环节的资源消耗形成的。因此,项目成本的控制必须采用过程控制的方法,分析每一个过程影响成本的因素,制定工作程序和控制程序,使之时时处于受控状态。项目成本形成的每一个过程又是与其他过程互相关联的,一个过程成本的降低,可能会引起关联过程成本的提高。因此,项目成本的管理,必须遵循系统控制的原则,进行系统分析,制定过程的工作目标必须从全局利益出发,不能为了小团体的利益,损害了整体的利益。

7. 成本最优化原则

施工项目成本管理的根本目的是在科学合理的限度内，通过对工程项目中各种相关因素的成本管理，达到目标成本最低的要求。要实现成本最低化，必须挖掘所有能降低成本的潜力，在项目的各个环节上，落实相应的措施，最大限度地合理降低成本。

8. 全面管理成本原则

全面成本管理是全企业、全员和全过程的成本管理。为达到成本最低化目标，除了应注重实际成本的计算分析外，还应充分注重对施工项目管理中所有会影响成本的因素进行控制，如对施工过程中发生的采购、工艺和质量等因素的成本进行控制，对与这些因素相关的所有员工进行严格管理，对施工的全过程进行成本控制。

9. 成本管理有效化原则

有效化原则即指：以最少的投入获取最大的产出，以最少的人力完成成本管理工作。这一原则的实施，需要采取行政的或经济的或法律的手段进行。

10. 成本管理科学化原则

项目管理讲究的是运用现代化科学方法进行管理，成本管理同样需要科学理论为指导，采用科学的方法进行管理。

9.1.3 建筑装饰工程施工项目成本管理的内容

建筑装饰工程项目成本管理的内容包括：成本预测、成本计划、成本控制、成本核算、成本分析和成本考核等。项目经理部在项目施工过程中对所发生的各种成本信息，通过有组织、有系统地进行预测、计划、控制、核算和分析等工作，使工程项目系统内各种要素按照一定的目标运行，从而将工程项目的实际成本控制在预定的计划成本范围内。

（1）成本预测。项目成本预测是通过成本信息和工程项目的具体情况，并运用一定的专门方法，对未来的成本水平及其可能发展趋势作出科学的估计，其实质就是在施工以前对成本进行核算。通过成本预测，可以使项目经理部在满足建设单位和企业要求的前提下，选择成本低、效益好的最佳成本方案，并能够在项目成本形成过程中，针对薄弱环节，加强成本控制，克服盲目性，提高预见性。因此，项目成本预测是项目成本决策与计划的依据。

（2）成本计划。项目成本计划是项目经理部对项目施工成本进行计划管理的工具。它是以货币形式编制工程项目在计划期内的生产费用、成本水平、成本降低率以及为降低成本所采取的主要措施和规划的书面方案，它是建立项目成本管理责任制、开展成本控制和核算的基础。一般来说，一个项目成本计划应包括从开工到竣工所必需的施工成本，它是降低项目成本的指导文件,是设立目标成本的依据。

(3) 成本控制。项目成本控制是指在施工过程中,对影响项目成本的各种因素加强管理,并采取各种有效措施,将施工中实际发生的各种消耗和支出严格控制在成本计划范围内,随时揭示并及时反馈,严格审查各项费用是否符合标准、计算实际成本和计划成本之间的差异并进行分析,消除施工中的损失浪费现象,发现和总结先进经验。通过成本控制,使之最终实现甚至超过预期的成本节约目标。项目成本控制应贯穿在工程项目从招投标阶段开始直到项目竣工验收的全过程,它是企业全面成本管理的重要环节。

(4) 成本核算。项目成本核算是指项目施工过程中所发生的各种费用和形式项目成本的核算。一是按照规定的成本开支范围对施工费用进行归集,计算出施工费用的实际发生额;二是根据成本核算对象,采用适当的方法,计算出该工程项目的总成本和单位成本。项目成本核算所提供的各种成本信息,是成本预测、成本计划、成本控制、成本分析和成本考核等各个环节的依据。因此,加强项目成本核算工作,对降低项目成本、提高企业的经济效益有积极的作用。

(5) 成本分析。项目成本分析是在成本形成过程中,对项目成本进行的对比评价和剖析总结工作,它贯穿于项目成本管理的全过程,也就是说项目成本分析主要利用工程项目的成本核算资料(成本信息),与目标成本(计划成本)、预算成本以及类似的工程项目的实际成本等进行比较,了解成本的变动情况,同时也要分析主要技术经济指标对成本的影响,系统地研究成本变动的因素,检查成本计划的合理性,并通过成本分析,深入揭示成本变动的规律,寻找降低项目成本的途径,以便有效地进行成本控制。

(6) 成本考核。成本考核是指在项目完成后,对项目成本形成中的各责任者,按项目成本目标责任制的有关规定,将成本的实际指标与计划、定额、预算进行对比和考核,评定项目成本计划的完成情况和各责任者的业绩,并以此给以相应的奖励和处罚。通过成本考核,做到有奖有惩,赏罚分明,才能有效地调动企业的每一个职工在各自的施工岗位上努力完成目标成本的积极性,为降低项目成本和增加企业的积累作出自己的贡献。

综上所述,项目成本管理中每一个环节都是相互联系和相互作用的。成本预测是成本决策的前提,成本计划是成本决策所确定目标的具体化。成本控制则是对成本计划的实施进行监督,保证决策的成本目标实现,而成本核算又是成本计划是否实现的最后检验,它所提供的成本信息又对下一个项目成本预测和决策提供基础资料。成本考核是实现成本目标责任制的保证和实现决策目标的重要手段。

9.1.4 建筑装饰工程施工项目成本管理的程序与流程

1. 建筑装饰工程施工项目成本管理的程序

项目成本管理应遵循下列程序。

(1) 掌握生产要素的市场价格和变动状态。

(2)确定项目合同价。
(3)编制成本计划,确定成本实施目标。
(4)进行成本动态控制,实现成本实施目标。
(5)进行项目成本核算和工程价款结算,及时收回工程款。
(6)进行项目成本分析。
(7)进行项目成本考核,编制成本报告。
(8)积累项目成本资料。

2. 建筑装饰工程施工项目成本管理的流程

建筑装饰工程施工项目的成本管理工作归纳为以下几个关键环节:成本预测、成本决策、成本计划、成本控制、成本核算、成本分析、成本考核等,其流程如图9-2所示。

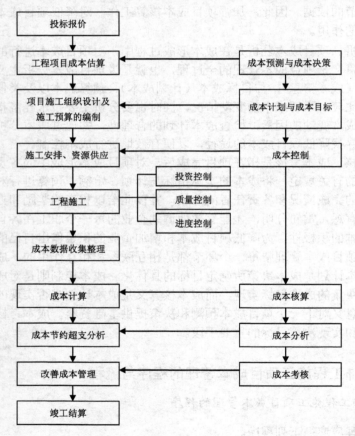

图9-2 项目成本管理流程图

需要指出的是，在建筑装饰工程施工项目成本管理中必须树立项目的全面成本观念，用系统的观点，从整体目标优化的基点出发，把企业全体人员，以及各层次、各部门严密组织起来，围绕项目的生产和成本形成的整个过程，建立起成本管理保证体系，根据成本目标，通过管理信息系统，进行项目成本管理的各项工作，以实现成本目标的优化和企业整体经营效益的提高。特别是在实行项目经理责任制以后，各项目管理部必须在施工过程中对所发生的各种成本项目，通过有组织、有系统地进行预测、计划、控制、核算、分析等工作，促使项目系统内各种要素按照一定的目标运行，使工程项目的实际成本能够控制在预定的计划成本范围内。

9.1.5 影响建筑工程施工项目成本管理的因素

（1）投标报价。项目成本管理的框架是从投标报价阶段作成本预测时就构建起来的，所以，投标报价对工程随后各阶段的项目成本管理工作起着很大的影响。

（2）合同价。经过竞争，如果投标人能够中标并与发包人签订合同，投标报价时的预测成本就形成了合同约定的项目成本，报价总额就成为合同总价。因此，项目合同价的高低对项目成本有着很大的影响。

（3）施工方案。工程项目的施工组织设计、施工技术方案的编制与执行水平对项目成本有着很大的影响。技术先进、经济合理的施工方案将大大减少施工资源的消耗，从而降低项目成本。

（4）施工质量。施工质量成本是指项目组织为保证和提高产品质量而支出的一切费用，以及因未达到质量标准而产生的一切损失费用之和。

（5）施工进度。在规定的工程造价内，做到按规定的工期提前完成工程项目是一项复杂的工作，必须从技术、管理和经济等各个方面综合采取措施，使之协同动作，才能达到既缩短工期，又减少成本费用支出的目的。否则，盲目地缩短工期，加快施工进度，会增加更多的人力、物力和财力的支出，加大工程项目造价，提高工程项目的成本。工期和成本的关系可用图 9-3 来表示。

由图 9-3 可看出，加快施工进度，缩短工期需要投入更多的人力、资金和机械设备，从而导致工程项目直接成本的增加；工期延长导致了工程项目间接成本的增加。因此，合理工期的确定必须考虑直接成本和间接成本的支出，以在 A 点附近为合适。

施工进度和项目成本的关系：在保证要求工期的前提下尽量降低施工成本；在项目目标成本控制下尽量加快施工进度。二者是相互联系、相互制约的统一体，切不可孤立地对待。

（6）施工安全。安全施工是项目管理的重要目标之一。项目成本与安全施工的关系可用图 9-4 来表示。

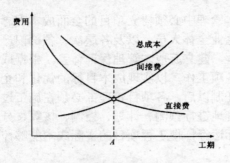
图 9-3 施工进度与工程项目成本的关系

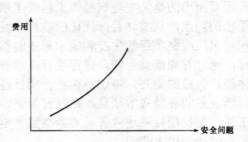
图 9-4 安全施工与工程项目成本的关系

由图 9-4 可看出，安全工作越好，处理安全事故支出的费用就越少，施工所受的干扰也就越小，因而费用支出也越少。否则，如出现重大安全事故，不但给国家、集体和职工个人都带来重大的损失，也影响工人的施工情绪，导致劳动生产率下降，施工进度势必受到影响，从而会加大施工费用的支出。施工安全直接影响工程项目的成本，因此，加强安全工作与项目成本有着密切的关系，施工安全制约着项目成本，项目成本依赖着施工安全，二者是统一的。

（7）施工现场平面管理。施工现场是建筑产品的施工场地，是确定项目生产要素（即人力、材料、机械设备、临时设施）的各自的空间位置。施工现场平面管理，确保项目施工过程互不干扰、有序施工，达到各项资源与服务设施相互间的有效组合和安全运行，可提高劳动生产率，减少二次搬运费用，降低工程项目成本。

（8）工程变更。当发生工程变更时，经常对项目的投资和工程成本产生很大影响。无论是发生设计变更，还是施工条件发生变化，对项目承包方既定的施工方法、机械设备使用、材料供应、劳动力调配，甚至工期目标的顺利达成都有不同程度的影响，况且，变更内容的实施，往往还要付以特别的资源使用。所以，当工程变更发生时，必须适当处理。

（9）索赔费用。从原则上说，承包商有索赔权利的工程成本的增加，都是可以索赔的费用。这些费用都是承包商为了完成额外的施工任务而增加的开支。但是，对于不同原因引起的索赔，承包商可索赔的具体费用内容是不完全一样的。

9.1.6 建筑装饰工程施工项目成本管理的基础工作

建筑装饰工程施工项目管理的最终目标是建成质量高、工期短、安全好、成本低的工程产品，而成本是各项目标经济效果的综合反映。因此成本管理是项目管理的核心内容。为做好施工项目的成本管理工作，必须做好基础工作：

（1）加强成本管理观念。施工企业从计划经济逐步进入市场经济的过程，是企业各层领导和职工逐步树立市场经济观念、效益观念和成本观念的过程。施工企业在实行项目管理的过程中进行了深层次的管理体制改革，国家和地方政府对此也做了大量工作来推进项目管理工作。施工项目部作为企业生产施工经营管理的基础，成功的项目成本管理要依靠施工项目中的各个环节上的管理人员，树立强烈的成本意识，自觉地参与施工项目全过程的成本管理。

（2）加强定额和预算管理。完善的定额资料、做好施工预算和施工图预算是施工项目成本管理的基础。定额资料包括国家统一的工程基础定额，劳务与材料的市场价格信息，包括企业内部的施工定额。根据国家统一定额、取费标准编制"施工图预算"；依据企业的施工定额编制单位工程施工预算及成本计划。通过两个预算对比，可以确定成本控制的程度，对施工项目成本管理具有十分重要的意义。

（3）完善原始记录和统计工作。原始记录直接记载了施工生产经营情况，是编制成本计划和定额的依据，是统计和成本管理的基础。项目施工中的工、料、机和费用开支，都要有及时、完整、准确的原始记录，且符合成本管理的格式要求，由专人负责记录和统计。

（4）建立健全责任制度。施工项目各项责任制度，如计量验收、考勤、原始记录、统计、成本核算分析、成本目标等责任制，是实现有效的全过程成本管理的保证和基础。

9.2 施工成本管理的主要工作

施工成本管理的主要工作包括：施工成本预测；施工成本计划；施工成本控制；施工成本核算；施工成本分析；施工成本考核。

9.2.1 施工成本预测

1. 成本预测的含义

施工成本预测就是根据成本信息和施工项目的具体情况，运用一定的专门方法，对未来的成本水平及其可能的发展趋势做出科学的估计，是在工程施工以前对成本进行的估算。施工成本预测，通常是对施工项目计划工期内影响其成本变化的各个因素进行分析，比照近期已完工施工项目或将完工施工项目的成本（单位成本），预测这些因素对工程成本中有关项目（成本项目）的影响程度，预测出工程的单位成本或总成本。

通过成本预测，可以在满足项目业主和本企业要求的前提下，选择成本低、效益好的最佳成本方案，并能够在施工项目成本形成过程中，针对薄弱环节，加强成本控制，克服盲目性，提高预见性。因此，施工成本预测是施工项目成本决策与计划的依据。

2. 成本预测的程序。

图 9-5 所示为成本预测程序示意图。

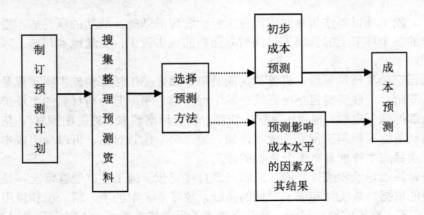

图 9-5　成本预测程序示意图

（1）制订预测计划。制订预测计划是预测工作顺利进行的保证。预测计划的内容主要包括：组织领导及工作布置，配合的部门，时间进度，搜集材料范围等。

（2）搜集整理预测资料。根据预测计划，搜集预测资料是进行预测的重要条件。预测资料一般有纵向和横向两方面的数据。纵向资料是企业成本费用的历史数据，据此分析其发展趋势；横向资料是指同类工程项目、同类施工企业的成本资料，据此分析所预测项目与同类项目的差异，并作出估计。

（3）选择预测方法。成本的预测方法可以分为定性预测法和定量预测法。

① 定性预测法是根据经验和专业知识进行判断的一种预测方法。常用的定性预测法有：经验判断法、专家会议法、德尔菲法及主观概率预测法等。

② 定量预测法是利用历史成本费用资料以及成本与影响因素之间的数量关系，通过一定的数学模型来推测、计算未来成本的可能结果。常用的定量预测法有：简单平均法、回归分析法、指数平滑法、高低点法、量本利分析法和因素分解法等（具体方法可参阅相关书籍，此处不在赘述。）

（4）成本初步预测。根据定性预测的方法及一些横向成本资料的定量预测，对成本进行初步估计。这一步的结果往往比较粗糙，需要结合现在的成本水平进行修正，才能保证预测结果的质量。

（5）影响成本水平的因素预测。影响成本水平的因素主要有：物价变化、劳动生产率、物料消耗指标、项目管理费开支、企业管理层次等。可根据近期内工程实施情况、本企业及分包企业情况、市场行情等，推测未来哪些因素会对成本费用水平产生影响，其结果如何。

（6）成本预测。根据初步的成本预测以及对成本水平变化因素预测结果，确定成本情况。

（7）分析预测误差。成本预测往往与实施过程中及其后的实际成本有出入，而产生预测误差。预测误差大小，反映预测准确程度的高低。如果误差较大，应分析产生误差的原因，并积累经验。

9.2.2 施工成本计划

1. 施工成本计划的含义及类型

（1）施工成本计划是以货币形式编制施工项目在计划期内的生产费用、成本水平、成本降低率以及为降低成本所采取的主要措施和规划的书面方案，它是建立施工项目成本管理责任制、开展成本控制和核算的基础，它是该项目降低成本的指导文件，是设立目标成本的依据。可以说，成本计划是目标成本的一种形式。

施工成本计划应在项目实施方案确定和不断优化的前提下进行编制，因为不同的实施方案将导致直接工程费、措施费和企业管理费的差异。成本计划的编制是施工成本预控的重要手段。因此，应在工程开工前编制完成，以便将计划成本目标分解落实，为各项成本的执行提供明确的目标、控制手段和管理措施。

（2）施工成本计划的类型

对于一个施工项目而言，其成本计划是一个不断深化的过程。在这一过程的不同阶段形成深度和作用不同的成本计划，按其作用可分为3类。

① 竞争性成本计划。即工程项目投标及签订合同阶段的估算成本计划。这类成本计划以招标文件中的合同条件、投标者须知、技术规程、设计图纸或工程量清单等为依据，以有关价格条件说明为基础，结合调研和现场考察获得的情况，根据本企业的工料消耗标准、水平、价格资料和费用指标，对本企业完成招标工程所需要支出的全部费用的估算。在投标报价过程中，虽也着力考虑降低成本的途径和措施，但总体上较为粗略。

② 指导性成本计划。即选派项目经理阶段的预算成本计划，是项目经理的责任成本目标。它以合同标书为依据，按照企业的预算定额标准制订的设计预算成本计划，且一般情况下只是确定责任总成本指标。

③ 实施性计划成本。即项目施工准备阶段的施工预算成本计划，它以项目实施方案为依据，落实项目经理责任目标为出发点，采用企业的施工定额通过施工预算的编制而形成的实施性施工成本计划。

以上三类成本计划互相衔接和不断深化，构成了整个工程施工成本的计划过程。其中，竞争性计划成本带有成本战略的性质，是项目投标阶段商务标书的基础，而有竞争力的商务标书又是以其先进合理的技术标书为支撑的。因此，它奠定了施工成本的基本框架和水平。指导性计划成本和实施性计划成本，都是战略性成本计划的进一步展开和深化，是对战略性成本计划的战术安排。此外，根据项目管理的需要，成本计划又可按施工成本组成、按项目组成、按工程进度分别编制施工成本计划。

2. 施工成本计划应满足的要求

（1）合同规定的项目质量和工期要求；
（2）组织对施工成本管理目标的要求；
（3）以经济合理的项目实施方案为基础的要求；
（4）有关定额及市场价格的要求。

3. 项目目标成本计划编制的依据

（1）投标报价文件；
（2）企业定额、施工预算；
（3）施工组织设计或施工方案；
（4）人工、材料、机械台班的市场价；
（5）企业颁布的材料指导价、企业内部机械台班价格、劳动力内部挂牌价格；周转设备内部租赁价格、摊销损耗标准；
（6）已签订的工程合同、分包合同（或估价书）；
（7）结构件外加工计划和合同；
（8）有关财务成本核算制度和财务历史资料；
（9）施工成本预测资料；
（10）拟采取的降低施工成本的措施；
（11）其他相关资料。

4. 项目目标成本计划编制的阶段与编制的程序

（1）施工成本计划编制一般分为两个阶段：准备阶段、编制阶段。如图9-6所示。

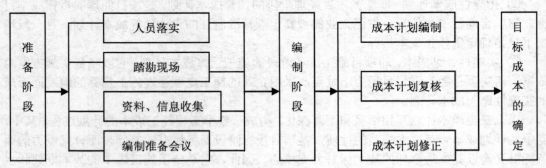

图9-6 成本计划编制阶段示意图

（2）施工成本计划编制程序如图9-7所示。

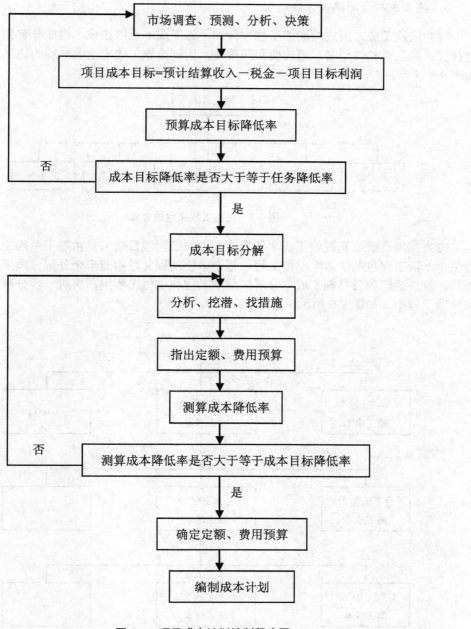

图 9-7 项目成本计划编制程序图

5. 施工成本计划编制方法

（1）按施工成本组成编制施工成本计划。施工成本可以按成本组成分解为：人工费、材料费、施工机械使用费、措施费和间接费，编制按施工成本组成分解的施工成本计划，如图9-8所示。

图9-8　按施工成本组成分解

（2）按项目组成编制施工成本计划。大中型工程项目通常是由若干单项工程构成的，而每个单项工程包括了多个单位工程，每个单位工程又是由若干个分部分项工程所构成。因此，首先要把项目总施工成本分解到单项工程和单位工程中，再进一步分解到分部工程和分项工程中，如图9-9所示。

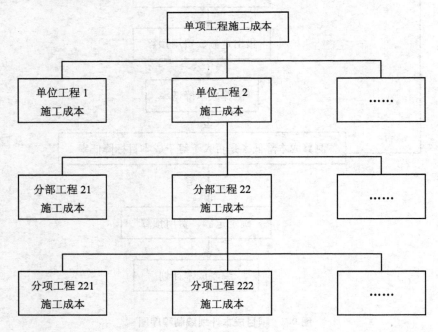

图9-9　按项目组成分解

在完成施工项目成本目标分解之后，接下来就要具体地分配成本，编制分项工程的成本支出计划，从而得到详细的成本计划表，见表 9-1。

表 9-1 分项工程成本计划表

分项工程编码	工程内容	计量单位	工程数量	计划成本	本分项总计
（1）	（2）	（3）	（4）	（5）	（6）

在编制成本支出计划时，要在项目总的方面考虑总的预备费，也要在主要的分项工程中安排适当的不可预见费，避免在具体编制成本计划时，可能发现个别单位工程或工程量表中某项内容的工程量计算有较大出入，使原来的成本预算失实，并在项目实施过程中对其尽可能地采取一些措施。

（3）按工程进度编制施工成本计划

通过对施工成本目标按时间进行分解，在网络计划基础上，可获得项目进度计划的横道图，并在此基础上编制成本计划。其表示方式有两种：一种是在时标网络图上按时间编制的成本计划，如图 9-10 所示；另一种是利用时间－成本累积曲线（S 形曲线）表示，如图 9-11 所示。

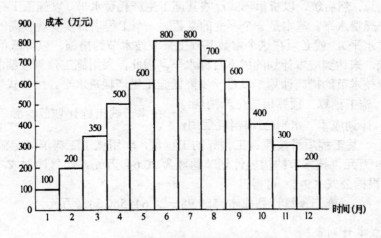

图 9-10 在时标网络图上按月编制成本计划

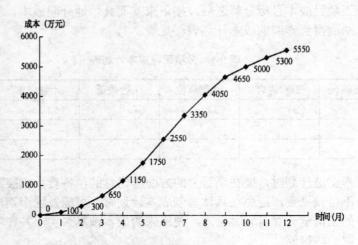

图 9-11　时间-成本累积曲线（S 形曲线）

以上三种编制施工成本计划的方式并不是相互独立的。在实践中，往往是将这几种方式结合起来使用，从而可以取得扬长避短的效果。

（4）施工预算法

施工预算法，是指以施工图中的工程实物量，套以施工工料消耗定额，计算工料消耗量，并进行工料汇总，然后统一以货币形式反映其施工生产耗费水平。以施工工料消耗定额所计算的施工生产耗费水平，基本是一个不变的常数。一个工程项目要实现较高的经济效益（即较大降低成本水平），就必须在这个常数基础上采取技术节约措施，以降低单位消耗量和降低价格等措施，来达到成本计划的成本目标水平。因此，采用施工预算法编制成本计划时，必须考虑结合技术节约措施计划，以进一步降低施工生产耗费水平。用公式表示为：

$$\text{施工预算计划成本} = \text{预算出的生产消耗水平(工料消耗费用)} - \text{技术节约措施计划节约额} \tag{9-1}$$

【例 9-1】　某工程项目按照施工预算的工程量，套用施工工料消耗定额，所计算消耗费用为 580.98 万元，技术节约措施计划节约额为 20.64 万元。计算计划成本。

【解】　根据公式（9-1）可得：
　　　　　　施工预算计划成本=580.98－20.64=560.34（万元）

6. 项目成本计划表

（1）项目成本计划任务表

项目成本计划任务表主要是反映项目预算成本、计划成本、成本降低额、成本降低率的文件，如表 9-2 所示。

表 9-2　项目成本计划任务表

工程名称：　　　　工程项目：　　　　项目经理：　　　　日期：　　　　单位：

项　目	预算成本	计划成本	计划成本降低额	计划成本降低率
1. 直接费用				
人工费				
材料费				
机械使用费				
措施费				
2. 间接费用				
施工管理费				
合计				

（2）项目间接成本计划表

项目间接成本计划表主要指施工现场管理费计划表，如表 9-3 所示。

表 9-3　施工现场管理计划表

项　目	预算收入	计划数	降低额
1. 工作人员工资			
2. 生产人员辅助工资			
3. 工资附加费			
4. 办公费			
5. 差旅交通费			
6. 固定资产使用费			
7. 工具用具使用费			
8. 劳动保护费			
9. 检验试验费			
10. 工程保养费			
11. 财产保险费			
12. 取暖、水电费			
13. 排污费			
14. 其他			
15. 合计			

（3）项目技术组织措施表

项目技术组织措施表由项目经理部有关人员分别就应采取的技术组织措施预测它的经

济效益，最后汇总编制而成。编制技术组织措施表的目的，是为了在不断采用新工艺、新技术的基础上提高施工技术水平，改善施工工艺过程，推广工业化和机械化施工方法，以及通过采纳合理化建议达到降低成本的目的，如表9-4所示。

表9-4 技术组织措施表

工程名称：　　　　　　　　　　　　　　　日期：
项目经理：　　　　　　　　　　　　　　　单位：

措施项目	措施内容	涉及对象			降低成本来源		成本降低额				
		实物名称	单价	数量	预算收入	计划开支	合计	人工费	材料费	机械费	措施费

（4）项目降低成本计划表

根据企业下达给该项目的降低成本任务和该项目经理部自己确定的降低成本指标制订出项目成本降低计划，它是编制成本计划任务表的重要依据，是由项目经理部有关业务和技术人员编制的。其根据是项目的总包和分包的分工，项目中的各有关部门提供的降低成本资料及技术组织措施计划。在编制降低成本计划表时还应参照企业内外以往同类项目成本计划的实际执行情况，如表9-5所示。

表9-5 降低成本计划表

工程名称：　　　　　　　　　　　　　　　日期：
项目经理：　　　　　　　　　　　　　　　单位：

分项工程名称	成本降低额					
	总计	直接成本				间接成本
		人工费	材料费	机械费	措施费	

9.2.3 施工成本控制

施工成本控制是指在施工过程中，对影响施工成本的各种因素加强管理，并采取各种有效措施，将施工中实际发生的各种消耗和支出严格控制在成本计划范围内，随时揭示并及时反馈，严格审查各项费用是否符合标准，计算实际成本和计划成本之间的差异并进行分析,进而采取多种措施,消除施工中的损失浪费现象。

建筑装饰工程项目施工成本控制应贯穿于项目从投标阶段开始直至竣工验收的全过程,它是装饰企业全面成本管理的重要环节。施工成本控制可分为事先控制、事中控制(过程控制)和事后控制。在项目的施工过程中,需按动态控制原理对实际施工成本的发生过程进行有效控制。

1. 项目成本控制的依据

(1)项目承包合同文件。项目成本控制要以工程承包合同为依据,围绕降低工程成本这个目标,从预算收入和实际成本两方面,努力挖掘增收节支潜力,以求获得最大的经济效益。

(2)项目成本计划。项目成本计划是根据工程项目的具体情况制订的施工成本控制方案,既包括预定的具体成本控制目标,又包括实现控制目标的措施和规划,是项目成本控制的指导文件。

(3)进度报告。进度报告提供了每一时刻工程实际完成量,工程施工成本实际支付情况等重要信息。施工成本控制工作正是通过实际情况与施工成本计划相比较,找出二者之间的差别,分析偏差产生的原因,从而采取措施改进以后的工作。此外,进度报告还有助于管理者及时发现工程实施中存在的隐患,并在事态还未造成重大损失之前采取有效措施,尽量避免损失。

(4)工程变更与索赔资料。在项目的实施过程中,由于各方面的原因,工程变更很难避免。一般包括设计变更、进度计划变更、施工条件变更、技术规范与标准变更、施工次序变更、工程数量变更等。一旦出现变更,工程量、工期、成本都必将发生变化,从而使得施工成本控制工作变得更加复杂和困难。因此,施工成本管理人员应当通过对变更要求当中各类数据的计算、分析,随时掌握变更情况,包括已发生工程量、将要发生工程量、工期是否拖延、支付情况等重要信息,判断变更以及变更可能带来的索赔额度等。

除了上述几种项目成本控制工作的主要依据以外,有关施工组织设计、分包合同文本等也都是项目成本控制的依据。

2. 项目成本控制的要求

项目成本控制应满足下列要求:

(1)要按照计划成本目标值来控制生产要素的采购价格,并认真做好材料、设备进场数量和质量的检查、验收与保管。

(2)要控制生产要素的利用效率和消耗定额,如任务单管理、限额领料、验工报告审核等。同时要做好不可预见成本风险的分析和预控,包括编制相应的应急措施等。

(3)控制影响效率和消耗量的其他因素(如工程变更等)所引起的成本增加。

(4)把项目成本管理责任制度与对项目管理者的激励机制结合起来,以增强管理人员的成本意识和控制能力。

(5) 承包人必须有一套健全的项目财务管理制度，按规定的权限和程序对项目资金的使用和费用的结算支付进行审核、审批，使其成为项目成本控制的一个重要手段。

3. 项目成本控制的原则

(1) 全面控制原则

① 项目成本的全员控制。项目成本的全员控制，并不是抽象的概念，而应该有一个系统的实质性内容，其中包括各部门、各单位的责任网络和班组经济核算等，防止成本控制人人有责又都人人不管。

② 项目成本的全过程控制。项目成本的全过程控制，是指在工程项目确定以后，自施工准备开始，经过工程施工，到竣工交付使用后的保修期结束，其中每一项经济业务，都要纳入成本控制的轨道。

(2) 动态控制原则

① 项目施工是一次性行为，其成本控制应更重视事前、事中控制。

② 在施工开始之前进行成本预测，确定成本目标，编制成本计划，制定或修订各种消耗定额和费用开支标准。

③ 施工阶段重在执行成本计划，落实降低成本措施，实行成本目标管理。

④ 成本控制随施工过程连续进行，与施工进度同步，不能时紧时松，不能拖延。

⑤ 建立灵敏的成本信息反馈系统，使成本责任部门（人员）能及时获得信息，纠正不利成本偏差。

⑥ 制止不合理开支，把可能导致损失和浪费的因素消灭在萌芽状态。

⑦ 竣工阶段成本盈亏已成定局，主要进行整个项目的成本核算、分析、考评。

(3) 目标管理原则

目标管理是贯彻执行计划的一种方法，它把计划的方针、任务、目的和措施等逐一加以分解，提出进一步的具体要求，并分别落实到执行计划的部门、单位甚至个人。

(4) 责、权、利相结合原则

要使成本控制真正发挥及时有效的作用，必须严格按照经济责任制的要求，贯彻责、权、利相结合的原则。实践证明，只有责、权、利相结合的成本控制，才是名副其实的项目成本控制。

(5) 节约原则

① 施工生产既是消耗资财人力的过程，也是创造财富增加收入的过程，其成本控制也应坚持增收与节约相结合的原则。

② 作为合同签约依据，编制工程预算时，应"以支定收"，保证预算收入；在施工过程中，要"以收定支"，控制资源消耗和费用支出。

③ 每发生一笔成本费用，都要核查是否合理。

④ 经常性的成本核算时,要进行实际成本与预算收入的对比分析。
⑤ 抓住索赔时机,搞好索赔、合理力争甲方给予经济补偿。
⑥ 严格控制成本开支范围,费用开支标准和有关财务制度,对各项成本费用的支出进行限制和监督。
⑦ 提高工程项目的科学管理水平、优化施工方案,提高生产效率、节约人、财、物的消耗。
⑧ 采取预防成本失控的技术组织措施,制止可能发生的浪费。
⑨ 施工的质量、进度、安全都对工程成本有很大的影响,因而成本控制必须与质量控制、进度控制、安全控制等工作相结合、相协调,避免返工(修)损失,降低质量成本,减少并杜绝工程延期违约罚款、安全事故损失等费用支出发生。
⑩ 坚持现场管理标准化,堵塞浪费的漏洞。

(6) 开源与节流相结合原则

降低项目成本,需要一面增加收入,一面节约支出。因此,每发生一笔金额较大的成本费用,都要查一查有无与其相对应的预算收入,是否支大于收。

4. 施工成本控制的步骤

在确定了施工成本计划之后,必须定期地进行施工成本计划值与实际值的比较,当实际值偏离计划值时,分析产生偏差的原因,采取适当的纠偏措施,以确保施工成本控制目标的实现。其步骤如下:

(1) 比较。按照某种确定的方式将施工成本计划值与实际值逐项进行比较,以发现施工成本是否已超支。

(2) 分析。在比较的基础上,对比较的结果进行分析,以确定偏差的严重性及偏差产生的原因。这一步是施工成本控制工作的核心,其主要目的在于找出产生偏差的原因,从而采取有针对性的措施,减少或避免相同原因的再次发生或减少由此造成的损失。

(3) 预测。按照完成情况估计完成项目所需的总费用。

(4) 纠偏。当工程项目的实际施工成本出现了偏差,应当根据工程的具体情况及偏差分析和预测的结果,采取适当的措施,以期达到使施工成本偏差尽可能小的目的。

(5) 检查。是指对工程的进展进行跟踪和检查,及时了解工程进展状况以及纠偏措施的执行情况和效果,为今后的工作积累经验。

5. 项目施工成本控制的程序

成本发生和形成过程的动态性,决定了成本的过程控制必然是一个动态的过程。根据成本过程控制的原则和内容,重点控制的是进行成本控制的管理行为是否符合要求,作为成本管理业绩体现的成本指标是否在预期范围之内,因此,要搞好成本的过程控制,就必须有标准化、规范化的过程控制程序。一般控制程序如图9-12所示。

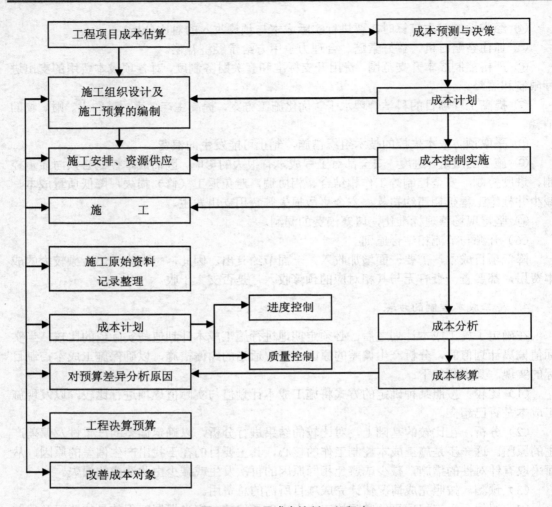

图 9-12 项目成本控制一般程序

6. 常用的项目施工成本控制方法

项目成本控制的方法很多，应该说只要在满足质量、工期、安全的前提下，能够达到成本控制目的的方法都是好方法。但是，各种方法都有一定的随机性，究竟在什么样的情况下，应该采取什么样的办法，这是由控制内容所确定的，因此，需要根据不同的情况，选择与之相适应的控制手段和控制方法。下面介绍几种常用的项目成本控制实施方法。

（1）以项目成本目标控制成本支出

在项目的成本控制中，可根据项目经理部制定的成本目标控制成本支出，实行"以收定支"，或者叫"量入为出"，这是最有效的方法之一。具体的处理方法如下：

① 人工费用的控制。在企业与业主的合同签订后，应根据工程特点和施工范围确定劳务队伍。劳务分包队伍一般应通过招投标方式确定。一般情况下，应按定额工日单价或平方米包干方式一次包死，尽量不留活口，以便管理。在施工过程中，必须严格按合同核定劳务分包费用，严格控制支出，并每月预结一次，发现超支现象应及时分析原因。同时，在施工过程中，要加强预控管理，防止合同外用工现象的发生。

② 材料费用的控制。对材料费的控制主要是通过控制消耗量和进场价格来进行的。

- 材料消耗量的控制。
    - 材料需用量计划编制的适时性、完整性、准确性控制。在工程项目施工过程中，每月应根据施工进度计划，编制材料需用量计划。

计划的适时性是指材料需用量计划的提出和进场要适时。材料需用量计划至少应包括工程施工两个月的需用量，特殊材料的需用量计划更应提前提出，给采购供应留有充裕的市场调查和组织供应的时间。

材料需用量计划不应该只是提出一个总量，各项材料均应列出分时段需用数量。常用的大宗材料的提前进场时段不应过长。材料进场储备时段过长，占用的仓储面积和占用的资金量就会增大，材料保管损耗也会增大，这无疑加大了材料成本。

计划的完整性是指材料需用量计划的材料品种必须齐全，不能丢三落四。材料的型号、规格、性能、质量要求等要明确。避免临时采购和错误采购造成损失。

计划的准确性是指材料需用量计划的计算要准确，绝不能粗估冒算。需用量计划应包括需用量和供应量。需用量是作为控制限额领料的依据，供应量是需用量加损耗，作为采购的依据。

- 材料领用控制。材料领用是通过实行限额领料制度来控制。这里有两道控制，一是工长给班组签发领料单的控制，二是材料发放对工长签发的领料单的控制。超计划领料必须检查原因，经项目经理或授权代理人认可方可发料。
- 材料计量控制。混凝土、砂浆的配制计量不准，必定造成水泥超用。利用长度的材料，如钢筋、型钢、钢管等若超标准，重量必定超用。因此，计量器具要按期检验、校正，必须受控；计量过程必须受控；计量方法必须全面准确并受控。
- 工序施工质量控制。工程施工前道工序的施工质量往往影响后道工序的材料消耗量。土石方的超挖，必定增加支护或回填的工程量；模板的正偏差和变形必定增加混凝土的用量。因此必须受控，以分清成本责任。从每个工序的施工来讲，则应时时受控，一次合格，避免返修而增加材料消耗。
- 材料进场价格的控制。材料进场价格控制的依据是工程投标时的报价和市场信息，材料的采购价加运杂费构成的材料进场价应尽量控制在工程投标时的报价以内。由于市场价格是动态的，企业的材料管理部门，应利用现代化信息手段，广泛收集材料价格信息，定期发布当期材料最高限价和材料价格趋势，控制项目材料采购和提供采购参考信息。项目部也应逐步提高信息采集能力，优化采购。

③ 施工机械使用费的控制。凡是在确定成本目标时单独列出租赁的机械，在控制时也应按使用数量、使用时间、使用单价逐项进行控制。小型机械及电动工具购置及修理费采取由劳务队包干使用的方法进行控制，包干费应低于成本目标的要求。

④ 构件加工费和分包工程费的控制。根据部分工程的历史资料综合测算，构件加工费和分包工程费的合同金额的总和约占全部工程造价的 55%～70%。由此可见，将构件加工和分包工程的合同金额控制在施工图预算以内，是十分重要的。如果能做到这一点，实现预期的成本目标，就有了相当大的把握。

（2）以施工方案控制资源消耗

资源消耗数量的货币表现大部分是成本费用。因此，资源消耗的减少，就等于成本费用的节约；控制了资源消耗，也等于是控制了成本费用。以施工预算控制资源消耗的实施步骤和方法如下。

① 在工程项目开工以前，根据施工图纸和工程现场的实际情况，制订施工方案，包括人力物资需用量计划，机具配置方案等，以此作为指导和管理施工的依据，在施工过程中，如需改变施工方法，则应及时调整施工方案。

② 组织实施。施工方案是进行工程施工的指导性文件，但是，针对某一个项目而言，施工方案一经确定，则应是强制性的。有步骤、有条理地按施工方案组织施工，可以避免盲目性，可以合理配置人力和机械，可以有计划地组织物资进场，从而可以做到均衡施工，避免资源闲置或积压造成浪费。

③ 采用价值工程，优化施工方案。对同一工程项目的施工，可以有不同的方案，选择最合理的方案是降低工程成本的有效途径。采用价值工程，可以解决施工方案优化的难题。价值工程，又称价值分析，是一门技术与经济相结合的现代化管理科学，应用价值工程，既要研究技术，又要研究经济，既研究在提高功能的同时不增加成本，或在降低成本的同时不影响功能，把提高功能和降低成本统一在最佳方案中。表现在施工方面，主要是寻找实现设计要求的最佳方案，如分析施工方法、流水作业、机械设备等有无不切实际的过高要求。最优化的方案，也是对资源利用最合理的方案，采用这样的方案，必然会降低损耗，降低成本。

（3）工期与成本同步对应

长期以来，国内的施工企业编制施工进度计划是为安排施工进度和组织流水作业服务，很少与成本控制结合。实质上，成本控制与施工计划管理，成本与进度之间有着必然的同步关系。因为成本是伴随着施工的进行而发生的，施工到什么阶段应该有什么样的费用，如果成本与进度不对应，则必然会出现虚盈或虚亏的不正常现象。

① 按照适时的更新进度计划进行成本控制。项目成本的开支与计划不相符，往往是由两个因素引起的：一是在某道工序上的成本开支超出计划；二是某道工序的施工进度与计划不符。因此，要想找出成本变化的真正原因，实施良好有效的成本控制措施，必须与进

度计划的适时更新相结合。

② 利用偏差分析法进行成本控制。具体方法有表格法、横道图法和曲线法。具体方法可参阅相关教材。

(4) 加强质量成本控制

项目质量成本是指工程项目为保证和提高产品质量而支出的一切费用，以及未达质量指标而发生的一切损失费用之和。

质量成本包括两个方面：控制成本和故障成本。控制成本包括预防成本和鉴定成本，属于质量成本保证费用，与质量水平成正比关系，即工程质量越高，鉴定成本和预防成本就越大；故障成本包括内部故障成本和外部故障成本，属于损失性费用，与质量水平成反比关系，即工程质量越高，故障成本越低。

(5) 用成本分析表法控制成本

成本分析表是成本控制的有效手段之一，包括月度成本分析表和最终成本控制报告表。月度成本分析表又分直接成本分析表和间接成本分析表。月度直接成本分析表主要反映分部分项工程实际完成的实物量与成本相对应的情况，以及与预算成本和计划成本相对比的实际偏差和目标偏差，为分析偏差产生的原因和针对偏差采取相应措施提供依据。月度间接成本分析表主要反映间接成本的发生情况，以及与预算成本和计划成本相对比的实际偏差和目标偏差，为分析偏差产生的原因和针对偏差采取相应的措施提供依据。此外，还要通过间接成本占产值的比例来分析其支用水平。最终成本控制报告表主要是通过已完实物进度、已完产值和已完累计成本，联系尚需完成的实物进度，尚可上报的产品和还将发生的成本，进行最终成本预测，以检验实现成本目标的可能性，并可为项目成本控制提出新的要求。这种预测，工期短的项目应该每季度进行一次，工期长的项目可每半年进行一次。

9.2.4 施工成本核算

1. 项目施工成本核算的概念

项目施工的成本核算是以工程项目为对象，对施工生产过程中各项耗费进行的一系列科学管理活动。它对加强项目全过程管理、理顺项目各层经济关系、实施项目全过程经济核算、落实项目责任制、增进项目及企业的经济活力和社会效益、深化项目法施工有着重要作用。项目法施工的成本核算体系，基本指导思想是以提高经济效益为目标，按项目法施工内在要求，通过全面全员的项目成本核算，优化项目经营管理和施工作业管理，建立适应市场经济的企业内部运行机制。

2. 项目成本核算的重要性

项目施工成本核算是施工企业成本管理的一个极其重要的环节。认真做好成本核算工作，对于加强成本管理，促进增产节约，发展企业生产都有着重要的作用，具体可表现在以下几个方面：

（1）通过项目成本核算，将各项生产费用按照它的用途和一定程序，直接计入或分配计入各项工程，正确算出各项工程的实际成本，将它与预算成本进行比较，可以检查预算成本的执行情况。

（2）通过项目成本核算，可以及时反映施工过程中人力、物力、财力的耗费，检查人工费、材料费、机械使用费、措施费用的耗用情况和间接费用定额的执行情况，挖掘降低工程成本的潜力，节约活劳动和物化劳动。

（3）通过项目成本核算，可以计算施工企业各个施工单位的经济效益和各项承包工程合同的盈亏，分清各个单位的成本责任，在企业内部实行经济责任制，以便于学先进、找差距。

（4）通过项目成本核算，可以为各种不同类型的工程积累经济技术资料，为修订预算定额、施工定额提供依据。

3. 项目施工成本核算的要求

项目成本核算的基本要求如下：

（1）项目经理部应根据财务制度和会计制度的有关规定，建立项目成本核算制，明确项目成本核算的原则、范围、程序、方法、内容、责任及要求，并设置核算台账，记录原始数据。

（2）项目经理部应按照规定的时间间隔进行项目成本核算。

（3）项目成本核算应坚持形象进度、产值统计、成本归集三同步的原则。

（4）项目经理部应编制定期成本报告。

4. 项目成本核算的原则

项目施工成本核算应遵循以下原则。

（1）确认原则。在项目施工成本管理中对各项经济业务中发生的成本，都必须按一定的标准和范围加以认定和记录。正确的成本确认往往与一定的成本核算对象、范围和时期相联系，并必须按一定的确认标准来进行。

（2）分期核算原则。施工生产是连续不断的，项目为了取得一定时期的项目成本，就必须将施工生产活动划分若干时期，并分期计算各期项目成本。成本核算的分期应与会计核算的分期相一致，这样便于财务成果的确定。

（3）实际成本核算原则。要采用实际成本计价。采用定额成本或者计划成本方法的，应当合理计算成本差异，月终编制会计报表时，调整为实际成本。即必须根据计算期内实际产量（已完工程量）以及实际消耗和实际价格计算实际成本。

（4）权责发生制原则。凡是当期已经实现的收入和已经发生或应当负担的费用，不论款项是否收付，都应作为当期的收入或费用处理；凡是不属于当期的收入和费用，即使款项已经在当期收付,都不应作为当期的收入和费用。

(5)相关性原则。在具体成本核算方法、程度和标准的选择上,在成本核算对象和范围的确定上应与施工生产经营特点和成本管理要求特性结合,并与项目一定时期的成本管理水平相适应。

(6)一贯性原则。项目成本核算所采用的方法一经确定,不得随意变动。只有这样,才能使企业各期成本核算资料口径统一,前后连贯,相互可比。

(7)划分收益性支出与资本性支出原则。划分收益性支出与资本性支出是指成本、会计核算应当严格区分收益性支出与资本性支出界限,以正确地计算当期损益。所谓收益性支出是指该项目支出发生是为了取得本期收益,即仅仅与本期收益的取得有关,如支付工资、水电费支出等。所谓资本性支出是指不仅为取得本期收益而发生的支出,同时该项支出的发生有助于以后会计期间的支出,如构建固定资产支出。

(8)及时性原则。及时性原则是指项目成本的核算、结转和成本信息的提供应当在所要求的时期内完成。

(9)明晰性原则。明晰性原则是指项目成本记录必须直观、清晰、简明、可控、便于理解和利用,使项目经理和项目管理人员了解成本信息的内涵,弄懂成本信息的内容,便于信息利用,有效地控制本项目的成本费用。

(10)配比原则。配比原则是指营业收入与其对应的成本、费用应当相互配合。

(11)重要性原则。重要性原则是指对于成本有重大影响的业务内容,应作为核算的重点,力求精确,而对于那些不太重要的琐碎的经济业务内容,可以相对从简处理,不要事无巨细,均作详细核算。

(12)谨慎原则。谨慎原则是指在市场经济条件下,在成本、会计核算中应当对项目可能发生的损失和费用,作出合理预计,以增强抵御风险的能力。

5. 项目成本核算的对象

项目施工成本核算一般以每一独立编制施工图预算的单位工程为对象,但也可以按照承包工程项目的规模、工期、结构类型、施工组织和施工现场等情况,结合成本控制的要求,灵活划分成本核算对象。一般说来有以下几种划分核算对象的方法:

(1)一个单位工程由几个施工单位共同施工时,各施工单位都应以同一单位工程为成本核算对象,各自核算自行完成的部分。

(2)规范大、工期长的单位工程,可以将工程划分为若干部位,以分部位的工程作为成本核算对象。

(3)同一建设项目,由同一施工单位施工,并在同一施工地点,属于同一建设项目的各个单位工程合并作为一个成本核算对象。

(4)改建、扩建的零星工程,可根据实际情况和管理需要,以一个单项工程为成本核算对象,或将同一施工地点的若干个工程量较少的单项工程合并作为一个成本核算对象。

6. 项目成本核算的任务

(1) 执行国家有关成本开支范围，费用开支标准，工程预算定额和企业施工预算，成本计划的有关规定。控制费用，促使项目合理、节约地使用人力、物力和财力。这是项目成本核算的先决前提和首要任务。

(2) 正确及时地核算施工过程中发生的各项费用，计算工程项目的实际成本。这是项目成本核算的主体和中心任务。

(3) 反映和监督项目成本计划的完成情况，为项目成本预测，为参与项目施工生产、技术和经营决策提供可靠的成本报告和有关资料，促进项目改善经营管理，降低成本，提高经济效益。这是项目成本核算的根本目的。

7. 项目施工成本核算的主要内容

(1) 人工费核算
(2) 材料费核算
(3) 周转材料费核算
(4) 结构件费核算
(5) 机械使用费核算
(6) 其他直接费核算
(7) 施工间接费核算
(8) 分包工程成本核算

（具体的核算要求可参阅相关书籍，此处不再赘述）

9.2.5 施工成本分析

施工成本分析是在施工成本核算的基础上，对成本的形成过程和影响成本升降的因素进行分析，以寻求进一步降低成本的途径，包括有利偏差的挖掘和不利偏差的纠正。施工成本分析贯穿于施工成本管理的全过程，是在成本的形成过程中，主要利用施工项目的成本核算资料（成本信息），与目标成本、预算成本以及类似的施工项目的实际成本等进行比较，了解成本的变动情况，同时也要分析主要技术经济指标对成本的影响，系统地研究成本变动的因素，检查成本计划的合理性，并通过成本分析，深入揭示成本变动的规律，寻找降低施工项目成本的途径，以便有效地进行成本控制。

成本偏差的控制，分析是关键，纠偏是核心，要针对分析得出的偏差发生原因，采取切实措施，加以纠正。

成本偏差分为局部成本偏差和累计成本偏差。局部成本偏差包括项目的月度（或周、天等）核算成本偏差、专业核算成本偏差以及分部分项作业成本偏差等；累计成本偏差是指已完工程在某一时间点上实际总成本与相应的计划总成本的差异。分析成本偏差的原因，应采取定性和定量相结合的方法。

1. 项目成本分析的原则

（1）实事求是的原则。在成本分析中，必然会涉及一些人和事，因此要注意人为因素的干扰。成本分析一定要有充分的事实依据，对事物进行实事求是的评价。

（2）用数据说话的原则。成本分析要充分利用统计核算和有关台账的数据进行定量分析，尽量避免抽象的定性分析。

（3）注重时效的原则。项目成本分析贯穿于项目成本管理的全过程。这就要求要及时进行成本分析，及时发现问题，及时予以纠正，否则，就有可能贻误解决问题的最好时机，造成成本失控、效益流失。

（4）为生产经营服务的原则。成本分析不仅要揭露矛盾，而且要分析产生矛盾的原因，提出积极有效的解决矛盾的合理化建议。

2. 项目成本分析的主要内容

项目成本分析的内容就是对项目成本变动因素的分析。影响项目成本变动的因素有两个方面：一是外部的属于市场经济的因素；二是内部的属于企业经营管理的因素。这两方面的因素在一定条件下，又是相互制约和相互促进的。影响项目成本变动的市场经济因素主要包括施工企业的规模和技术装备水平，施工企业专业化和协作的水平以及企业员工的技术水平和操作的熟练程度等几个方面，这些因素不是在短期内所能改变的。因此，应将项目成本分析的重点放在影响项目成本升降的内部因素上。一般来说，项目成本分析的内容主要包括以下几个方面。

（1）人工费用水平的合理性。

（2）材料、能源利用效果。

（3）机械设备的利用效果。

（4）施工质量水平的高低。

（5）其他影响项目成本变动的因素。其他影响项目成本变动的因素，包括除上述四项以外的措施费用以及为施工准备、组织施工和管理所需要的费用。

3. 施工成本分析的依据

施工成本分析，就是根据会计核算、业务核算和统计核算提供的资料，对施工成本的形成过程和影响成本升降的因素进行分析，以寻求进一步降低成本的途径。通过成本分析，可从账簿、报表反映的成本现象看清成本的实质，从而增强项目成本的透明度和可控性，为加强成本控制，实现项目成本目标创造条件。

（1）会计核算。会计核算主要是价值核算。会计是对一定单位的经济业务进行计量、记录、分析和检查，做出预测，参与决策，实行监督，旨在实现最优经济效益的一种管理活动。它通过设置账户、复式记账、填制和审核凭证、登记账簿、成本计算、财产清查和编制会计报表等一系列有组织有系统的方法，来记录企业的一切生产经营活动，然后据以提出一些用货币来反映的有关各种综合性经济指标的数据。资产、负债、所有者权益、收入、费用和利润等会计六要素指标，主要是通过会计来核算。由于会计记录具有连续性、系统性、综合性等特点，所以是施工成本分析的重要依据。

（2）业务核算。业务核算是各业务部门根据业务工作的需要而建立的核算制度，它包括原始记录和计算登记表，如单位工程及分部分项工程进度登记，质量登记，工效、定额计算登记，物资消耗定额记录，测试记录等。业务核算的范围比会计、统计核算要广，会计和统计核算一般是对已经发生的经济活动进行核算，而业务核算，不但可以对已经发生的，而且还可以对尚未发生或正在发生的经济活动进行核算，看是否可以做，是否有经济效果。它的特点是，对个别的经济业务进行单项核算。例如各种技术措施、新工艺等项目，可以核算已经完成的项目是否达到原定的目的，取得预期的效果，也可以对准备采取措施的项目进行核算和审查，看是否有效果，值不值得采纳，随时都可以进行。业务核算的目的，在于迅速取得资料，在经济活动中及时采取措施进行调整。

（3）统计核算。统计核算是利用会计核算资料和业务核算资料，把企业生产经营活动客观现状的大量数据，按统计方法加以系统整理，表明其规律性。它的计量尺度比会计核算宽，可以用货币计算，也可以用实物或劳动量计量。它通过全面调查和抽样调查等特有的方法，不仅能提供绝对数指标，还能提供相对数和平均数指标，可以计算当前的实际水平，确定变动速度，可以预测发展的趋势。

4. 施工成本分析的基本方法

施工成本分析的基本方法包括比较法、因素分析法、差额计算法、比率法等。

（1）比较法

比较法，又称"指标对比分析法"，就是通过技术经济指标的对比，检查目标的完成情况，分析产生差异的原因，进而挖掘内部潜力的方法。这种方法，具有通俗易懂、简单易行、便于掌握的特点，因而得到了广泛的应用，但在应用时必须注意各技术经济指标的可比性。比较法的应用，通常有下列形式。

① 将实际指标与目标指标对比

以此检查目标完成情况，分析影响目标完成的积极因素和消极因素，以便及时采取措施，保证成本目标的实现。在进行实际指标与目标指标对比时，还应注意目标本身有无问题。如果目标本身出现问题，则应调整目标，重新正确评价实际工作的成绩。

② 本期实际指标与上期实际指标对比

通过本期实际指标与上期实际指标对比，可以看出各项技术经济指标的变动情况，反映施工管理水平的提高程度。

（2）因素分析法

因素分析法又称连环置换法。这种方法可用来分析各种因素对成本的影响程度。在进行分析时,首先要假定众多因素中的一个因素发生了变化,而其他因素则不变,然后逐个替换,分别比较其计算结果,以确定各个因素的变化对成本的影响程度。因素分析法的计算步骤如下。

① 确定分析对象,并计算出实际与目标数的差异。

② 确定该指标是由哪几个因素组成的,并按其相互关系进行排序(排序规则是:先实物量,后价值量;先绝对值,后相对值)。

③ 以目标数为基础,将各因素的目标数相乘,作为分析替代的基数。

④ 将各个因素的实际数据按照上面的排列顺序进行替换计算,并将替换后的实际数据保留下来。

⑤ 将每次替换计算所得的结果,与前一次的计算结果相比较,两者的差异即为该因素对成本的影响程度。

⑥ 各个因素的影响程度之和,应与分析对象的总差异相等。

【例 9-2】 商品混凝土目标成本为 443 040 元,实际成本为 473 697 元,比目标成本增加 30 657 元(资料见表 9-6),请对其进行施工成本分析。

表 9-6 商品混凝土目标成本与实际成本对比表

项目	单位	目标	实际	差额
产量	m^3	600	630	+30
单价	元	710	730	+20
损耗率	%	4	3	−1
成本	元	443 040	473 697	+30 657

【分析过程】

分析成本增加的原因:

① 分析对象是商品混凝土的成本,实际成本与目标成本的差额为 30 657 元,该指标是由产量、单价、损耗率三个因素组成的,其排序见表 9-6。

② 以目标数 443 040 元(产量 600、单价 710、损耗率 1.04)为分析替代的基础
第一次替代产量因素,以 630 替代 600
$$630 \times 710 \times 1.04 = 465\ 192\ (元);$$
第二次替代单价因素,以 730 替代 710,并保留上次替代后的值
$$630 \times 730 \times 1.04 = 478\ 296\ (元);$$
第三次替代损耗率因素,以 1.03 替代 1.04,并保留上两次替代后的值,$630 \times 730 \times 1.03 = 473\ 697\ (元)$。

③ 计算差额:
第一次替代与目标数的差额 = 465 192 − 443 040 = 22 152(元);
第二次替代与第一次替代的差额 = 478 296 − 65 192 = 13 104(元);

第三次替代与第二次替代的差额＝473 697－478 296＝－4 599（元）。

④ 产量增加使成本增加了 22 152 元，单价提高使成本增加了 13 104 元，而损耗率下降使成本减少了 4 599 元。

⑤ 各因素的影响程度之和＝22 152＋13 104－4 599＝30 657 元，与实际成本与目标成本的总差额相等。

为了使用方便，企业也可以通过运用因素分析表来求出各因素变动对实际成本的影响程度，其具体形式见表 9-7。

表 9-7　商品混凝土成本变动因素分析表

顺序	连环替代计算	差异（元）	因素分析
目标数	600×710×1.04		
第一次替代	630×710×1.04	22 152	由于产量增加 30 m³，成本增加 22 152 元
第二次替代	630×730×1.04	13 104	由于单价提高 20 元，成本增加 13 104 元
第三次替代	630×730×1.03	－4 599	由于损耗率下降 1%，成本减少 4 599
合　计	22152＋13104－4599＝30 657	30 657	

（3）差额计算法

差额计算法是因素分析法的一种简化形式，它利用各个因素的目标值与实际值的差额来计算其对成本的影响程度。

【例 9-3】　某工程项目某月的实际成本降低额比目标数提高了 2.0 万元，根据表 9-8 中资料，应用"差额计算法"分析预算成本和成本降低率对成本降低额的影响程度。

表 9-8　降低成本目标与实际对比表

项　目	单　位	目　标	实　际	差　异
预算成本	万元	310	320	＋10
成本降低率	%	4	4.5	＋0.5
成本降低额	万元	12.4	14.4	＋2.00

① 预算成本增加对成本降低额的影响程度：

$$(320-310)\times 4\%=0.4（万元）$$

② 成本降低率提高对成本降低额的影响程度：

$$(4.5\%-4\%)\times 320=1.60（万元）$$

以上两项合计：0.40＋1.6＝2.0（万元）

（4）比率法

比率法是指用两个以上的指标的比例进行分析的方法。它的基本特点是：先把对比分析的数值变成相对数，再观察其相互之间的关系。常用的比率法有以下几种。

① 相关比率法。由于项目经济活动的各个方面是相互联系，相互依存，又相互影响的，因而可以将两个性质不同而又相关的指标加以对比，求出比率，并以此来考察经营成果的好坏。例如：产值和工资是两个不同的概念，但他们的关系又是投入与产出的关系。在一般情况下，都希望以最少的工资支出完成最大的产值。因此，用产值工资率指标来考核人工费的支出水平，就很能说明问题。

② 构成比率法。又称比重分析法或结构对比分析法。通过构成比率，可以考察成本总量的构成情况及各成本项目占成本总量的比重，同时也可看出量、本、利的比例关系（即预算成本、实际成本和降低成本的比例关系），从而为寻求降低成本的途径指明方向。

③ 动态比率法。动态比率法，就是将同类指标不同时期的数值进行对比，求出比率，以分析该项指标的发展方向和发展速度。

9.2.6 施工成本考核

成本考核制度包括考核的目的、时间、范围、对象、方式、依据、指标、组织领导、评价与奖惩原则等内容。

以施工成本降低额和施工成本降低率作为成本考核的主要指标，要加强组织管理层对项目管理部的指导，并充分依靠技术人员、管理人员和作业人员的经验和智慧，防止项目管理在企业内部异化为靠少数人承担风险的以包代管模式。成本考核也可分别考核组织管理层和项目经理部。

项目管理组织对项目经理部进行考核与奖惩时，既要防止虚盈实亏现象，也要避免实际成本归集差错等的影响，使施工成本考核真正做到公平、公正、公开，在此基础上兑现施工成本管理责任制的奖惩或激励措施。

施工成本管理的每一个环节都是相互联系和相互作用的。成本预测是成本决策的前提，成本计划是成本决策所确定目标的具体化。成本计划控制则是对成本计划的实施进行控制和监督，保证决策的成本目标的实现，而成本核算又是对成本计划是否实现的最后检验，它所提供的成本信息又对下一个施工项目成本预测和决策提供基础资料。成本考核是实现成本目标责任制的保证和实现决策目标的重要手段。

9.3 降低装饰工程施工项目成本的途径

9.3.1 降低项目成本的目的

（1）降低成本是企业发展的需要。施工企业的发展必须要更新设备。企业有了先进设备和职工的生产积极性，才能建设出质量好、工期快，且安全的项目，使项目早发挥投资效益。

（2）降低成本是企业在市场竞争的需要。现在建筑市场是僧多粥少，市场竞争空前激烈，企业要想在众多的竞争对手面前取得胜利，往往是投标报价偏低才能中标。低价中标要求项目施工过程中必须要降低成本，才能不亏损。

（3）降低成本是提高企业全体职工物质待遇的需要。社会主义国家的总方针之一就是要不断提高人们的物质生活待遇，这是基本国策。社会主义国家的国有企业、集体企业或个体企业也要执行这一基本国策。企业提高了职工物质生活，才能调动和发挥职工的施工生产积极性。在施工生产过程中，人是活跃的生产要素，也是最重要的，所以，调动人的生产积极性可以降低成本，提高项目的经济效益，有了效益也就可以提高职工的物质生活。

（4）降低成本必须以最少的投入获取最大的产出。在市场经济条件下，对资源采购、管理和使用，必须符合市场经济规律。组织施工必须按着施工规律、技术规律、经济规律，一句话就是我们必须按着客观规律组织施工活动，优化资源配置，才能降低成本，以最少的投入获取最大的产出，取得较好的经济效益。

9.3.2 降低施工成本的途径

（1）认真会审图纸，积极提出修改意见。

在建筑装饰项目施工过程中，装饰施工单位必须按图施工。但是，图纸是设计单位按照业主要求设计的，其中起决定作用的是设计人员的主观意图，很少考虑为装饰施工企业提供方便，有时还可能给施工单位出些难题。因此，装饰施工企业应在满足业主要求和保证工程质量的前提下，在取得业主和设计单位同意后，提出修改图纸的意见，同时办理增减账。装饰施工企业在会审图纸的时候，对于装饰工程比较复杂，施工难度大的项目，要认真对待，并且从方便施工，有利于加快装饰施工进度和保证工程质量，又能降低资源消耗，增加工程收入等方面综合考虑，提出有科学依据的合理的施工方案，争取业主和设计单位的认同。

（2）加强合同预算管理，增创装饰工程预算收入。具体包括以下几方面：

① 深入研究招标文件和合同内容，正确编制施工图预算。在编制装饰施工图预算时要充分考虑可能发生的成本费用，包括合同内属于包括性质的各项定额外补贴，并将其全部列入施工图预算，然后通过工程款结算向业主取得补偿。也就是凡是政策允许的，要做到该收的费用点滴不漏，以保证项目的预算收入。我们称这种方法为"以支代收"。但有一个政策界限，不能将项目管理不善造成的损失列入施工图预算，更不允许违反政策向业主（甲方）高估冒算或乱收费。

② 把合同规定的"开口"项目，作为增加预算收入的重要方面。一般来说，按照设计图纸和装饰预算定额编制的施工图预算，必须受预算定额的制约，很少有灵活伸缩余地，而"开口"项目的取费则有比较大的潜力，是装饰施工项目创收的关键。例如，合同规定、

装饰预算定额缺项的项目,可由乙方参照相近定额,经监理工程师复核后甲方(业主)认可,这种情况,在编制装饰施工图预算时是常见的,需要预算人员参照相近定额进行换算。在定额换算过程中,预算员就可以根据设计要求,充分发挥自己的业务技能,提出合理的换算依据,以此来摆脱原有的定额偏低的约束。

③ 根据工程变更资料,及时办理增减账。由于设计、施工和业主使用要求等各种原因,致使建筑装饰工程发生变更,随着工程的变更,必然会带来工程内容的增减和施工工序的改变,从而也必然会影响成本费用发生变化。因此,装饰项目承包方应就工程变更对既定施工方法、机具设备使用、材料供应、劳动力调配和工期目标等影响程度,以及为实施变更内容所需要的各种资源进行合理评估,及时办理增减账手续,并通过工程款结算从业主处取得补偿。

(3) 制订先进的、经济合理的施工方案。建筑装饰工程施工方案包括四项内容:施工方法的确定、施工机具的选择、施工顺序的安排和流水施工组织。施工方案的不同,工期、所需机具就会不同,发生的费用也不同。因此,正确选择施工方案是降低成本的关键所在,必须强调,建筑装饰施工项目的施工方案,应该同时具有先进性和可行性。如果只先进而不可行,不能在施工中发挥有效的指导作用,那就不是最佳施工方案。

(4) 降低材料成本。材料成本在整个建筑装饰施工项目成本中的比重最大,一般可达70%左右,而且具有较大的节约潜力,往往在人工费和机具费等成本项目出现亏损时,要靠材料成本的节约来弥补。因此,材料成本的节约是降低项目成本的关键。节约材料费用的途径十分广阔,归纳起来包括以下几方面:

① 节约采购成本。
② 认真计量验收。
③ 严格执行材料消耗定额。
④ 正确核算材料消耗水平。
⑤ 改进装饰施工技术。
⑥ 减少资金占用。
⑦ 加强施工现场材料管理。

(5) 用好用活激励机制,调动职工增产节约的积极性。用好用活激励机制,应从建筑装饰项目施工的实际情况出发,有一定的随机性。下面举两例,作为建筑装饰施工项目管理时参考:

① 对建筑装饰施工项目中关键工序,施工的关键施工班组要实行重奖。如一个装饰工程项目施工结束后,应对在进度和质量起主要保证作用的班组实行重奖,而且说到做到,立即兑现,这对激励职工的生产积极性,促进建筑装饰施工项目高速、优质、低耗有明显的效果。

② 对装饰材料操作损耗特别大的工序,可由生产班组直接承包。例如:玻璃易碎,马赛克容易脱胶等,在采购、保管和施工过程中,往往会超过定额规定的损耗系数,甚至超

过许多。如果将采购的玻璃、马赛克直接交生产班组进行验收、保管和使用，并按规定的损耗率由生产班组承包，并发给奖金。这样，节约效果相当显著。

9.4 复习思考题

1. 简述装饰施工成本管理的原则和内容。
2. 简述装饰施工成本管理的程序和流程。
3. 简述影响施工项目成本管理的因素。
4. 简述成本管理的主要工作。
5. 如何编制成本计划？
6. 什么是项目成本分析？分析的方法有哪些？

第 10 章 建筑装饰工程施工现场安全管理

由于建筑产业属于劳动密集型产业，具有手工作业多，人员数量大，高处、地下作业多，大型机械多，易燃物多，加上现场环境复杂，劳动条件差等特点，因此在施工过程中出现不安全事故的频率比较高，安全隐患也比较大。为保证在生产经营过程中人身及财产安全，就要从技术上、组织上采取一系列措施，加强施工项目的安全管理，保证项目安全管理目标的实现。

10.1 概 述

建筑装饰施工项目安全管理，就是施工项目在施工过程中，组织安全生产的全部管理活动。通过对生产要素具体状态的控制，使生产因素不安全的行为和状态尽量减少或消除，杜绝伤亡事故，保证项目安全生产。

10.1.1 安全管理的基本原则

施工现场的安全管理，主要是组织实施企业安全管理的规划、指导、检查和决策施工过程中的安全工作；同时，还要保证工程施工处于最佳安全状态。

施工现场安全管理大致体现为安全组织管理、场地与设施管理、行为控制和安全技术管理四个方面，分别对生产中的人、物、环境的行为与状态，进行具体的管理与控制。

为了使施工项目中的各种因素控制好，在实施安全管理过程中，必须遵循以下几条原则：

（1）安全管理法制化。安全管理要法制化，就是要依靠国家以及有关部委制定的安全生产法律文件，对施工项目进行管理。加强法制是安全管理的重要环节，也是安全管理的关键。对违反安全生产法律的单位和个人要视责任大小、情节轻重，给予政纪、党纪处分，直至追究刑事责任，坚决依法处理。平时要加强对建筑施工管理人员和广大职工的安全法律教育，增强法制观念，使大家做到知法守法，安全生产。

（2）安全管理制度化。要对施工项目过程中的各种因素进行控制，以预防和减少各种安全事故，这样就必须建立和健全各种安全管理规章制度和规定，实行安全管理责任制。

（3）实行科学化管理。安全管理的方法和手段要科学化，要加强对管理科学的研究，将最新的管理科学应用到建筑企业施工安全管理上，使生产技术和安全管理技术协调发展，用动态的观点来看待建筑施工安全管理，这样才能达到预防、消灭事故，防止或消除事故伤害，保护劳动者的安全与健康的目的，在安全管理中求发展。

（4）贯彻"预防为主"的方针。"安全第一，预防为主"的方针，是搞好安全工作的准则，是搞好安全生产的关键。只有做好预防工作，才能处于主动。

（5）坚持全员参与安全管理。安全管理、人人有责，安全管理不是少数人和安全机构的事，而是一切与生产有关人员共同的事。直接参加生产的广大职工，最熟悉生产过程，最了解现场情况，最能提出切实可行的安全措施。我们不否定安全管理第一责任人和安全机构的作用，但缺乏全员的参与，安全管理不会成功、不会出现好的管理效果。

10.1.2 安全生产必须处理好的 5 种关系

为了有效地将生产因素控制好，在实施安全管理的过程中，必须正确处理好以下 5 种关系。

（1）安全与危险并存。安全与危险在同一事物的相对运动中是相互对立和依存。因为有危险，所以才进行安全生产过程控制。但是安全与危险并非等量存在，而是随着事物的运动变化而不断地变化，并且事物的状态向着斗争胜利的一方倾斜。危险因素是客观存在于事物的运动之中的，经过认真的分析是可知的，并且通过采取多种有效预防措施，危险因素是完全可以控制的。

（2）安全与生产的同一。生产是人类存在和发展的基础。如果在生存中人、物和环境都处于危险中，则生产将无法进行。因此，安全是生产的客观要求。只有有了可靠的安全保障，事业才能持续、稳定、健康地发展。若生产活动中事故层出不穷，生产必将陷于混乱、瘫痪状态。

（3）安全与质量同步。安全与质量工作是相互包含，互为因果的。通常讲的"质量第一"、"安全第一"就明确地表示了两者之间的关系。"安全第一"是从保卫生产因素的角度提出的，"质量第一"是从产品质量的角度而强调的。安全为质量服务，质量也需要安全的保证，如果在生产中，忽略任何一方，都将处于失控状态。

（4）安全与速度互促。加快工程的施工速度，可以提高企业的经济效益，及早发挥建筑物的作用。但是速度应以安全为保障。没有安全可靠的施工环境，不可能提高生产效率。"安全就是速度"、"安全与速度成正比例管理"，这是工程实践得出的经验。但是，一味地强调速度，而不顾安全的做法是极其有害的。无数工程事实证明，盲目地追求速度，不考虑安全性和科学性，很容易酿成不幸，不仅不能加快速度，反而会延误时间，造成更大的损失。因此，当速度与安全发生矛盾时，应暂时减缓施工速度，确保安全才是正确的做法。

（5）安全与效益同在。安全技术措施的实施，必然会改善劳动条件，调动广大职工的积极性，提高生产效率，带来良好的经济效益，使得安全技术的投入得到回报。但是在施工安全管理中,对技术措施的投入要适当、适度,精打细算,统筹安排.既要考虑到经济合理,又要力所能及。为了追求经济效益而忽视安全生产,或是盲目追求安全生产的高标准,都是不可取的。

10.1.3 安全生产管理制度

安全生产管理制度,是统一组织职工进行生产活动的准则,是保证正常生产的有力工具。因此,为保证安全生产,必须建立和健全切实可行的安全生产规章制度。

(1) 安全生产责任制度。安全生产责任制是组织各项安全生产规章制度的核心,是组织行政岗位制度和经济责任制度的重要组成部分,是最基本的安全生产管理制度。建立和认真贯彻安全生产责任制,做到分级负责,分片负责,事事有人负责,时时有人负责,把安全生产方针贯彻到日常生产的各个环节中去,把安全和生产真正地统一起来。组织安全生产责任制的核心是实现安全生产的"五同时",即在策划、布置、检查、总结、评比生产的同时,也对安全工作进行策划、布置、检查、总结、评比。

(2) 安全生产教育制度。劳动法规定:用人单位要对劳动者进行劳动安全卫生教育。各级组织应经常利用各种有效形式,广泛开展安全宣传活动,组织职工学习有关安全生产政策、法律、法规等基本知识,教育职工树立安全和生产统一的思想,自觉遵守安全生产规章制度。安全教育的形式有:管理人员的职业安全卫生教育、特种作业人员的职业安全卫生教育、职工的职业安全卫生教育和经常性职业安全卫生教育。

(3) 编制安全技术措施的制度。安全技术措施是施工设计的重要组成部分,是指导安全生产的技术文件,也是进行安全交底的重要依据。因此,没有编制安全技术措施的工程,一律不准施工。

(4) 安全交底制度。安全交底,是具体贯彻安全技术措施的主要方法,是一项经常性的工作,也是最实际最深刻的安全教育。各级领导在布置生产任务时,对施工安全要提出明确要求,施工技术和安全技术同时交底,并组织工人群众讨论,订立保证条件,使得人人心中有数,个个做到安全。

(5) 安全检查制度。为了及时发现和消除不安全因素,应加强经常性的安全检查,并根据施工和季节变化的特点,每年应定期地进行二至四次群众性的安全检查。安全检查的主要内容是:查思想、查隐患、查管理、查整改和查事故。

(6) 事故分析制度。各级施工单位,应严肃认真地贯彻执行国务院发布的《生产安全事故报告和调查处理条例》,发生工伤事故后,应组织实地调查,找出事故的原因,掌握事故发生的规律,采取预防措施。

(7) "三同时"制度。"三同时"制度,是指凡是我国境内新建、扩建、改建的基本建设项目、技术扩建项目和引进的建设项目,其安全生产设施必须符合国家规定的标准,必须与主体工程同时设计、同时施工、同时投入生产和使用。

10.1.4 施工安全管理的内容

（1）施工安全制度管理。施工项目确立以后，施工单位就要根据国家及行业有关安全生产的政策、法规、规范和标准，建立一整套符合项目工程特点的安全生产管理制度，包括安全生产责任制度、安全生产教育制度、安全生产检查制度、现场安全管理制度、电气安全管理制度、防火、防爆安全管理制度、高处作业安全管理制度、劳动卫生安全管理制度等。用制度约束施工人员的行为，达到安全生产的目的。

（2）施工安全组织管理。为保证国家有关安全生产的政策、法规及施工现场安全管理制度的落实，企业应建立健全安全管理机构，并对安全管理机构的构成、职责及工作模式作出规定。企业还应重视安全档案管理工作，及时整理、完善安全档案、安全资料，对预防、预测、预报安全事故提供依据。

（3）施工现场设施管理。根据建设部颁发的《建筑工程施工现场管理规定》中对施工现场的运输道路，附属加工设施，给排水、动力及照明、通信等管线，临时性建筑（仓库、工棚、食堂、水泵房、变电所等），材料、构件、设备及工器具的堆放点，施工机械的行进路线，安全防火设施等一切施工所必需的临时工程设施进行合理的设计、有序摆放和科学管理。

（4）施工人员操作规范化管理。施工单位要严格按照国家及行业的有关规定，按各工种操作规程及工作条例的要求规范施工人员的行为，坚决贯彻执行各项安全管理制度，杜绝由于违反操作规程而引发的工伤事故。

（5）施工安全技术管理。在施工生产过程中，为了防止和消除伤亡事故，保障职工的安全，企业应根据国家及行业的有关规定，针对工程特点、施工现场环境、使用机械以及施工中可能使用的有毒有害材料，提出安全技术和防护措施。安全技术措施在开工前应根据施工图编制。施工前必须以书面形式对施工人员进行安全技术交底，对不同工程特点和可能造成的安全事故，从技术上采取措施，消除危险，保证施工安全。施工中对各项安全技术措施要认真组织实施，经常进行监督检查。对施工中出现的新问题，技术人员和安全管理人员要在调查分析的基础上，提出新的安全技术措施。

10.2 施工安全技术措施

10.2.1 安全技术措施的含义及优选顺序

施工安全技术措施是指为防止工伤事故和职业病的危害，从技术上采取的措施。在工程项目施工中，针对工程特点、施工现场环境、施工方法、劳力组织、作业方法使用的机械、动力设备、变配电设施、架设工具以及各项安全防护设施等制定的确保安全施工的预防措施称为施工安全技术措施。

在采取安全技术措施时,应遵循预防性措施优先选择,根治性措施优先选择,紧急性措施优先选择的原则,依次排列。以保证采取措施与落实的速度,也就是要分出轻重缓急。

安全技术措施的优选顺序:根除危险因素→限制或减少危险因素→隔离、屏蔽→故障-安全设计→减少故障或失误→校正行动。

（1）根除、限制危险因素。选择合理的设计方案、工艺、选用理想的原材料、安全设备,并控制与强化长期使用中的状态,从根本上解决对人的伤害作用。

（2）隔离、屏蔽。以空间分离或物理屏蔽,把人与危险因素进行隔离,防止伤害事故或导致其他事故。

（3）故障-安全设计。发生故障、失误时,在一定时间内,系统仍能保证安全运行。系统中优先保证人的安全,其次是保护环境,保护设备和防止机械能力降低。故障-安全设计方案的选定,由系统故障后的状态决定。

（4）减少故障和失误。安全监控系统、安全系数、提高可靠性是经常采用的减少故障和失误的措施。

（5）校正行动。生产区域内的一切人员,需要经常的意识或注意:生产因素变化、警惕危险因素的存在。采用视、听、闻、触、警告,以校正危险的行动。警告是提醒人们"注意"的主要方法,是校正人们危险行动的措施。

10.2.2 编制施工安全技术措施的意义

（1）是贯彻国家安全法规的具体行动。安全技术措施是国家规定的安全法规所要求的内容。施工企业编制项目的安全技术措施,就是具体落实国家安全法规的实际行动。通过编制和实施安全技术措施,可以提高施工管理人员、工程技术人员和操作人员的安全技术素质。

（2）是提高企业竞争能力的措施。施工安全技术是工程项目投标书的重要内容之一,也是评标的关键指标之一。如果施工技术措施编制得好,就会赢得评委和招标单位的好评,增加中标的可能性,提高企业的竞争力。

（3）能够指导现场施工,保证施工安全。对某一个具体的工程项目,特别是对较复杂的或特殊的工程项目来说,还应根据不同的工程项目的结构特点,制定有针对性的、具体的安全技术措施。安全技术措施,不仅具体地指导了施工,也是进行安全交底、安全检查和验收的依据,是职工生命安全的根本保证。

（4）提高现场施工人员的安全意识和能力。编制施工安全技术措施,可以使很多职工集中多方面的知识和经验,对施工过程中的各种不安全因素有较深的认识,并采取可靠的预防措施,克服施工中的盲目性。

10.2.3 施工安全技术措施编制的基本要求

（1）前瞻性。安全生产坚持预防为主的方针，因此安全技术措施应体现前瞻性，将危险控制在可控制状态下。

（2）针对性。施工安全技术措施是针对具体工程而编制的，因此编制安全技术措施的技术人员必须掌握具体工程的情况，有针对性地编制安全技术措施。

（3）可靠性。安全技术措施应贯彻到每一个工序之中，力求细致全面、具体可靠。因此，要全面考虑各种不利因素和不利条件，并采取相应的措施，才能真正做到预防事故。

（4）可操作性。编制单位工程或分部分项工程安全技术措施时，应详细制定出有关安全方面的防护要求和措施，确保单位工程或分部分项工程的安全施工。

10.2.4 施工安全技术措施编制的步骤

（1）深入调查研究，掌握第一手资料。编制施工安全技术措施以前，必须熟悉施工图纸、设计单位提供的工程环境资料，同时还应对施工作业场所进行实地考察和详细调查，收集施工现场的地形、地质和水文等自然条件、施工区域的技术经济条件、社会生活条件等资料，以利于安全技术措施的切实可行。

（2）借鉴外单位和本单位的历史经验。查阅对外单位和本单位过去同类工程项目施工的资料，特别是其中曾经发生过的各种事故情况，分析原因，引以为戒，并提出相应的防范措施。

（3）群策群力，集思广益。在编制安全施工技术措施时，要吸收有施工安全经验的干部、职工参加，共同揭露不安全因素和易出现的不安全行为。

（4）系统分析，科学归纳。在施工过程中，对可能存在的各种危险因素，进行系统分析科学归纳，查清各因素间的相互关系，以利于抓住重点、突出难点，制定安全技术措施。

（5）制定切实可行的安全技术对策措施。利用因果分析图分析结果，抓住关键性因素制订对策措施。

（6）审批。工程项目经理部所做安全技术措施必须经过审批程序。

10.2.5 施工安全技术措施的主要内容

1. 一般工程的安全技术措施的主要内容

（1）抓好安全生产教育，健全安全组织机构，建立安全岗位责任制，贯彻执行"安全第一、预防为主"的方针等基础性工作。

（2）脚手架、吊篮等选用及设计搭设方案和安全防护措施。

（3）高处作业的上下安全通道。

（4）安全网的架设要求，范围、架设层次、段落。

（5）安装、使用、拆除施工电梯、井架等垂直运输设备的安全技术要求及措施。
（6）施工洞口及临边的防护方法和主体交叉施工作业区的隔离措施。
（7）场内运输道路及行人通道的布置。
（8）施工现场临时用电的合理布设及防触电的措施；要求编制临时用电的施工组织设计和绘制临时用电图纸；在建工程的外侧边缘与外电架空线路的间距达到最小安全距离采取的防护措施。
（9）现场防火、防毒、防爆、防雷等安全措施。
（10）在建工程与周围人行道及民房的防护隔离设置等。

2. 季节性施工安全措施的主要内容

季节性施工安全措施就是考虑不同季节的气候，对施工生产带来的不安全因素，可能造成的各种突发性事故，从防护上、技术上、管理上采取的措施。各季节性施工安全的主要内容有以下几方面。

（1）夏季气候炎热，主要是做好防暑降温工作。
（2）雨季进行作业，主要应该做好防触电、防雷、防塌方与防台风和防洪工作。
（3）冬季进行作业，主要应做好防风、防火、防冻、防滑、防煤气中毒、防亚硝酸钠中毒的工作。

10.3 施工安全管理措施

安全管理是为施工项目实现安全生产开展的管理活动。施工现场的安全管理，重点是进行人的不安全行为与物的不安全状态的控制，落实安全管理决策与目标，以消除一切事故，避免事故伤害，减少事故损失为管理目的。

安全管理措施是安全管理的方法与手段，管理的重点是对生产各因素状态的约束与控制。安全管理措施必须坚持以下几个方面的内容。

1. 落实安全责任、实施责任管理

（1）建立、完善以项目经理为首的安全生产领导，有组织、有领导地开展安全管理活动。项目经理承担现场安全生产的第一责任。
（2）建立各级人员安全生产责任制度，明确各级人员的安全责任。
（3）施工项目应通过劳动安检部门的安全生产资质审查，并得到认可。
一切从事生产管理与操作的人员，依照其从事的生产内容，分别通过企业、施工项目的安全审查，取得安全操作认可证，持证上岗。

特种作业人员、除经企业的安全审查，还需按规定参加安全操作考核，取得劳动安检部门核发的《安全操作合格证》，坚持"持证上岗"。

（4）施工项目负责人负责施工生产中物的状态审验与认可，承担物的状态漏验、失控的管理责任。

（5）一切管理、操作人员均需与施工项目负责人签订安全协议，向施工项目负责人做出安全保证。

（6）安全生产责任落实情况的检查，应认真、详细地记录。

2. 安全教育与培训

通过安全教育与培训，能增强人的安全生产意识。安全生产知识提高，能有效地防止人的不安全行为，减少人失误。安全教育、培训是进行人的行为控制的重要方法和手段。因此，进行安全教育、培训要适时、宜人，内容合理、方式多样，形成制度。组织安全教育、训练，做到严肃、严格、严密、严谨，讲求实效。

（1）安全教育的内容应根据实际需要而确定

① 新工人入场前应完成三级安全教育。对学徒工、实习生的入场三级安全教育，重点偏重一般安全知识，生产组织原则，生产环境，生产纪律等。强调操作的非独立性。对季节工、农民工三级安全教育，以生产组织原则、环境、纪律、操作标准为主。

② 结合施工生产的变化、适时进行安全知识教育。

③ 结合生产组织安全技能培训。

④ 安全意识教育的内容应随安全生产的形势变化，确定阶段教育内容。

⑤ 结合季节、自然条件的变化，有针对性地进行教育。

⑥ 采用新技术，使用新设备、新材料，推行新工艺之前，应对有关人员进行安全知识、技能、意识的全面安全教育。

（2）安全教育培训的基本要求

① 教育内容全面，重点突出，系统性强，抓住关键反复教育。

② 反复实践。养成自觉采用安全的操作方法的习惯。

③ 使每个受教育的人，了解自己的学习成果。鼓励受教育者树立坚持安全操作方法的信心，养成安全操作的良好习惯。

④ 告诉受教者怎样做才能保证安全，而不是不应该做什么。

⑤ 奖励促进，巩固学习成果。

⑥ 进行各种形式、不同内容的安全教育，都应把教育的时间、内容等，清楚地记录在安全教育记录本或记录卡上。

3. 进行经常性的安全检查

进行经常性的检查，是发现和消除不安全行为和不安全状态的重要途径，是消除事故隐患、落实安全整改措施、防止事故伤害、改善劳动条件的重要方法。

（1）安全检查的内容。安全检查的内容主要是查思想、查管理、查制度、查现场、查隐患、查事故处理。施工项目的检查应以自检形式为主，对施工项目生产全过程、各个生产环节的全面检查；各级生产的组织者，在全面安全检查的过程中，对作业环境状态和隐患的检查，应对照安全生产的方针和政策，看其是否得到贯彻落实，有无违背国家有关安全生产的地方。

（2）安全检查的基本方法。安全检查的基本方法有：一般检查方法，就是通过"看、听、嗅、问、测、查、析"等手段检查的方法。

（3）安全检查的形式。安全检查的形式应当根据工程的实际和企业安全生产的情况确定。安全检查一般可分为：定期安全检查、突击性安全检查和特殊性安全检查。定期安全检查是一种常规检查，指列入安全管理计划，间隔一定时间的规律性安全检查。突击性安全检查，是指无固定检查周期，对特别部门、特殊工种、特殊设备、小区域的安全检查。其没有固定的具体时间、内容，检查应根据工程实际和施工的情况，由安全组织机构确定。特殊性安全检查，是指对预料中可能会带来新的危险因素的新安装的设备、新采用的工艺、新建或改建的工程项目，投入使用前，以发现危险因素为专题进行的安全检查。特殊安全检查还包括：对有特殊安全要求的手持电动工具、电器、照明设备、通风设备、有毒有害物、易爆危险品的储运设备的安全检查。

（4）安全检查结果的处理。安全检查的目的是发现、处理、消除危险因素，避免事故伤害，实现安全生产。消除危险因素的关键环节，在于认真地整改，真正地、确确实实地把危险因素消除。对于一些由于种种原因而一时不能消除的危险因素，应逐项分析，寻求解决办法，安排整改计划，尽快予以消除。安全检查后的整改，必须坚持"三定"和"不推不拖"，不使危险因素长期存在而危及人的安全。"三定"指的是对检查后发现的危险因素的消除态度。"三定"，即定具体整改责任人、定解决与改正的具体措施、定消除危险因素的整改时间。在解决具体的危险因素时，凡借用自己的力量能够解决的，不推脱、不等不靠，坚决地组织整改。自己解决有困难时，应积极主动寻找解决的办法，争取外界支援以尽快整改。不把整改的责任推给上级，也不拖延整改时间，以尽量快的速度，把危险因素消除。

4. 作业标准化

在操作者产生的不安全行为中，由于不知正确的操作方法，为了干得快些而省略了必要的操作步骤，坚持自己的操作习惯等原因所占比例很大。按科学的作业标准规范人员的行为，有利于控制人员的不安全行为，减少失误。

（1）制定作业标准，是实施作业标准化的首要条件

① 采取技术人员、管理人员、操作者三结合的方式，根据操作的具体条件制定作业标准。坚持反复实践、反复修订后加以确定的原则。

② 作业标准要明确规定操作程序、步骤。怎样操作、操作质量标准、操作的阶段目的、完成操作后物的状态等，都要做出具体规定。

③ 尽量使操作简单化、专业化，尽量减少使用工具、夹具次数，以降低操作者熟练技能或注意力的要求。使作业标准尽量减轻操作者的精神负担。

④ 作业标准必须符合生产和作业环境的实际情况，不能把作业标准通用化。不同作业条件的作业标准应有所区别。

（2）作业标准必须考虑到人的身体运动特点和规律，作业场地布置、使用工具设备、操作幅度等，应符合人机学的要求。

① 人的身体运动时，尽量避开不自然的姿势和重心的经常移动，动作要有连贯性、自然节奏强。如，不出现运动方向的急剧变化；动作不受限制；尽量减少用手和眼的操作次数；肢体动作尽量小。

② 作业场地布置必须考虑行进道路、照明、通风的合理分配，机、料具位置固定，作业方便。

（3）反复训练，达标报偿。

① 训练要讲求方法和程序，宜以讲解示范为先，符合重点突出、交代透彻的要求。

② 边训练边作业，巡检纠正偏向。

③ 先达标、先评价、先报偿，不强求一致。

5. 生产技术与安全技术的统一

生产技术工作是通过完善生产工艺过程、完备生产设备、规范工艺操作，发挥技术的作用，保证生产顺利进行。生产技术工作包含了安全技术在保证生产顺利进行的全部职能和作用。两者的实施目标虽各有侧重，但工作目的完全统一在保证生产顺利进行、实现效益这一共同的基点上。生产技术、安全技术统一，体现了安全生产责任制的落实、具体的落实"管生产同时管安全"的管理原则。具体表现如下。

（1）施工生产进行之前，考虑产品的特点、规模、质量，生产环境，自然条件等，在摸清生产人员流动规律，能源供给状况，机械设备的配置条件，需要的临时设施规模，以及物料供应、储放、运输等条件下，完成生产因素的合理匹配计算，完成施工设计和现场布置。施工设计和现场布置，经过审查、批准，即成为施工现场中生产因素流动与动态控制的唯一依据。

（2）施工项目中的分部、分项工程，在施工进行之前，针对工程具体情况与生产因素的流动特点，完成作业或操作方案。方案完成后，为使操作人员充分理解方案的全部内容，减少实际操作中的失误，避免操作时的事故伤害。要把方案的设计思想、内容与要求，向作业人员进行充分的交底。交底既是安全知识教育的过程，同时，也确定了安全技能训练的时机和目标。

（3）从控制人的不安全行为、物的不安全状态，预防伤害事故，保证生产工艺过程顺利实施去认识，生产技术工作中应纳入如下的安全管理职责。

① 进行安全知识、安全技能的教育，规范人的行为，使操作者获得完善的、自动化的操作行为，减少操作中的人员失误。

② 参加安全检查和事故调查，从中充分了解生产过程中，物的不安全状态存在的环节和部位、发生与发展、危害性质与程度。摸索控制物的不安全状态的规律和方法，提高对物的不安全状态的控制能力。

③ 严把设备、设施用前验收关，不使有危险状态的设备、设施盲目投入运行，预防人、机运动轨迹交叉而发生的伤害事故。

6. 正确对待事故的调查与处理

事故是违背人们意愿，且又不希望发生的事件。一旦发生事故，不能以违背人们意愿为理由，予以否定。关键在于对事故的发生要有正确认识，并用严肃、认真、科学、积极的态度，处理好已发生的事故，尽量减少损失，采取有效措施，避免同类事故重复发生。

（1）发生事故后，以严肃、科学的态度去认识事故、实事求是地按照规定、要求报告。不隐瞒、不虚报，不避重就轻是对待事故科学、严肃态度的表现。

（2）积极抢救负伤人员的同时，保护好事故现场，以利于调查清楚事故原因，从事故中找到生产因素控制的差距。

（3）分析事故，弄清发生过程，找出造成事故的人、物、环境状态方面的原因，分清造成事故的安全责任，总结生产因素管理方面的教训。

（4）以事故为例、召开事故分析会进行安全教育，使所有生产部位、过程中的操作人员，从事故中看到危害，激励他们的安全生产动机，从而在操作中自觉的实行安全行为，主动的消除物的不安全状态。

（5）采取预防类似事故重复发生的措施，并组织彻底的整改；使采取的预防措施，完全落实。经过验收，证明危险因素已完全消除时，再恢复施工作业。

（6）未造成伤害的事故，习惯的称为未遂事故。未遂事故就是已发生的，违背人们意愿的事件，只是未造成人员伤害或经济损失。然而其危险后果是隐藏在人们心理上的严重创伤，其影响作用时间更长久。

未遂事故同样暴露安全管理的缺陷、生产因素状态控制的薄弱。因此，未遂事故要如同已经发生的事故一样对待，调查、分析、处理妥当。

10.4 建筑装饰工程施工现场安全隐患和事故处理

10.4.1 安全隐患及处理

1. 安全隐患的含义

安全隐患是泛指生产系统中可导致事故发生的人的不安全行为、物的不安全状态和管理上的缺陷。

安全隐患分类非常复杂，它与事故分类有密切的关系，但又不同于事故分类。本着尽量避免交叉的原则，综合事故性质分类和行业分类，考虑事故起因，可将安全隐患归纳为：火灾、爆炸、中毒和窒息、水害、坍塌、滑坡、泄漏、腐蚀、触电、坠落、机械伤害、煤气与瓦斯中毒、公路设施伤害、公路车辆伤害、铁路设施伤害、水上运输、港口码头伤害、空中运输伤害、航空港伤害、其他类隐患等。建筑装饰工程的安全隐患大致集中在火灾、中毒和窒息、触电、坠落、机械伤害等方面。

2. 安全隐患的处理原则

建筑装饰工程项目部应对存在的安全隐患的安全设施、过程和行为进行控制，确保不合格设施不使用，不合格过程不通过，不安全行为不放过。

3. 安全隐患处理方式

（1）停止使用、封存；
（2）指定专人进行整改以达到规定要求；
（3）进行返工以达到规定要求；
（4）对有不安全行为的人员进行教育或处罚；
（5）对不安全生产的过程重新组织。

4. 对安全隐患处理结果的验证

（1）工程项目部必要时可组织有关专业人员对存在隐患的安全设施、安全防护用品整改后的状况进行复查验证。

（2）对上级部门提出的安全隐患，应由工程项目部实施整改，由企业主管部门复查验证合格后报上级主管部门。上级主管部门对自身安检中开列的安全隐患通知单也必须按一定比例进行验证。

10.4.2 安全事故的分级及处理原则

1. 安全事故的分级

根据 2007 年 6 月 1 日起施行的《生产安全事故报告和调查处理条例》的有关规定，按照生产安全事故（以下简称事故）造成的人员伤亡或者直接经济损失，事故一般分为以下四个等级（"以上"包括本数，所称的"以下"不包括本数）：

（1）特别重大事故，是指造成 30 人以上死亡，或者 100 人以上重伤（包括急性工业中毒，下同），或者 1 亿元以上直接经济损失的事故；

（2）重大事故，是指造成10人以上30人以下死亡，或者50人以上100人以下重伤，或者5000万元以上1亿元以下直接经济损失的事故；

（3）较大事故，是指造成3人以上10人以下死亡，或者10人以上50人以下重伤，或者1000万元以上5000万元以下直接经济损失的事故；

（4）一般事故，是指造成3人以下死亡，或者10人以下重伤，或者1000万元以下直接经济损失的事故。

2. 安全事故的处理程序

根据《生产安全事故报告和调查处理条例》的有关规定，施工现场发生安全事故后应按以下程序进行处理：

（1）迅速抢救伤员，保护事故现场

安全事故发生后，现场人员要保持清醒的头脑，切不可惊慌失措，要立即组织起来，迅速抢救伤员和排除险情，制止事故进一步蔓延扩大。事故发生后，事故发生单位应妥善保护事故现场和相关证据；如确因抢救人员防止事故扩大以及疏通交通等原因，需要移动事故现场物件的，应当做出标志，绘制现场简图并做出书面记录，妥善保存现场重要痕迹、物证，有条件的应当做好拍照及摄像；待国家安全生产监督管理部门和相应组成的事故调查组作出明确撤销意见后才能改变。

（2）报告安全事故

事故发生后，事故现场有关人员应当立即向本单位负责人报告；单位负责人接到报告后，应当于1小时内向事故发生地县级以上人民政府安全生产监督管理部门和负有安全生产监督管理职责的有关部门报告。情况紧急时，事故现场有关人员可以直接向事故发生地县级以上人民政府安全生产监督管理部门和负有安全生产监督管理职责的有关部门报告。安全生产监督管理部门和负有安全生产监督管理职责的有关部门接到事故报告后，应当依照下列规定上报事故情况，并通知公安机关、劳动保障行政部门、工会和人民检察院：

① 特别重大事故、重大事故逐级上报至国务院安全生产监督管理部门和负有安全生产监督管理职责的有关部门；

② 较大事故逐级上报至省、自治区、直辖市人民政府安全生产监督管理部门和负有安全生产监督管理职责的有关部门；

③ 一般事故上报至设区的市级人民政府安全生产监督管理部门和负有安全生产监督管理职责的有关部门。

安全生产监督管理部门和负有安全生产监督管理职责的有关部门依照上述规定上报事故情况，应当同时报告本级人民政府。国务院安全生产监督管理部门和负有安全生产监督管理职责的有关部门以及省级人民政府接到发生特别重大事故、重大事故的报告后，应当立即报告国务院。必要时，安全生产监督管理部门和负有安全生产监督管理职责的有关部门可以越级上报事故情况。

安全生产监督管理部门和负有安全生产监督管理职责的有关部门逐级上报事故情况，每级上报的时间不得超过 2 小时。事故报告后出现新情况的，应当及时补报。报告事故应当包括下列内容：

① 事故发生单位概况；
② 事故发生的时间、地点以及事故现场情况；
③ 事故的简要经过；
④ 事故已经造成或者可能造成的伤亡人数（包括下落不明的人数）和初步估计的直接经济损失；
⑤ 已经采取的措施；
⑥ 其他应当报告的情况。

（3）事故调查

根据事故的等级，组成相应的事故调查组进行事故调查。具体规定如下：

① 特别重大事故由国务院或者国务院授权有关部门组织事故调查组进行调查。
② 重大事故、较大事故、一般事故分别由事故发生地省级人民政府、设区的市级人民政府、县级人民政府负责调查。省级人民政府、设区的市级人民政府、县级人民政府可以直接组织事故调查组进行调查，也可以授权或者委托有关部门组织事故调查组进行调查。
③ 未造成人员伤亡的一般事故，县级人民政府也可以委托事故发生单位组织事故调查组进行调查。
④ 上级人民政府认为必要时，可以调查由下级人民政府负责调查的事故。
⑤ 自事故发生之日起 30 日内（道路交通事故、火灾事故自发生之日起 7 日内），因事故伤亡人数变化导致事故等级发生变化，依照本条例规定应当由上级人民政府负责调查的，上级人民政府可以另行组织事故调查组进行调查。
⑥ 特别重大事故以下等级事故，事故发生地与事故发生单位不在同一个县级以上行政区域的，由事故发生地人民政府负责调查，事故发生单位所在地人民政府应当派人参加。
⑦ 事故调查组的组成应当遵循精简、效能的原则。根据事故的具体情况，事故调查组由有关人民政府、安全生产监督管理部门、负有安全生产监督管理职责的有关部门、监察机关、公安机关以及工会派人组成，并应当邀请人民检察院派人参加。事故调查组可以聘请有关专家参与调查。
⑧ 事故调查组成员应当具有事故调查所需要的知识和专长，并与所调查的事故没有直接利害关系。
⑨ 事故调查组组长由负责事故调查的人民政府指定。事故调查组组长主持事故调查组的工作。
⑩ 事故调查组履行下列职责：
● 查明事故发生的经过、原因、人员伤亡情况及直接经济损失；
● 认定事故的性质和事故责任；

- 提出对事故责任者的处理建议；
- 总结事故教训，提出防范和整改措施；
- 提交事故调查报告。

⑪ 事故调查组有权向有关单位和个人了解与事故有关的情况，并要求其提供相关文件、资料，有关单位和个人不得拒绝。事故发生单位的负责人和有关人员在事故调查期间不得擅离职守，并应当随时接受事故调查组的询问，如实提供有关情况。事故调查中发现涉嫌犯罪的，事故调查组应当及时将有关材料或者其复印件移交司法机关处理。

⑫ 事故调查中需要进行技术鉴定的，事故调查组应当委托具有国家规定资质的单位进行技术鉴定。必要时，事故调查组可以直接组织专家进行技术鉴定。技术鉴定所需时间不计入事故调查期限。

⑬ 事故调查组成员在事故调查工作中应当诚信公正、恪尽职守，遵守事故调查组的纪律，保守事故调查的秘密。未经事故调查组组长允许，事故调查组成员不得擅自发布有关事故的信息。

⑭ 事故调查组应当自事故发生之日起 60 日内提交事故调查报告；特殊情况下，经负责事故调查的人民政府批准，提交事故调查报告的期限可以适当延长，但延长的期限最长不超过 60 日。

⑮ 事故调查报告应当包括下列内容：
- 事故发生单位概况；
- 事故发生经过和事故救援情况；
- 事故造成的人员伤亡和直接经济损失；
- 事故发生的原因和事故性质；
- 事故责任的认定以及对事故责任者的处理建议；
- 事故防范和整改措施。

事故调查报告应当附具有关证据材料。事故调查组成员应当在事故调查报告上签名。

⑯ 事故调查报告报送负责事故调查的人民政府后，事故调查工作即告结束。事故调查的有关资料应当归档保存。

（4）事故处理

事故处理应遵循如下规定。

① 重大事故、较大事故、一般事故，负责事故调查的人民政府应当自收到事故调查报告之日起 15 日内做出批复；特别重大事故，30 日内做出批复，特殊情况下，批复时间可以适当延长，但延长的时间最长不超过 30 日。有关机关应当按照人民政府的批复，依照法律、行政法规规定的权限和程序，对事故发生单位和有关人员进行行政处罚，对负有事故责任的国家工作人员进行处分。事故发生单位应当按照负责事故调查的人民政府的批复，对本单位负有事故责任的人员进行处理。负有事故责任的人员涉嫌犯罪的，依法追究刑事责任。

② 事故发生单位应当认真吸取事故教训，落实防范和整改措施，防止事故再次发生。防范和整改措施的落实情况应当接受工会和职工的监督。安全生产监督管理部门和负有安全生产监督管理职责的有关部门应当对事故发生单位落实防范和整改措施的情况进行监督检查。

③ 事故处理的情况由负责事故调查的人民政府或者其授权的有关部门、机构向社会公布，依法应当保密的除外。

10.5　复习思考题

1. 什么是施工安全管理？施工安全管理的基本原则是什么？
2. 简述建筑施工安全管理的内容。
3. 简述安全技术措施编制的要求、步骤和基本内容。
4. 安全隐患和安全事故的处理原则是什么？

第 11 章 建筑装饰工程现场技术与资料管理

11.1 建筑装饰工程施工现场技术管理概述

科学技术是生产力,而且是第一生产力。技术是企业发展的源泉。现代企业的综合实力的增强,更多的是依靠技术而不是财力、物力。因此,技术管理在建筑装饰企业经营管理中,具有十分重要的地位。

11.1.1 技术管理的概念

技术管理,是指建筑装饰企业在生产经营活动中,对各项技术活动与其技术要素的科学管理。所谓技术活动,是指技术学习、技术运用、技术改造、技术开发、技术评价和科学研究的过程;所谓技术要素,是指技术人才、技术装备和技术信息等。

11.1.2 技术管理的任务和要求

1. 技术管理的任务

建筑装饰企业技术管理的基本任务是:正确贯彻党和国家各项技术政策和法令,认真执行国家和上级制定的技术规范、规程,科学地组织各项技术工作,建立正常的技术工作秩序,提高建筑装饰企业的技术管理水平,不断革新原有技术和采用新技术,达到保证工程质量、提高劳动效率、实现安全生产、节约材料和能源、降低工程成本的目的。

2. 技术管理的要求

为了完成上述基本任务,建筑装饰企业的技术管理就必须按照下列要求去做:

(1) 正确贯彻国家的技术政策。国家的技术政策是根据国民经济和生产发展的要求和水平提出来的,如现行施工与验收规范或规程,是带有强制性、根本性和方向性的决定,在技术管理中必须正确地贯彻执行。

(2) 严格按科学规律办事。技术管理工作一定要实事求是,采取科学的工作态度和工作方法,按科学规律组织和进行技术管理工作。对于新技术的开发和研究,应积极支持,但是,新技术的推广使用,应经试验和技术鉴定,在取得可靠数据并确实证明是技术可行、经济合理后，方可逐步推广使用。

（3）全面讲究经济效益。在技术管理中，应对每一种新的技术成果认真做好技术经济分析，考虑各种技术经济指标和生产技术条件，以及今后的发展等因素，全面评价它的经济效果。

11.1.3 技术管理的内容

建筑装饰企业技术管理的内容，可以分为基础工作和业务工作两大部分。

1. 基础工作

基础工作，是指为开展技术管理活动创造前提条件的最基本的工作。它包括技术责任制、技术标准与规程、技术原始记录、技术文件管理、科学研究与信息交流等工作。

（1）技术责任制

技术责任制就是在企业的技术工作系统中，对各级技术人员建立明确的职责范围，以达到各负其责，各司其事，把整个企业的生产活动和谐地、有节奏地组织起来。技术责任制是企业技术管理的基础工作，它对调动各级技术人员的积极性和创造性，认真贯彻执行国家技术政策，搞好技术管理，促进生产技术的发展和保证工程质量都有着极为重要的作用。通常的技术责任制有：总工程师技术责任制、主任工程师（分公司）技术责任制、技术队长技术责任制、工程技术负责人技术责任制等。

为了使各级技术负责人员能够履行自己的职责，企业应根据实际需要与可能，为他们配备必要的专职技术人员作为助手，并建立必要的专职技术机构，在技术负责人的领导下，开展本部门的技术业务工作，为施工创造必要的技术条件，保证施工的顺利进行，并取得良好的经济技术效果。

（2）技术标准与规程

技术标准与技术规程是施工企业技术管理、质量管理和安全管理的依据和基础，是标准化的重要内容。正确制定和贯彻执行技术标准与技术规程，是建立正常生产技术程序，完成建设任务的重要前提。

技术标准是对工程质量、规格及其检验方法等的技术规定，是施工企业组织施工、检验和评定工程质量等级的技术依据。技术标准按照适用范围，一般分为国家标准、部门标准和企业标准。技术规程是技术标准的具体化，因各地区操作方法和操作习惯不同，在保证达到技术标准要求的前提下，一般由地区和企业自行制定与执行。

技术标准和技术规程，在技术管理上具有法律作用，必须严肃认真地执行，违反标准与规程的做法应予以制止和纠正。如果造成严重后果，要进行经济制裁和纪律处分。

（3）技术原始记录

技术原始记录是建筑装饰企业经营管理原始记录的重要组成部分。它反映了建筑装饰企业技术工作的原始状态，为开展技术管理提供依据，是技术分析、决策的基础。技术原始记录包括：材料、构配件及工作质量检验记录；质量、安全事故分析和处理记录；设计变更记录；施工日志等。

（4）技术文件

技术文件是企业各个有关部门和人员进行生产技术活动的共同依据，是积累和总结经验、传达技术思想的重要工具。技术文件是否完整和正确，直接影响到企业生产的正常进行。因此，生产技术越发展，对技术文件管理的要求就越高。

技术文件的内容十分丰富，例如各种图纸和说明书、各种技术标准、有关的技术档案与国内外技术资料等，都要求进行系统的科学管理。保证技术文件的完整性、正确性和及时性，组织有秩序地使用和流转，及时满足施工生产和科学研究的需要。

技术文件管理是一项复杂的工作，应该根据实际需要建立和健全管理技术文件的专职机构，公司一级一般应建立技术档案资料室；基层施工单位设立技术资料组或专职人员，实行集中统一管理。

对技术文件的收发、复制、修改、审批、装订、归档、保管、借用和保密等环节，都应该建立一套严格的管理制度。

（5）科学技术研究与信息交流

① 科学技术研究

科学技术研究工作是认识和掌握科学技术规律，并加以运用的重要手段。企业的科学技术研究内容不同于专门研究机构，必须围绕本企业施工生产实际，在总结实践经验的基础上，针对当前急需解决的技术问题进行科学研究。随着国际技术交流日益发展，对于引进的国外先进技术，进行学习、消化、探索和研究，也是一项不可缺少的内容。在组织科学技术研究工作时，要注意以下几个问题：

- 要结合装饰工程的实际情况，因地制宜地制定科研规划，并有步骤地组织实施，科研项目的选题和计划的制订，既要考虑到当前的需要，又要考虑到长远发展的需要，要全面安排、突出重点、组织攻关。
- 要有专门机构负责，在组织上、经费上给予保证，建立健全科研机构。建立必要的实验室，配备技术水平高、经验丰富的技术人员，并重视对他们的培养，充实必要的先进的试验设备、仪器、仪表，为科研创造条件。
- 调动各方面的积极性，除应搞好各部门间密切配合外，还要搞好设计、科研、施工三个方面的协同作战，以达到迅速攻克技术难关、取得成果的目的。
- 实事求是按科学规律办事。科学技术研究工作是艰苦的，从事这项研究的人员必须刻苦钻研、坚韧不拔、实事求是、敢于实践。所提供的每一成果都要有充分的科学数据，经得起实践的检验。

② 科技信息交流

科技信息交流工作，是开展科研和发展生产的"耳目"和"尖兵"。及时提供先进的技术信息资料，就可以少走或不走弯路，避免造成研究工作上的浪费，达到节省人力、物力、财力和争取时间的良好效果。

科技信息交流工作的另一个重要作用，是通过交流使我们了解国内外同行的先进技术水平和管理水平，从而可以起到开拓眼界、克服骄傲自满的作用。

科技信息工作的任务是：积累、掌握和企业有关的科学、技术等方面的资料和经验，正确地、迅速地报道、交流科技成果和实践成就。企业科技信息工作的内容，主要包括有关资料的收集、整理、探索、报道、交流等方面。

科技信息交流的手段和方式，在国内一般采用互相赠送资料，互相观摩学习等方式。在企业内部可以根据生产中的关键问题和普遍存在的问题进行专题讲座，开现场交流会等。

科技信息工作应分配给有专长的技术人员负责，加强科技信息的收集、交流和综合分析。

2. 业务工作

业务工作，是指技术管理中日常开展的各项业务活动。它包括：施工技术准备工作、施工过程中的技术管理工作、技术开发工作等。

（1）施工技术准备工作。施工技术准备工作，包括图纸会审、编制施工组织设计、技术交底、材料技术检验、安全技术等。

（2）施工过程中的技术管理工作。施工过程中的技术管理工作，包括技术复核、质量监督、技术处理等。

（3）技术开发工作。技术开发工作包括科学研究、技术革新、技术引进、技术改造、技术培训等。

基础工作和业务工作是相互依赖并存的，缺一不可。基础工作为业务工作提供必要的条件，任何一项技术业务工作都必须依靠基础工作才能进行。但企业搞好技术管理的基础工作不是最终目的，技术管理的基本任务必须要由各项具体的业务工作才能完成。

11.1.4 技术管理制度

严格地贯彻各项技术管理制度是搞好技术管理工作的核心，是科学地组织企业各项技术工作的保证。技术管理制度要贯彻在单位工程施工的全过程，主要有以下几项：

（1）图纸的熟悉、审查和管理制度。熟悉图纸是为了了解和掌握它的内容和要求，以便正确地指导施工。审查图纸的目的，在于发现并更正图纸中的差错，对不明确的设计内容进行协商更正。管理图纸则是为了施工时更好地应用及竣工后妥善归档备查。

（2）技术交底制度。技术交底是在正式施工以前，对参与施工的有关人员讲解工程对象的设计情况、建筑和结构特点、技术要求、施工工艺等，以便有关人员（管理人员、技术人员和工人）详细地了解工程，心中有数，掌握工程的重点和关键，防止发生指导错误和操作错误。

（3）施工组织设计制度。每项工程开工前，施工单位必须编制工程施工组织设计。工程施工必须按照批准的施工组织设计进行。在施工过程中确需对施工组织设计进行重大修改的，必须报经原批准部门同意。

（4）材料检验与施工试验制度。材料检验与施工试验是对施工用原材料、构件、成品与半成品以及设备的质量、性能进行试验、检验，对有关设备进行调整和试运转，以便正确、合理地使用，保证工程质量。

（5）工程质量检查和验收制度。质量检查和验收制度规定，必须按照有关质量标准逐项检查操作质量和产品质量，根据建筑安装工程的特点分别对隐蔽工程、分项、分部工程和竣工工程进行验收，从而逐环节地保证工程质量。

（6）工程技术档案制度。工程技术档案，是指反映建筑工程的施工过程、技术状况、质量状况等有关的技术文件，这些资料都需要妥善保管，以备工程交工、维护管理、改建扩建使用，并对历史资料进行保存和积累。

（7）技术责任制度。技术责任制度规定了各级技术领导、技术管理机构、技术干部及工人的技术分工和配合要求。建立这项制度有利于加强技术领导，明确职责，从而保证配合有力，功过分明，充分调动有关人员搞好技术管理工作的积极性。

（8）技术复核及审批制度。该制度规定对重要的或影响全工程的技术对象进行复核，避免发生重大差错影响工程的质量和使用。复核的内容视工程的情况而定，一般包括建筑物位置、标高和轴线、基础、设备基础、模板、钢筋混凝土、砖砌体、大样图、主要管道、电气等。审批内容为合理化建议、技术措施、技术革新方案，对其他工程内容也应按质量标准规定进行有计划的复查和检查。

11.2 建筑装饰施工现场技术管理实务

11.2.1 技术交底

1. 技术交底的含义

技术交底是指工程开工之前，由各级技术负责人将有关工程的各项技术要求逐级向下贯彻，直到施工现场，使其与施工的技术人员和工人明确所担负任务的特点、技术要求和施工工艺等。

2. 施工技术交底的目的

技术交底的目的是使参与施工的人员熟悉和了解所担负的工程特点、设计意图、技术要求、施工工艺和应注意的问题。

3. 技术交底的主要内容

（1）设计交底。设计交底的目的在于使施工人员了解工程的设计特点、构造、做法、要求、使用功能以及对装饰材料的特殊要求、装饰施工要求等，以便掌握和了解设计意图和设计关键，以达到按图施工。

（2）施工组织设计交底。施工组织设计交底是将施工组织设计的全部内容向班组交代，使班组能了解和掌握本工程的特点、施工方案、施工方法、工程任务的划分、进度要求、质量要求及各项管理措施等。

（3）设计变更交底。设计变更交底是将设计变更的结果及时向施工人员和管理人员进行统一的说明，便于统一口径，避免施工差错，也便于经济核算。

（4）分项工程技术交底。分项工程技术交底是各级技术交底的关键。其主要内容包括：施工工艺、质量标准、技术措施和安全要求以及新技术、新工艺和新材料的特殊要求等。具体内容包括以下几方面：

① 图纸要求：设计施工图（包括设计变更）中的平面位置、标高以及预留孔洞、预埋件的位置、规格大小、数量等。

② 材料：所用材料的品种、规格、质量要求等。

③ 施工方法：各工序的施工顺序和工序搭接等要求，同时，应说明各施工工序的施工操作方法、注意事项及保证质量、安全和节约的措施。

④ 各项制度：应向施工班组交代清楚施工过程中应贯彻的各项制度。如自检、互检、交接检查制度（要求上道工序检查合格后方可进行下道工序的施工）和样板制、分部分项工程质量评定以及现场其他各项管理制度的具体要求。

4. 技术交底的方法

技术交底应根据工程规模和技术复杂程度不同而采取相应的方法。重点工程或规模大、技术复杂的工程，应由公司总工程师组织有关部门（如技术处、质量处、生产处等）由分公司和有关施工单位交底，交底的依据是公司编制的施工组织总设计；对于中小型工程，一般由分公司的主任工程师或项目部的技术负责人向有关职能人员或施工队（或工长）交底；当工长接受交底后，应对关键性项目、部位、新技术推广项目和部位，反复、细致地向操作班组进行交底，必要时，需示范操作或做样板；班组长在接受交底后，应组织工人进行认真讨论，保证明确设计和施工意图，按交底要求施工。

技术交底分为口头交底、书面交底和样板交底等几种。如无特殊情况，各级技术交底工作应以书面交底为主，口头交底为辅。书面交底应由交、接双方签字归档。对于重要的、技术难度大的工程项目，应以样板交底、书面交底和口头交底相结合。样板交底包括施工分层做法、工序搭接、质量要求、成品保护等内容，待交底双方均认可样板操作并签字后，按样板做法施工。

5. 技术交底的要求

技术交底是一项技术性很强的工作，对保证质量至关重要，不但要领会设计意图，还要贯彻上一级技术领导的意图和要求。技术交底必须满足施工规范、规程、工艺标准、质量检验评定标准和业主的合理要求。所有技术交底资料，都是施工中的技术资料，要列入工程技术档案。技术交底必须以书面形式进行，经过检查与审核，有签发人、审核人、接受人的签字。整个工程施工、各分部分项工程均须作技术交底，特殊和隐蔽工程更应认真作技术交底。在交底时应着重强调易发生质量事故与工伤事故的工程部位，防止各种事故的发生。技术交底记录见表11-1。

表 11-1　技术交底记录

技术交底记录		编　　号	
工程名称		交底日期	
施工单位		分项工程名称	
交底提要①			
审核人		交底人		接受交底人	

11.2.2　图纸审查

图纸审查是指施工企业收到施工图纸，应组织有关人员学习、会审，使施工人员熟悉设计图纸的内容和要求，结合设计交底，明确设计意图，如发现设计图纸有错误之处，应

---

① 交底提要一般包括材料准备、主要机具、作业条件、操作工艺、质量要求、成品保护措施、安全注意事项、环保措施等内容。

在施工前予以解决,确保工程的顺利进行。

1. 图纸审查的步骤

图纸审查包括学习、初审、会审和综合会审四个阶段。

(1) 学习图纸。施工队及各专业班组的各级技术人员,在施工前应认真学习、熟悉有关图纸,了解本工种、本专业设计要求达到的技术标准,明确工艺流程、质量要求等。

(2) 初审。初审,是指各专业工种对图纸的初步审查,即在认真学习和熟悉图纸的基础上,详细核对本专业工程图纸的详细情节,如节点构造、尺寸等。初审一般由项目部组织。

(3) 图纸会审。图纸会审,是指各专业工种间的施工图审查,即在初审的基础上,各专业间核对图纸,消除差错,协商配合施工事宜,如装饰与土建之间、装饰与室内给排水之间、装饰与建筑强电、弱电之间的配合审查。

(4) 综合会审。综合会审,是指总包商与各分包商或协作单位之间的施工图审查,在图纸会审的基础上,核对各专业之间配合事宜,寻求最佳的合作方法。综合会审一般由总包商组织。

2. 建筑装饰企业审查图纸的组织

(1) 规模大、构造特殊或技术复杂的工程图纸,一般由公司总工程师组织有关技术人员采用技术会议的形式进行审查。

(2) 技术较为复杂或被列为企业重点的工程,除个别工程由公司总工程师负责图纸会审以外,一般由分公司主任工程师组织有关人员进行图纸会审。

(3) 一般单位工程由项目部的技术负责人组织工长、技术员、图纸翻样员、质检员、预算员、测量员及有关的班组长等进行图纸会审,遇特殊技术问题,再上报分公司,由分公司组织有关技术人员攻关解决。

3. 学习、审查图纸的重点

施工企业在审查图纸之前,应先对图纸进行学习和熟悉,并将学习和审查有机地结合起来。学习、审查图纸的重点如下:

(1) 设计施工图必须是有资质的设计单位正式签署的图纸,不是正式设计单位的图纸或设计单位没有正式签署的图纸不得施工。

(2) 设计计算的假定条件和采用的处理方法是否符合实际情况,施工时有无足够的稳定性,对安全施工有无影响。

(3) 核对各专业图纸是否齐全,各专业图纸本身和相互之间有无错误和矛盾,如各部位尺寸、平面位置、标高、预留孔洞、预埋件、节点大样和构造说明有无错误和矛盾。如有,应在施工前通知设计单位协调解决。

(4) 设计要求的新技术、新工艺、新材料和特殊技术要求是否能做到，难度有多大，施工前应做到心中有底。

4. 对图纸审查中出现的问题的处理

施工企业应认真做好图纸会审工作，并将图纸审查中发现的有关问题（设计错误、标注不清、施工困难等），用书面方式在设计交底会议上提出。设计交底工作原则上由建设单位组织，除建设单位外，应邀请设计单位、施工单位、监理单位的有关人员参加。对施工企业提出的有关问题，有关各方需共同洽商，并根据具体情况修改设计；对变动大且技术较复杂的问题，应另行补图。如果设计变更改变了原设计意图或工程投资增加较多时，应征得有关各方（特别是甲方和监理方）同意后，方可共同办理有关手续。

对工程规模大、技术复杂或工期长的特殊工程，应分阶段、分专业、分部位进行设计交底工作。

设计交底工作结束后应形成"设计交底会议纪要"，由参加会议的各方签署意见后，即形成设计补充文件。施工企业应及时将设计变更内容在施工图上有所反映，对施工过程中所发生的技术性洽商，也应及时在施工图上进行注明，并及时向操作班组做好设计变更交底。

11.2.3 设计变更

1. 设计变更

在施工过程中如果发生设计变更，将对施工进度产生很大的影响。因此，应尽量减少设计变更，如果必须对设计进行变更，必须严格按照国家的规定和合同约定的程序进行。

（1）发包人对原设计进行变更。施工中发包人如果需要对原工程设计进行变更，应不迟于变更前14天以书面形式向承包人发出变更通知，变更超过原设计标准或者批准的建设规模时，须经原规划管理部门和其他有关部门审查批准，并由原设计单位提供变更的相应的图纸和说明，发包人办妥上述事项后，承包人根据发包人变更通知并按工程师要求进行变更。

（2）承包人不得随意对原工程设计进行变更。承包人应当严格按照图纸施工，不得随意变更设计。施工中承包人提出的合理化建议涉及对设计图纸或者施工组织设计的变更及对原材料、设备的换用，须经工程师同意。工程师同意变更后，也须经原规划管理部门和其他有关部门审查批准，并由原设计单位提供变更的相应的图纸和说明。承包人未经工程师同意擅自变更设计的，因擅自变更设计发生的费用和由此导致发包人的直接损失，由承包人承担，延误的工期不予顺延。

工程师同意采用承包人合理化建议，所发生的费用和获得的收益，由承发包双方另行

(3) 设计变更事项。能够构成设计变更的事项包括以下变更：
① 更改有关部分的标高、基线、位置和尺寸。
② 增减合同中约定的工程量。
③ 改变有关工程的施工时间和顺序。
④ 其他有关工程变更需要的附加工作。

由于发包人对原设计进行变更，以及经工程师同意的、承包人要求进行的设计变更，导致合同价款的增减及造成的承包人损失，由发包人承担，延误的工期相应顺延。设计变更通知单见表11-2。

表11-2 设计变更通知单

设计变更通知单		编　号	
工程名称		专业名称	
设计单位名称		日　期	
序　号	图　号	变更内容	
签字栏	建设（监理）单位	设计单位	施工单位

11.2.4 洽商记录

在施工中，设计、监理与施工方经常举行会晤，解决施工中的各种问题，对于会晤中会谈的内容应以洽商记录的方式记录下来，见表11-3。填写洽商记录，应注意以下事项：

(1) 洽商记录应填写工程名称，洽商日期、地点、参加人数和各方代表姓名。
(2) 在洽商记录中，应详细记录洽谈协商的内容及达成的协议或结论。
(3) 如需要分包商或其他专业参加，及时通知他们参加，并办理会签手续。
(4) 洽商中如涉及增加施工费用，业主应予承认。
(5) 洽商记录应由施工现场技术人员保管，作为竣工验收的技术资料。

表 11-3　工程洽商记录

工程洽商记录			编　号	
工程名称			专业名称	
提出单位名称			日　期	
内容摘要				
序　号	图　号	洽商内容		
签字栏	建设（监理）单位		设计单位	施工单位

11.2.5　现场签证

现场签证是指在工程预算、工期和工程合同（协议）中未包括，而在实际施工中发生的，由各方（尤其是建设单位）会签认可的一种凭证，属于工程合同的延伸。施工过程中，由于是设计及其他原因，经常会发生一些意外的事件而造成人力、物力和时间的消耗，给施工单位造成额外的损失。施工单位现场向建设单位办理签证手续，使建设单位认可这些损失，从而可以此为凭证，要求建设单位对施工单位的损失给予补偿。现场签证关系到企业的切身利益和重大责任，因此，施工现场技术人员与管理人员对此一定要严肃认真对待，切不可掉以轻心。

现场签证涉及的内容很多，常见的有变更签证、工料签证和工期签证等。

1. 变更签证

施工现场由于客观条件变化，使施工难于按照施工图样或工程合同规定的内容进行。若变动较小，不会对工程产生大的影响，此时无需修改设计和合同，而是由建设单位（或其驻工地代表）签发变更签证，认可变更，并以此作为施工变更的依据。需办理变更签证的项目一般有以下几种：

（1）设计上出现的小错误或对设计进行小的改动，若此改动不对工程产生大的影响，此时无需修改设计和合同，而是由建设单位直接签发变更签证而不必进行设计变更。

（2）不同种类、规格的材料代换，在保证强度、刚度等的前提下，仍要取得建设单位的签证认可。

（3）由于施工条件变化，施工单位必须对经建设单位审核同意的施工方案、进度安排进行调整，制订新的计划，这也需要建设单位签证认可。

（4）凡非施工单位原因造成的现场停工、窝工、返工、质量和安全等事故，都要由建设单位现场签发证明，以作为追究原因、补偿损失的依据。

2. 工料签证

凡非施工单位原因而额外发生的一切涉及人工、材料和机具的问题，均需办理签证手续。需办签证项目一般有以下几种：

（1）建设单位供水、供电发生故障，致使施工现场断电、停水的损失费用。

（2）因设计原因而造成的施工单位停工、返工损失费用及由此而产生的相关费用。

（3）因建设单位提供的设备、材料不及时，或因规格和质量不符合设计要求而发生的调换、试验加工等所造成的损失费用。

（4）材料代换和材料价差的增加费用。

（5）由于设计不同，未预留孔洞而造成的凿洞及修补的工料费用。

（6）因建设单位调整工程项目，或未按合同规定时间创造施工条件而造成的施工准备和停工、窝工的损失费用。

（7）非施工单位原因造成的二次搬运费用、现场临时设施搬迁损失费用。

（8）其他。

工料签证在施工中应及时办理，作为追加预算决算的依据。

3. 工期签证

工程合同中都规定有合同工期，并且有些合同中明确规定了工期提前或拖延奖罚条款。在施工中，对于来自外部的各种因素所造成的工期延长，必须通过工期签证予以扣除。工期签证常常也涉及工料问题，故也需要办理工料签证。通常需改变工期签证的有以下几种情形。

（1）由于不可抗拒的自然灾害（地震、洪水和台风等）和社会政治原因（战争、骚乱和罢工等），使工期难以进行的时间。

（2）建设单位不按合同规定日期供应施工图样、材料和设备等，造成停工、窝工的时间。

（3）由于设计变更或设备变更的返工时间。

（4）基础施工中，遇到不可预见的障碍物后停止施工、进行处理的时间。

（5）由于建设单位所提供的水源、电源中断而造成的停工时间。

（6）由建设单位调整工程项目而造成的中途停工时间。

（7）其他。

11.2.6 施工日志与施工记录

1. 施工日志与施工记录的概念

施工日志和施工记录，它们都是工程技术档案的重要组成部分。施工日志是工程施工过程中每天各项施工活动（包括施工技术与施工组织管理）和现场情况变化的综合性记录，是施工现场管理的重要内容之一。它是施工现场管理人员处理施工问题的不可缺少的备忘录和总结施工经验的基本素材。通过查阅施工日志，可以比较全面地了解到当时施工的实况，同时也是工程投入使用后维修和加固的重要依据。施工日志在工程竣工后，由施工单位列入工程技术档案保存。

工程施工记录，简称施工记录，系指工程施工及验收规范中规定的各种记录，是检验施工操作和工程施工质量是否符合设计要求的原始资料。作为技术资料，在工程交完工后提交建设单位列入工程技术档案保存。

2. 施工日志的内容和填写要求

施工日志的内容应视工程的具体情况而定，没有千篇一律的标准，一般应包括以下内容：

（1）日期、时间、气候和温度。

（2）施工部位名称、施工现场负责人和各工种负责人姓名及现场人员变动、调度情况。

（3）施工各班组工作内容、实际完成情况。

（4）施工现场操作人员数量及变动情况。

（5）施工任务交底、技术交底和安全操作交底情况。

（6）施工中涉及的特殊措施和施工方法及新技术、新材料的推广应用情况。

（7）施工进度是否满足施工组织设计与计划调度部门的要求。

(8) 建筑材料、构件进场及检验情况。
(9) 施工机械进场、退场及故障修理情况。
(10) 质量检查情况、质量事故原因及处理方法。
(11) 安全防火检查中发现的问题与改正措施及有关记录。
(12) 施工现场文明施工、场容管理存在的问题及处理情况。
(13) 停工情况及原因。
(14) 总分包之间、土建与专业工种之间配合施工情况，存在哪些需要进一步协调的问题。
(15) 收到各种施工技术及管理性文件情况。
(16) 施工现场召开的各种会议主要内容、参加人员和达成协议记录。
(17) 施工现场接待外来人员情况，包括建设单位、设计单位的代表对施工现场与工程质量的意见与建议；兄弟单位到施工现场参加学习的情况；上级领导或职能部门到现场视察指导情况等。
(18) 班组活动情况。
(19) 冬雨期施工准备及措施执行情况。
(20) 其他。

施工日志应该按照单位工程填写，从开工日起到竣工交验为止，逐日记载，不许中断。在工作中若发生人员调动，应进行施工日志的交接，以保持施工日志的连续性、完整性。施工日志一般均采用表格形式，以便于记录。

11.3 建筑工程资料管理基本规定

11.3.1 建筑工程资料与档案的含义

(1) 建筑工程资料（Construction Project Document），是指在工程建设全过程中形成并收集、汇编的资料或文件的统称。包括工程准备阶段文件、监理文件、施工文件、竣工图和竣工验收文件，也可以简称为工程文件。

- 工程准备阶段文件（Seedtime Document of a Construction Project），是指工程开工以前，在立项、审批、征地、勘察、设计、招标等工程准备阶段形成的文件。
- 监理文件（Project Management Document），是指监理单位在工程设计、施工的监理过程中形成的文件。
- 施工文件（Constructing Document），是指在工程施工过程中形成的文件。
- 竣工图（as-Build Drawing），是指工程竣工后，真实反映建筑工程项目施工结果的图样。

- 竣工验收文件（Handing over Document），是指建筑工程项目竣工验收活动中形成的文件。

（2）建设工程档案（Project Archives），是指在工程建设活动中直接形成的具有保存价值的文字、图表、声像等各种形式的历史记录，这些记录经整理形成工程档案。

建筑工程作为一个工程实体，在建设过程中涉及规划、勘察、设计、施工、监理等各项技术工作，这些在不同阶段形成的工程资料或文件，经过规划、勘察、设计、施工、监理等不同单位相关人员积累、收集、整理，形成具有归档保存价值的工程档案的过程，称为建筑工程资料管理。

11.3.2　建筑工程资料管理的基本要求

（1）建筑工程资料是对工程进行检查、验收、管理、使用、维护、改建和扩建的依据，是全面反映了建筑工程质量状况，是建筑工程进行竣工验收和竣工核定的必要条件，是城市建设档案的重要组成部分，它具有真实性、完整性和有效性的特征。

（2）建筑工程资料的形成应符合国家相关的法律、法规，质量验收标准和规范，工程合同与设计文件等规定。

（3）建筑工程资料应随工程进度同步发生并按规定收集、整理，工程资料填写应采用国家及地方规定的表格，统一归类。

（4）各参建单位必须确保各自资料的真实、有效、完整和齐全。凡对工程资料进行伪造、随意抽撤或损毁、丢失等行为，应按有关规定予以处罚，情节严重的应依法追究法律责任。

11.3.3　施工单位工程资料管理的职责

（1）实行技术负责人负责制，逐级建立、健全施工文件管理岗位责任制，配备专职档案管理员，负责施工资料的管理工作。工程项目的施工文件应设专门的部门（专人）负责收集和整理。

（2）建设工程实行总承包的，总承包单位负责收集、汇总各分包单位形成的工程档案，各分包单位应将本单位形成的工程文件整理、立卷后及时移交总承包单位。建设工程项目由几个单位承包的，各承包单位负责收集、整理、立卷其承包项目的工程文件，并应及时向建设单位移交，各承包单位应保证归档文件的完整、准确、系统，能够全面反映工程建设活动的全过程。

（3）可以按照施工合同的约定，接受建设单位的委托进行工程档案的组织、编制工作。

（4）按要求在竣工前将施工文件整理完毕，再移交建设单位进行工程竣工验收。

（5）负责编制的施工文件的套数不得少于地方城建档案管理部门要求，但应有完整施工文件移交建设单位及自行保存，保存期可根据工程性质以及地方城建档案管理部门有关要求确定。如建设单位对施工文件的编制套数有特殊要求的，可另行约定。

11.3.4 建筑文件归档的质量要求

对工程建设有关的重要活动、记载工程建设主要过程和现状、具有保存价值的各种载体的文件，均应收集齐全，整理立卷后归档。归档文件的质量要求如下：

（1）归档的工程文件应为原件。

（2）工程文件的内容及其深度必须符合国家有关工程勘察、设计、施工、监理等方面的技术规范、标准和规程。

（3）工程文件的内容必须真实、准确、与工程实际相符合。

（4）工程文件应采用耐久性强的书写材料，如碳素墨水、蓝黑墨水，不得使用易退色的书写材料，如红色墨水、纯蓝墨水、圆珠笔、复写纸、铅笔等。

（5）工程文件应字迹清楚，图样清晰，图表整洁，签字盖章手续完备。

（6）工程文件中文字材料幅面尺寸规格宜为 A4 幅面（297mm×210mm）。图纸宜采用国家标准图幅。

（7）工程文件的纸张应采用能够长期保存的韧性大、耐久性长的纸张。图纸一般采用蓝晒图，竣工图应是新蓝图。计算机出图必须清晰，不得使用计算机出图的复印件。

（8）所有竣工图均应加盖竣工图章。

① 竣工图章的基本内容应包括："竣工图"字样、施工单位、编制人、审核人、技术负责人、编制日期、监理单位、现场监理、总监。

② 竣工图章尺寸为 50mm×80 mm。

③ 竣工图章应使用不易退色的红印泥，应盖在图标栏上方空白处。

（9）利用施工图改绘竣工图，必须标明变更修改依据；凡施工图结构、工艺、平面布置等有重大改变，或变更部分超过图面 1/3 的，应当重新绘制竣工图。

（10）不同幅面的工程图纸应按《技术制图复制图的折叠方法》（GB/10609.3—1989）统一折叠成 A4 幅面（297 mm×210 mm），图标栏露在外面。

11.3.5 归档工程文件的立卷要求

立卷是按照一定的原则和方法，将有保存价值的文件分门别类地整理成案卷，亦称组卷。案卷是指由互有联系的若干文件组成的档案保管单位。

1. 立卷的原则

（1）立卷应遵循工程文件的自然形成规律，保持卷内文件的有机联系，便于档案的保管和利用。

（2）一个建设工程由多个单位工程组成时，工程文件应按单位工程立卷。

2．立卷可采用如下方法

建筑工程文件可按建设程序划分为工程准备阶段文件、监理文件、施工文件、竣工图、竣工验收文件 5 部分。

（1）工程准备阶段文件可按建设程序、专业、形成单位等立卷。

（2）监理文件可按单位工程、分部工程、专业、阶段等立卷。

（3）施工文件可按单位工程、分部工程、专业、阶段等立卷。

（4）竣工图可按单位工程、专业等立卷。

（5）竣工验收文件可按单位工程、专业等立卷。

3．立卷过程中应遵循的要求

（1）案卷不宜过厚，一般不超过 40 mm。

（2）案卷内不应有重份文件；不同载体的文件一般应分别立卷。

4．卷内文件的排列要求

（1）文字材料按事项、专业顺序排列。同一事项的请示和批复，同一文件的印本与定稿、文件与附件不能分开，并按批复在前，请示在后，印本在前，定稿在后，主件在前，附件在后的顺序排列。

（2）图纸按专业排列，同专业图纸按图号顺序排列。

（3）既有文件材料又有图纸的案卷，文字材料排前面，图纸排后面。

5．编制卷内文件页号应符合的规定

（1）卷内文件均按有书写内容的页面编号。每卷单独编号，页号从"1"开始。

（2）页号编写位置：单面书写的文件在右下角；双面书写的文件，正面在右下角，背面在左下角。折叠后的图纸一律在右下角。

（3）成套图纸或印刷成册的科技文件材料自成一卷的，原目录可代替卷内目录，不必重新编写页码。

（4）案卷封面、卷内目录、卷内备考表不编写页号。

6．卷内目录的编制应符合的规定

（1）式样：应符合现行《建设工程文件归档整理规范》中附录 B 的要求。

（2）序号：以一份文件为单位，按文件的排列用阿拉伯数字从"1"依次标注。

（3）文件编号：填写工程文件原有的文号或图号。

（4）责任者：填写文件的直接形成单位和个人。由多个责任者时，选择两个主要责任者，其余用"等"代替。

（5）文件题名：填写文件标题的全称。

（6）日期：填写文件形成的日期。

（7）页次：填写文件在卷内所排的起始页号。最后一份文件填写起止页号。

（8）备注：填写需要说明的问题。

（9）卷内目录排列在卷内文件首页之前。

7. 案卷备考表的编制应符合的规定

（1）式样：应符合现行《建设工程文件归档整理规范》中附录 C 的要求。

（2）页数：填写卷内文件材料的总页数、各类文件页数（照片张数），以及立卷单位对案卷情况的说明。

（3）时间：填写完成立卷时间，年代编写四位数。

（4）案卷备考表排列在卷内文件的尾页之后。

8. 案卷封面的编制应符合的规定

（1）式样：应符合现行《建设工程文件归档整理规范》中附录 D 的要求，案卷封面印刷在卷盒或卷夹的正表面，也可采用内封面形式。

（2）档号：应由分类号、项目号和档案号组成。由档案保管单位填写。

（3）档案馆代号：应填写国家给定的本档案馆的编号。由档案馆填写。

（4）案卷题名：应简明、准确地揭示卷内文件的内容。应包括工程名称、专业名称、卷内文件的内容。

（5）编制单位：应填写案卷内文件的形成单位或主要责任者。亦即立卷单位。

（6）编制日期：应填写档案整编日期。

（7）保管期限分为永久、长期、短期三种期限。各类文件的保管期限应符合现行《建设工程文件归档整理规范》中附录 A 的要求。永久是指工程档案需永久保存。长期是指工程档案的保存期限等于该工程的使用寿命。短期是指工程档案保存 20 年以下。同一案卷有不同保管期限的文件，该案卷保管期限应从长。

（8）密级分为绝密、机密、秘密三种。同一案卷内有不同密级的文件，应以高密级为本卷密级。

（9）工程档案套数一般不少于两套，一套由建设单位保存，另一套原件要求移交当地城建档案管理部门保存。

9. 卷内目录、卷内备考表、案卷内封面应用 70g 以上白色书写纸制作，幅面统一采用 A4 幅面

10. 案卷的装订及装具

（1）案卷可采用装订与散装两种形式。文字材料必须装订，既有文字材料又有图纸的案卷应装订。采用线绳三孔左侧装订法，要整齐、牢固、便于保管和利用。装订时必须剔除金属物。

（2）案卷装具一般采用卷盒、卷夹两种形式。卷盒、卷夹应采用无酸纸制作。卷盒的外表尺寸为 310 mm×220 mm，厚度分别为 20、30、40、50 mm。卷夹的外表尺寸为 310 mm×220 mm，厚度一般为 20～30 mm。

（3）案卷脊背的内容包括档号、案卷题名。

11.3.6 建筑工程档案的验收与移交

1. 建筑工程档案的验收

（1）列入城建档案馆（室）档案接受范围的工程，建设单位在组织工程竣工验收前，应提请城建档案管理机构对工程档案进行预验收。建设单位未取得城建档案管理机构出具的认可文件，不得组织工程竣工验收。

（2）城建档案管理部门在进行工程档案预验收时，应重点验收以下内容：
① 工程档案齐全、系统、完整；
② 工程档案的内容真实、准确地反映工程建设活动和工程实际状况；
③ 工程档案已整理立卷，立卷符合规范的规定；
④ 竣工图绘制方法、图式及规格等符合专业要求，图面整洁，盖有竣工图章；
⑤ 文件的形成、来源符合实际，要求单位和个人签章的文件，其签章手续完备；
⑥ 文件材质、幅面、书写、绘图、用墨、托裱等符合要求。

工程档案由建设单位进行验收，属于向地方城建档案管理部门报送工程档案的工程项目还应会同地方城建档案管理部门共同验收。

（3）国家、省市重点工程项目或一些特大型、大型的工程项目的预验收和验收，必须有地方城建档案管理部门参加。

（4）为确保工程档案的质量，各编制单位、地方城建档案管理部门、建设行政管理部门等要对工程档案进行严格检查、验收。编制单位、制图人、审核人、技术负责人必须进行签字或盖章。对不符合技术要求的，一律退回编制单位进行改正、补齐，问题严重者可令其重做。不符合要求者，不能交工验收。

（5）凡报送的工程档案，如验收不合格将其退回建设单位，由建设单位责成责任者重新进行编制，待达到要求后重新报送。检查验收人员应对接收的档案负责。

（6）地方城建档案管理部门负责工程档案的最后验收，并对编制报送工程档案进行业务指导、督促和检查。

2. 建筑工程档案的移交

（1）列入城建档案馆（室）档案接受范围的工程，建设单位在工程竣工验收后 3 个月内，必须向城建档案馆（室）移交一套符合规定的工程档案。

（2）停建、缓建建设工程的档案，暂由建设单位保管。

（3）对改建、扩建和维修工程，建设单位应当组织设计、施工单位据实修改、补充和完善原工程档案。对改变的部位，应当重新编制工程档案，并在工程竣工验收后 3 个月内，向城建档案馆（室）移交。

（4）建设单位向城建档案馆（室）移交工程档案时，应办理移交手续，填写移交目录，双方签字、盖章后交接。

（5）施工单位、监理单位等有关单位应在工程竣工验收前将工程档案按合同或协议规定的时间、套数移交给建设单位，办理移交手续。

11.4 复习思考题

1. 简述技术管理的任务和基本要求。
2. 简述技术管理的主要内容。
3. 简述技术交底、图纸审查的要点。
4. 工程档案管理有哪些基本要求？

参 考 文 献

[1] 朱治安. 建筑装饰施工组织与管理[M]. 天津：天津科学技术出版社，1998.
[2] 王树京等. 一级建造师执业资格考试（装饰装修工程）[M]. 天津：天津大学出版社，2004.
[3] 李继业. 建筑装饰施工组织与管理[M]. 北京：化学工业出版社，2005.
[4] 蔡雪峰. 建筑施工组织（第3版）[M]. 武汉：武汉理工大学出版社，2008.
[5] 张长友. 建筑装饰施工与管理[M]. 北京：中国建筑工业出版社，2000.
[6] 本丛书编审委员会. 建筑装饰工程施工组织设计实例应用手册[M]. 北京：中国建筑工业出版社，2001.
[7] 张若美，唐小萍主编. 建筑装饰施工组织与管理. 北京：高等教育出版社，2002.
[8] 张寅等. 装饰工程施工组织与管理[M]. 北京：中国水利水电出版社，2005.
[9] 瞿超，刘伟编著. 建筑施工组织与管理[M]. 北京：北京大学出版社，2006.
[10] 冯美宇. 建筑装饰施工组织与管理[M]. 武汉：武汉理工大学出版社，2004.
[11] 本书编委会. 建设工程项目成本管理[M]. 北京：中国计划出版社，2007.
[12] 全国建筑施工企业项目经理培训教材编写委员会. 施工项目质量与安全管理[M]. 北京：中国建筑工业出版社，1999.
[13] 全国建筑施工企业项目经理培训教材编写委员会. 施工组织设计与进度管理（修订版）[M]. 北京：中国建筑工业出版社，2001.
[14] 本丛书编审委员会. 建筑工程施工项目施工组织与进度控制（第2版）[M]. 北京：机械工业出版社，2007.
[15] 本丛书编审委员会. 建筑工程施工项目质量与安全管理（第2版）[M]. 北京：机械工业出版社，2007.
[16] 本丛书编审委员会. 建筑工程施工项目招投标与合同管理（招标投标分册）（第2版）[M]. 北京：机械工业出版社，2007.
[17] 本丛书编审委员会. 建筑工程施工项目招投标与合同管理（合同管理分册）（第2版）[M]. 北京：机械工业出版社，2007.
[18] 全国一级建造师执业资格考试用书编写委员会. 建设工程项目管理（第2版）[M]. 北京：中国建筑工业出版社，2007.
[19] 全国监理工程师培训教材编写委员会. 建设工程进度控制[M]. 北京：中国建筑工业出版社，2003.
[20] 全国监理工程师培训教材编写委员会. 建设工程投资度控制[M]. 北京：中国建筑工业出版社，2003.
[21] 全国监理工程师培训教材编写委员会. 建设工程质量控制[M]. 北京：中国建筑工业出版社，2003.
[22] 全国监理工程师培训教材编写委员会. 建设工程信息管理[M]. 北京：中国建筑工业出版社，2003.